本书编委会

普通高等院校规划教材

数据结构与算法(C 语言版)

主 编 程玉胜

中国科学技术大学出版社

内 容 简 介

"数据结构"是计算机科学与技术和信息工程专业重要的公共基础课程，更是提高编程能力以及学习后续课程的基础。

本书主要针对一般本科高校层次的计算机及相关专业编写，主要内容包括线性表、栈和队列、数组和字符串、矩阵、二叉树、图、排序和查找等基本数据结构和算法。

考虑到知识点较多，算法学习相对较难，实验内容较多等问题，我们同时出版了《数据结构与算法(C语言版)习题精编与实验指导》，作为主教材的配套教学参考书，旨在帮助大家及时通过练习掌握重要知识点的解题方法，通过相应的实验内容分解，旨在提高初学者的综合编程能力。

本书可供从事"数据结构"及其相关课程教学的教师作为参考书，也可供相关专业学生作为学习、实验和考研的参考书。

图书在版编目(CIP)数据

数据结构与算法：C语言版/程玉胜主编. —合肥：中国科学技术大学出版社，2015.1
(2019.8重印)

ISBN 978-7-312-03603-3

Ⅰ.数…　Ⅱ.程…　Ⅲ.①数据结构—高等学校—教材 ②算法分析—高等学校—教材 ③C语言—程序设计—高等学校—教材　Ⅳ.①TP311.12 ②TP312

中国版本图书馆 CIP 数据核字 (2014) 第 247755 号

出版　**中国科学技术大学出版社**
　　　安徽省合肥市金寨路 96 号，邮编：230026
　　　http://press.ustc.edu.cn
　　　http://zgkxjsdxcbs.tmall.com
印刷　合肥华苑印刷包装有限公司
发行　中国科学技术大学出版社
经销　全国新华书店
开本　787 mm×1092 mm　1/16
印张　16.75
字数　430 千
版次　2015 年 1 月第 1 版
印次　2019 年 8 月第 2 次印刷
定价　30.00 元

前　　言

　　"数据结构"是计算机科学与技术和信息工程专业重要的专业基础课程,是多数高校计算机专业及相关专业研究生入学考试的必考科目之一,也是提高综合编程能力,学习后继课程的基础。该书系统地介绍了软件设计中常见的线性表、串、栈和队列、数组、矩阵、树和二叉树、图、查找和排序等数据结构及其算法在计算机中的存储和各种操作的实现方法。

　　书中涉及大量的算法和存储结构,课程内容丰富,学习量大,其算法又相对抽象,学生学习困难,压力较大,甚至影响到学生的进一步深造。为此,我们还组织了"数据结构"教学一线教师,根据一般本科高校学生学习的特点,撰写了《数据结构与算法(C语言版)习题精编与实验指导》,作为主教材的配套学习用书,其内容涵盖了选择、填空、判断和解答四种常见题型,收集了多年来考研、教学辅导等4000多套试题,并且将经典题型或者重点知识点题型纳入"例题精解和习题实训"中,对其进行解题分析并提供参考答案。同时,为方便学生自主式学习,本书还提供了安庆师范学院数据结构课程组开发的教学资源,供大家学习参考,希望能够激发学生的学习兴趣,巩固学习的知识点。

　　全书内容共9章,第1章介绍了数据结构课程的研究内容、特点以及数据结构相关定义、算法描述和复杂度度量等基础性问题。第2章介绍了线性表的逻辑结构特点及其相关运算,重点讨论了顺序表和链表两种存储结构及其基本运算的实现,其重要知识点在配套参考书中进行了大量分析和精解。第3章介绍了两种最常用的数据结构——栈和队列,它们属于线性结构,是一种特殊的线性表。紧紧围绕它们的特点,介绍了这两种数据结构的存储和实现方法,以及这两种结构的典型应用实例,如进制转换、打印杨辉三角等。第4章介绍了串,它属于线性结构在存储数据类型上的拓展,主要介绍了串的常用操作。第5章介绍了数组和广义表,主要包括寻址、压缩存储、矩阵转置等;另外还介绍了广义表的概念和相关操作。第6章介绍了树和二叉树的基本概念和主要操作,重要知识点是二叉树的遍历算法及其应用,树和森林到二叉树的相互转换,哈夫曼树的构造等;介绍了线索化二叉树及其相应的算法。第7章介绍了图的相关概念和两种最常用的物理存储结构,重点介绍了图的遍历、最小生成树、最短路径、拓扑排序等主要算法。第8章介绍了查找操作,主要包括软件设计中最常用的基本查找方法,重点讨论了基于线性表的、基于树的、基于函数的三种查找方法。第9章介绍了插入类、交换类、选择类、归并类四大种常用的排序算法及其性能分析,介绍了基数排序的方法。

　　本书由程玉胜教授(安庆师范学院)任主编,金萍(皖西学院)、王秀友(阜阳师范学院)、王刚(铜陵学院)、方祥圣(安徽经济管理学院)、江克勤、石冰(安庆师范学院)任副主编,黄忠、吴超云、刘娟、宗瑜、南淑萍、杨慧等老师参编,同时,安庆师范学院2012级统计学研究生梁辉、胡飞、黎康、任勇、何姗姗同学参与了本书的校对和整理工作。

　　在本书编写过程中,编者参考了大量有关数据结构的书籍和资料,在此对这些参考文献的作者表示感谢。

　　由于编者水平及时间有限，书中错误和不足之处在所难免，欢迎读者批评指正。有任何问题，请与作者联系。联系方式：chengysh@aqtc.edu.cn。

编　者

2014 年 6 月

目　　录

第1章 绪 论

【学习概要】

"数据结构"是计算机专业的基础和核心课程,是学习计算机软件和计算机硬件的重要基础。学好该课程,不仅对操作系统、数据库原理、编译原理等后续课程的学习有很大帮助,而且能在实际应用中发挥其重要的作用。

计算机是进行数据处理的基本工具,而数据结构则是主要研究数据的各种组织形式以及建立在这些组织形式之上的各种运算算法的实现,它把数据划分为集合、线性表、树和图等4种类型,后3种是数据结构研究的重点。本章将学习数据结构的基本概念、抽象数据类型及其描述方法、算法的特性及算法分析的方法和技巧。

1.1 数据结构的基本概念

本节将要学习数据结构的一些基本概念和术语,主要包括数据、数据元素、数据对象、数据结构的逻辑结构与存储结构、数据类型等。

1. 数据(Data)

数据是信息的载体,是对客观事物的符号表示,是所有能输入到计算机中并被计算机程序处理的符号集合。数据不仅包括整型、实型等数值类型,还包括字符及声音、图像、视频等非数值数据。例如,一张照片是图像数据,一部电影是视频数据,常见的网页通常包含文字、图片、声音、视频等多种数据。各种数据在计算机内部都是用二进制形式来表示。

2. 数据元素(Data Element)

数据元素是组成数据的基本单位,在计算机中通常作为一个整体进行考虑和处理。

3. 数据对象(Data Object)

数据对象是性质相同的数据元素的集合,是数据的一个子集。例如,正整数数据对象是集合 $N=\{1,2,3,\cdots\}$,大写字母字符数据对象是集合 $C=\{'A','B','C',\cdots'Z'\}$。

4. 数据结构(Data Structure)

结构,简单地理解就是关系,比如分子结构就是组成分子的原子之间的排列方式。在任何问题中,数据元素都不是孤立存在的,而是在它们之间存在着某种关系,这种数据元素相互之间的关系称为结构。数据结构是相互之间存在一种或多种特定关系的数据元素的集合,它包括数据元素的集合及元素间关系的集合,即数据的组织形式。因此,计算机所处理的数据并不是数据的简单堆积,而是具有内在联系的数据集合。

数据结构主要研究数据的逻辑结构(数据元素之间的逻辑关系,它与所使用的计算机无关)和存储结构(数据结构在计算机中的存储表示,既包括数据元素在计算机中的存储方式,也包括数据元素之间的逻辑关系在计算机中的表示,因此它依赖于具体的计算机)以及施加于该数据结构上的操作及其相应算法。

（1）数据的逻辑结构

数据的逻辑结构指各数据元素之间的逻辑关系，是用户按使用需要建立的，与数据元素本身的内容和形式无关，与所使用的计算机无关。根据数据元素之间关系的不同特性，通常将关系分为：集合、线性结构、树形结构、图状结构或网状结构等四类，其中后两类又被称为非线性结构。图1.1为这四类基本数据结构的示意图。

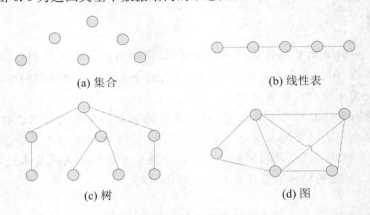

(a) 集合　　　　　　　　　　　　(b) 线性表

(c) 树　　　　　　　　　　　　(d) 图

图 1.1　四类基本数据结构示意图

① 集合结构：结构中的数据元素之间除了"同属于一个集合"的关系外，无任何其他关系，类似于数学中的集合。

② 线性结构：结构中的数据元素之间存在着一对一的线性关系。

③ 树形结构：结构中的数据元素之间存在着一对多的层次关系。

④ 图状结构：结构中的数据元素之间存在着多对多的任意关系。

数据的逻辑结构在形式上用一个二元组(D,S)来表示，D是数据元素的有限集，S是D上关系的有限集，而每个关系都是从D到D的关系。设r是一个从D到D的关系，$r \in S$，若$d_1, d_2 \in D$，且$\langle d_1, d_2 \rangle \in r$，则称$d_2$为$d_1$的直接后继，$d_1$是$d_2$的直接前驱，此时$d_1$和$d_2$是相邻（相对于关系$r$）的结点；如果不存在一个$d_2$，使得$\langle d_1, d_2 \rangle \in r$，则$d_1$为$r$的终端结点；如果不存在一个$d_1$，使得$\langle d_1, d_2 \rangle \in r$，则$d_2$为$r$的开始结点；如果既不是终端结点，也不是开始结点，则称其为内部结点。

【例 1-1】　在计算机科学中，定义复数为如下的一种数据结构Complex$=(C,R)$，其中C是包含两个实数的集合$\{c_1, c_2\}$；$R=\{P\}$，P是定义在集合C上的一种关系$\{\langle c_1, c_2 \rangle\}$，有序对$\langle c_1, c_2 \rangle$表示$c_1$是复数的实部，$c_2$是复数的虚部。

（2）数据的存储结构

数据的存储结构（又称物理结构）是逻辑结构在计算机中的存储映像，应能正确反映数据元素之间的逻辑关系，因此它是逻辑结构在计算机中的实现，包括数据元素的表示和关系的表示。

数据元素的存储结构形式有两种：顺序存储结构和链式存储结构。顺序存储是借助数据元素在存储时的相对位置来表示数据元素之间的关系，即把数据元素存放在一块地址连续的存储单元里，其数据间的逻辑关系和物理关系是一致的。顺序存储结构如图1.2所示。

链式存储是把数据元素存放在任意的存储单元里，这组存储单元的地址可以是连续的，也可以是不连续的，数据元素的存储关系并不能反映其逻辑关系，因此需要用一个指针存放数据元素的地址,通过地址可以找到相关联数据元素的位置。链式存储结构如图 1.3 所示。

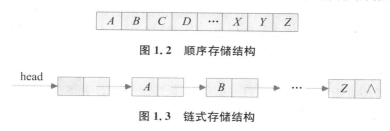

图 1.2 顺序存储结构

图 1.3 链式存储结构

（3）数据的逻辑结构与存储结构的关系

数据的同一逻辑结构可以对应不同的存储结构,任何一个算法的设计依赖于数据的逻辑结构,而算法的实现则取决于采用的存储结构。

研究数据结构的目的是为了解决实际的应用问题,所以讨论数据结构必须同时讨论在数据结构上执行的相关运算及其算法。通过对运算及其算法的性能分析和讨论,使得在求解实际应用问题时,能恰当选择和设计相应的数据结构,并编写出高效的程序。

5. 数据类型（Data Type）

数据类型是一个值的集合和定义在这个值集上的一组操作的总称,它最早出现在高级程序语言中,用于刻画操作对象的特性。在用高级程序语言编写的程序中,每个变量、常量或表达式都有一个它所属的确定的数据类型。数据类型明显或隐含地规定了在程序执行期间变量或表达式所有可能取值的范围,以及在这些值上允许进行的操作。例如,C 语言中的字符类型所占空间是 8 位,这就决定了它的取值范围,在其范围内可以进行赋值运算、比较运算等。

按"值"的不同特性,高级程序语言中的数据类型可分为两类:一类是非结构的原子类型,它的值是不可分解的,例如 C 语言中的基本类型（整型、实型、字符型和枚举型）、指针类型和空类型。另一类是结构类型,它的值是由若干个类型组合而成,可以再分解,例如,整型数组是由若干整型数据组成的,结构体类型的值也是由若干个类型范围的数据构成,它们的类型都是相同的。

1.2 抽象数据类型

1.2.1 抽象数据类型的定义

抽象数据类型（Abstract Data Type,简称 ADT）是指一个数学模型以及定义在该模型上的一组操作。抽象数据类型的定义仅取决于它的一组逻辑特性,与其在计算机内部的表示和实现无关,即不论其内部结构如何变化,只要它的数学特性不变,都不影响其外部的使用。例如,计算机中的整数数据类型是一个抽象数据类型,尽管在不同的处理器上实现的方法可以不同,但其逻辑特性相同,即加、减、乘、除等运算是一致的。

一个抽象数据类型定义了一个数据对象、数据元素之间的关系及对数据元素的操作。抽象数据类型通常是指用户定义的解决应用问题的数据类型,包括数据的定义和操作。例如,C++的类就是一个抽象数据类型,它包括用户类型的定义和在用户类型上的一组操作。本课程中将要学习的线性表、栈、队列、串、树、图等结构就是一个个不同的抽象数据类型。

抽象数据类型体现了程序设计中的问题分解、抽象和信息隐藏等特性。抽象数据类型把实际应用问题分解为多个规模小且容易处理的问题，然后建立起一个计算机能处理的数据模型，并把每个功能模块的实现细节作为一个独立的单元，在模块内部给出相应的数据的表示及其操作的细节，而在模块外部使用的只是抽象的数据和抽象的操作，从而将具体的实现过程隐藏起来，每一个基本操作不需要了解其他基本操作的实现过程。

抽象数据类型可用三元组 (D,S,P) 表示，其中 D 是数据对象，S 是 D 上的关系集，P 是对 D 的基本操作集。常见的描述方式如下：

ADT 抽象数据类型名{

数据对象:〈数据对象的定义〉

数据关系:〈数据关系的定义〉

基本操作:〈基本操作的定义〉

}ADT 抽象数据类型名

其中，数据对象和数据关系的定义采用数学符号和自然语言描述，基本操作的定义格式为：

基本操作名(参数表)

初始条件:〈初始条件描述〉

操作结果:〈操作结果描述〉

基本操作有两种参数：赋值参数只为操作提供输入值；引用参数以 & 打头，除可提供输入值外，还将返回操作结果。"初始条件"描述了操作执行之前数据结构和参数应满足的条件，若不满足，则操作失败，并返回相应的出错信息。"操作结果"说明了操作正常完成之后，数据结构的变化状况和应返回的结果。若初始条件为空，则省略之。

【例 1-2】 给出"简化线性表"的抽象数据类型的定义。

ADT Linear_list{

数据对象:所有数据元素 a_i 属于同一数据对象，$i=1,2,\cdots,n,n\geqslant0$；

数据关系:所有数据元素 $a_i(i=1,2,\cdots,n-1)$ 存在次序关系 $\langle a_i,a_{i+1}\rangle$，$a_1$ 无直接前驱，a_n 无直接后继；

基本操作:

① InitList(&L)

操作结果:构造一个空的线性表 L。

② ListLength(L)

初始条件:线性表 L 已存在。

操作结果:返回 L 中数据元素个数。

③ GetElem(L,i,&e)

初始条件:线性表 L 已存在，$1\leqslant i\leqslant$ListLength(L)。

操作结果:用 e 返回 L 中第 i 个数据元素的值。

④ ListInsert(&L,i,e)

初始条件:线性表 L 已存在，$1\leqslant i\leqslant$ListLength(L)+1。

操作结果:在 L 中第 i 个位置之前插入新的数据元素 e，L 的长度加 1。

⑤ ListDelete(&L,i,&e)

初始条件:线性表 L 已存在且非空，$1\leqslant i\leqslant$ListLength(L)。

操作结果:删除 L 的第 i 个数据元素,并用 e 返回其值,L 的长度减 1
}ADT Linear_list

在上述定义中,数据元素所属的数据对象没有局限于一个具体的整型、实型或其他类型,所具有的操作也是抽象的数学特性,并没有具体到某一种计算机语言指令与程序编码。

1.2.2 抽象数据类型的表示与实现

抽象数据类型可通过固有数据类型来表示和实现,即利用处理器中已存在的数据类型来说明新的结构,用已经实现的操作来组合新的操作。本书将采用 C 语言作为描述工具来实现抽象数据类型,主要包括以下两个方面:

(1) 通过结构体将 int、float、char 等基本数据类型组合到一起,构成一个结构体类型,再用 C 语言中 typedef 自定义类型为该类型或该类型指针重新起一个名字,以增强程序的抽象性、简洁性和可读性。

(2) 用 C 语言的子函数实现各个基本操作。

若用 C 语言实现【例 1-2】给出的抽象数据类型"简化线性表 Linear_list",可以用"一维数组"类型来描述顺序存储结构,或者用 C 语言提供的"指针"来描述链式存储结构。

①线性表的顺序存储结构的类型定义如下:

```
#define MAXSIZE 100          /*线性表存储空间大小*/
typedef struct{
    int elem[MAXSIZE];       /*存储线性表中元素的数组*/
    int length;              /*线性表当前的长度*/
}SqList;
```

②线性表的链式存储结构的类型定义如下:

```
typedef struct LNode{
    int data;                /*存储线性表中元素信息的数据域*/
    struct LNode * next;     /*存储直接后继存储位置的指针域*/
}LNode, * LinkList;
```

在定义好线性表的类型(顺序存储或链式存储)后,用 C 语言的子函数可以实现线性表的各个基本操作,详细的算法参见第 2 章。

1.3 算法和算法分析

著名的计算机科学家、图灵奖获得者 N. Wirth 教授曾专门出版了《数据结构＋算法＝程序》一书指出,程序是由数据结构和算法组成的,程序设计的本质是对要处理的问题选择好的数据结构,同时在此结构上施加一种好的算法。

对于一个程序来说,数据是"原料"。一个程序所要进行的计算或处理总是以某些数据为对象的。将松散、无组织的数据按某种要求组成一种数据结构,对于设计一个简明、高效、可靠的程序是大有益处的。

对求解一个问题而言,算法是解题的方法。没有算法,程序就成了无本之末,无源之水。算法在程序设计、软件开发甚至在整个计算机科学中的地位都是极其重要的。

1.3.1　算法的定义及其特性

算法是对特定问题求解步骤的一种描述，是指令的有限序列，其中每一条指令表示一个或多个操作。它有五大特性：有穷性、确定性、可行性、有输入、有输出。

① 有穷性。一个算法必须总是（对任何合法的输入值）在执行有穷步之后结束，且每一步都可在有穷时间（合理、可接受的）内完成。

② 确定性。算法中每一条指令必须有确切的含义，不会产生二义性。且在任何条件下，算法只有唯一的一条执行路径，即对于相同的输入只能得到相同的输出。

③ 可行性。一个算法是可行的，是指算法中描述的操作都可以通过已经实现的基本运算执行有限次来实现。

④ 有输入。一个算法有零个或多个的输入。

⑤ 有输出。一个算法有一个或多个的输出。

1.3.2　算法设计的要求

当用算法来求解一个问题时，算法设计的目标是正确、可读、健壮、高效、低耗。通常作为一个"好"的算法，一般应具有以下几个基本特征：

（1）正确性

算法的正确性是指算法应满足具体问题的求解需求。其中"正确"的含义可以分为以下四个层次：

① 算法所设计的程序没有语法错误。

② 算法所设计的程序对于几组输入数据能够得到满足要求的结果。

③ 算法所设计的程序对于精心选择的典型、苛刻且带有刁难性的几组输入数据能够得到满足要求的结果。

④ 算法所设计的程序对于一切合法的输入数据都能产生满足要求对结果。

显然，达到第四层意义下的正确是极为困难的，所有不同输入数据的数量大得惊人，逐一验证的方法是不现实的。一般情况下，通常以第三层意义的正确性作为衡量一个算法是否正确的标准。

（2）可读性

一个好的算法首先应便于人们理解和相互交流，其次才是机器可执行。可读性好的算法有助于人对算法的理解；晦涩难懂的算法易于隐藏较多的错误，难以调试和修改。

（3）健壮性（鲁棒性）

即对非法输入的抵抗能力。当输入数据非法时，算法也能适当地做出反应或进行处理，而不会产生莫名其妙的输出结果或陷入瘫痪。

（4）高效率和低存储量

算法的效率通常是指算法执行的时间。对于同一个问题如果有多个算法可以解决，执行时间短的算法效率高。存储量的需求是指算法执行过程中所需要的最大存储空间。效率与存储量需求这两者都与问题的规模有关。

1.3.3　算法的分析

通常对于一个实际问题的解决，可以提出若干个算法，如何从这些可行的算法中找出最有效的算法呢？或者有了一个解决实际问题的算法后，如何来评价它的好坏呢？这些问题都需要通过算法分析来确定。

算法分析是每个程序设计人员应该掌握的技术。评价算法性能的标准主要从算法执行时间与占用存储空间两方面进行考虑，即通过分析算法执行所需的时间和存储空间来判断一个算法的优劣。

1. 算法的时间性能分析

算法执行时间需通过依据该算法编制的程序在计算机上运行时所消耗的时间来度量。而度量一个程序的执行时间通常有两种方法：事后统计法和事前分析估算法。前者存在以下缺点：一是必须先执行程序；二是所得时间的统计量依赖于计算机的硬件、软件等环境因素，可能会掩盖算法本身的优劣。所以以下均采用事前分析估算法来分析算法效率。

一个算法用高级语言实现后，在计算机上运行时所消耗的时间与很多因素有关，如计算机的运行速度、编写程序采用的计算机语言、编译程序所产生的机器代码的质量和问题的规模等。在这些因素中，前三个都与具体的机器有关。撇开这些与计算机硬件、软件有关的因素，仅考虑算法本身的效率高低，可以认为一个特定算法的"运行工作量"的大小，只依赖于问题的规模（通常用整数 n 表示），或者说，它是问题规模的函数。

一个算法是由控制结构（顺序结构、选择结构和循环结构）和原操作（指对固有数据类型的操作）构成的，算法的运行时间取决于两者的综合效果。为了便于比较同一问题的不同算法，通常从算法中选取一种对于所研究的问题来说是基本操作的原操作，算法的执行时间大致为基本操作所需的时间与其重复执行次数（一条语句重复执行的次数称为语句频度）的乘积。被视为算法基本操作的一般是最深层循环内的语句。

一般情况下，算法中基本操作重复执行的次数是问题规模的某个函数 $f(n)$，算法的时间量度记作：

$$T(n) = O(f(n))$$

记号"O"读作"大 O"（是 Order of Magnitude 的简写，意指数量级），它表示随问题规模 n 的增大，算法执行时间的增长率和 $f(n)$ 的增长率相同，称做算法的渐近时间复杂度（asymptotic time complexity），简称时间复杂度。

"O"的形式定义为：若 $f(n)$ 是正整数 n 的一个函数，则 $T(n) = O(f(n))$ 表示存在正的常数 M 和 n_0，使得当 $n \geqslant n_0$ 时都满足 $|T(n)| \leqslant M|f(n)|$。也就是说只需求出 $T(n)$ 的最高阶项，可以忽略其低阶项和常系数，这样既可简化 $T(n)$ 的计算，又能比较客观地反映出当 n 很大时算法的时间性能。

【例 1-3】　求两个 n 阶方阵的乘积 $C = A \times B$ 的算法如下，分析其时间复杂度。

```
#define N 20
void MatrixMulti(int A[N][N], int B[N][N], int C[N][N])
{   int i,j,k;
①   for(i=0;i<n;i++)
②     for(j=0;j<n;j++)
③     { C[i][j]=0;
④       for(k=0;k<n;k++)
⑤         C[i][j]=C[i][j]+A[i][k] * B[k][j];
      }
```

```
      }
```

解　该算法包括 5 个可执行语句。语句①中循环控制变量 i 从 0 增加到 n，测试条件 $i=n$ 成立时循环才会终止，故语句①的频度为 $n+1$，但它的循环体却只执行 n 次。语句②作为语句①循环体内的语句只执行 n 次，但语句②本身要执行 $n+1$ 次，所有语句②的频度为 $n(n+1)$。同理可得语句③、④和⑤的频度分别为 n^2、$n^2(n+1)$ 和 n^3。

因此，该算法中所有语句频度之和为：

$$T(n)=2n^3+3n^2+2n+1=O(n^3)$$

另外，该算法中的基本操作是三重循环中最深层的语句⑤，分析它的频度，即：

$$T(n)=n^3=O(n^3)$$

从两种方式得到的算法的时间复杂度均为 $O(n^3)$，而后者计算过程要简单得多。

【例 1-4】　在下列三个程序段中，给出基本操作"$x=x+1$"的时间复杂度分析。

```
(1) x=x+1;
(2) for(i=1;i<=n;i++)
        x=x+1;
(3) for(i=1;i<=n;i++)
        for(j=1;j<=n;j++)
            x=x+1;
```

解　程序段(1)的时间复杂度为 $O(1)$，称为常量阶；程序段(2)的时间复杂度为 $O(n)$，称为线性阶；程序段(3)的时间复杂度为 $O(n^2)$，称为平方阶。

算法还可能呈现的时间复杂度有对数阶 $O(\log_2 n)$、指数阶 $O(2^n)$ 等。不同数量级时间复杂度所耗费的时间从小到大依次是：

$$O(1)<O(\log_2 n)<O(n)<O(n^2)<O(n^3)<O(2^n)$$

算法的时间复杂度是衡量一个算法好坏的重要指标。一般情况下，具有指数阶的时间复杂度算法只有当 n 足够小才是可使用的算法。具有常量阶、对数阶、线性阶、平方阶和立方阶的时间复杂度算法是常用的算法。

在有些情况下，算法中基本操作的重复执行次数还随问题的输入数据集不同而不同。

【例 1-5】　分析以下的冒泡排序算法的时间复杂度。

```
void bubble_sort(int a[], int n)
{   int i,j,temp;
    flag=TRUE;
    for(i=1;i<=n−1&&flag;i++)
    {   flag=FALSE;
        for(j=0;j<n−i;j++)
          if(a[j]>a[j+1])
          {   temp=a[j];
              a[j]=a[j+1];
              a[j+1]=temp;
              flag=TRUE;
          }
    }
```

}

解 冒泡排序算法的基本操作是"交换序列中相邻两个整数"。当数组 a 中的初始序列从小到大有序排列时,基本操作的执行次数为 0;当数组中初始序列从大到小排列时,基本操作的执行次数为 $n(n-1)/2$。对这类算法的分析,一种解决的方法是计算所有情况的平均值,即考虑它对所有可能的输入数据集的期望值,此时相应的时间复杂度为算法的平均时间复杂度。如假设数组 a 中初始输入数据可能出现 $n!$ 种的排列情况的概率相等,则冒泡排序的平均时间复杂度为 $O(n^2)$。但是,在很多情况下,各种输入数据集出现的概率难以确定,也就无法确定算法的平均时间复杂度。因此,另一种更可行的常用方法是讨论算法在最坏情况下的时间复杂度,即分析最坏情况以估算算法执行时间的一个上界。上述冒泡排序的最坏情况为数组 a 中初始序列为从大到小有序,所以其在最坏情况下的时间复杂度为 $O(n^2)$。

在本书以后各章中讨论的时间复杂度,除特别指明外,均指最坏情况下的时间复杂度。

2. 算法的空间性能分析

算法的空间复杂度 $S(n)$ 定义为该算法所耗费的存储空间的数量级,它是问题规模 n 的函数,记作:

$$S(n)=O(f(n))$$

一般情况下,一个程序在机器上执行时,除了需要存储本身所用的指令、常数、变量和输入数据以外,还需要一些对数据进行操作的辅助存储空间。若输入数据所占空间只取决于问题本身,与算法无关,则我们只需分析该算法在实现时所需的辅助存储空间即可。若算法执行时所需的辅助空间相对于输入数据量而言是个常数,则称此算法为原地工作或就地工作,空间复杂度记为 $O(1)$。

【例1-6】 以下两个程序段都是用来实现一维数组 a 中的 n 个数据逆序存放的,试分析它们的空间复杂度。

(1) for(i=0;i<n;i++)
      b[i]=a[n-i-1];
   for(i=0;i<n;i++)
      a[i]=b[i];

(2) for(i=0;i<n/2;i++)
   { t=a[i];
    a[i]=a[n-i-1];
    a[n-i-1]=t;
   }

解 程序段(1)的空间复杂度为 $O(n)$,需要一个大小为 n 的辅助数组 b。程序段(2)的空间复杂度为 $O(1)$,仅需要一个辅助变量 t,与问题规模无关。

要想使一个算法既占用存储空间少,又运行时间短,这是很难做到的。原因是上述要求有时相互抵触:要节约算法的执行时间往往需要以牺牲更多的空间为代价,而为了节省空间可能要耗费更多的计算时间。因此,需要根据具体情况进行取舍。

1.4 关于数据结构课程的学习

本节将简要介绍数据结构这门课的地位以及学好数据结构各知识点的方法。

1.4.1　数据结构课程的发展

在计算机发展初期，人们使用计算机主要是解决数值计算问题。例如，线性方程的求解等，该类问题涉及的运算对象是简单的整型、实型数据。程序设计者的主要精力集中于程序设计的技巧，无需重视数据结构。

随着计算机的发展和应用范围的拓宽，计算机需要处理的数据量越来越大，数据的类型越来越多，数据的结构越来越复杂，计算机的处理对象从简单的纯数值性数据发展为非数值性的和具有一定结构的数据。于是要求人们对计算机加工处理的对象进行系统的研究，即研究数据的特性、数据之间存在的关系，以及如何有效地组织、管理存储数据，从而提高计算机处理数据的效率。数据结构这门学科就是在这样的背景下逐渐形成和发展起来的。

数据结构的概念最早由 C. A. R. Hoare 和 N. Wirth 于 1966 年提出，而对数据结构的发展做出杰出贡献的是 D. E. Knuth 和 C. A. R. Hoare。D. E. Knuth 的《计算机程序设计技巧》和 C. A. R. Hoare 的《数据结构札记》对数据结构这门学科的发展做出了重要贡献。随着计算机科学的飞速发展，到 20 世纪 80 年代初期，数据结构的基础研究日臻成熟，各种版本的数据结构著作相继出现了。

1.4.2　数据结构课程的地位

"数据结构"作为一门独立的课程在国外是从 1968 年开始设立的，我国从 20 世纪 80 年代初才开始正式开设"数据结构"课程。"数据结构"课程较系统地介绍了软件设计中常用的数据结构以及相应的存储结构和算法，系统介绍了常用的查找和排序技术，并对各种结构与技术进行了分析和比较，内容非常丰富。

目前在我国，"数据结构"已经不仅仅是计算机专业的教学计划中的核心课程之一和计算机考研的必考专业基础课程之一，而且也是其他非计算机专业的主要选修课程之一。

"数据结构"在计算机科学中是一门综合性的专业基础课。"数据结构"的研究不仅涉及计算机硬件（特别是编码理论、存储装置和存取方法等）的研究范围，而且和计算机软件的研究也有着更密切的关系，无论是编译程序还是操作系统，都涉及数据元素在存储器中的分配问题。因此，可以认为"数据结构"是介于数学、计算机硬件和计算机软件三者之间的一门核心课程。在计算机科学中，"数据结构"不仅是一般程序设计（特别是非数值计算的程序设计）的基础，而且是设计和实现编译程序、操作系统、数据库系统及其他系统程序和大型应用程序的重要基础。

通过对数据结构知识的学习，可以很好地提高分析和解决复杂问题的能力，可以为计算机专业其他课程的学习打下良好的基础，同时也能为学生培养良好的计算机科学素养。

1.4.3　如何学好数据结构

要想把"数据结构"这门课程学好，必须重视以下几点：

1. 学好 C 语言，打好编程基础

要想学好数据结构，必须先打好 C 语言基础。低年级的大学生应立下一个明确的目标，比如报考计算机等级考试、计算机软件水平与资格考试，或者考研，通过一次次的理论考试和上机考试，达到提高自己程序设计水平的目的。高年级的学生可以做一些软件项目或者到软件公司实习，通过实战的方式提高自己的软件开发能力。

2. 多思多想多实践,树立信心

每当开始学习一门新课时,一般都会感觉学起来比较吃力,那不是自己笨的缘故,而通常是由于书中有很多自己缺乏的知识点,所以一定不要着急,可以多找几本相关的书籍看看,先攻克一些概念性的问题,只要坚持,就会慢慢领会和掌握它的学习技巧。

数据结构的学习过程是进行复杂程序设计的训练过程,要求学生不仅应具备 C 语言等高级程序设计语言的基础,而且还要掌握把复杂问题抽象成计算机能够解决的数学模型的能力。技能培养的重要性不亚于知识传授,学生首先要理解授课内容,还应形成良好的算法设计思想、方法技术与风格,强化程序抽象能力和数据抽象能力。如同学习英语一样,学习英语不难,但学好英语不易,要提高程序设计水平,就必须经过艰苦的磨炼。因此,学习数据结构,光是“听”和“读”是绝对不够的。在掌握各种数据结构特别是存储结构的基础上,一定要尽可能多地上机练习,通过实验把难以理解的抽象概念转化为实实在在的计算机能够正确运行的程序,这样才能将所学知识和实际应用结合起来,吸取算法的设计思想的精髓,切实提高运用这些知识解决实际问题的能力。

实际上,一个“好”的程序无非是选择了一个合理的数据结构和一个好的算法,而好的算法的选择很大程度上取决于描述实际问题所采用的数据结构。所以,要想编写出“好”的程序,仅仅学习计算机语言是不够的,必须扎实地掌握数据结构的基本知识和基本技能。

1.4.4　本书内容安排

本书的基本结构分为三个部分:第一部分包含第 1 章,主要介绍数据结构的基本概念;第二部分包含第 2~7 章,主要介绍基本的数据结构,包括线性结构——线性表、栈和队列、串、数组与广义表(第 2~5 章)和非线性结构——树、图(第 6,7 章);第三部分包含第 8~9 章,主要介绍基本的数据处理技术,包括查找技术和排序技术。

1.5　知识点总结

【本章知识点】

1. 理解数据结构的基本概念,特别是数据的逻辑结构和存储结构之间的关系,分清哪些是逻辑结构的性质,哪些是存储结构的性质。

2. 掌握各种逻辑结构即线性结构、树形结构和图状结构之间的差别。

3. 了解各种存储结构即顺序存储结构和链式存储结构之间的差别。

4. 了解抽象数据类型的定义、表示和实现方法。

5. 掌握算法的定义及其特性,理解算法五要素的确切含义:

(1) 有穷性(能执行结束);

(2) 确定性(对于相同的输入执行相同的路径);

(3) 可行性(用以描述算法的操作都是足够基本的);

(4) 有输入;

(5) 有输出。

6. 重点掌握计算语句频度的方法和算法的时间复杂度、空间复杂度的分析。

1.6　单元自测

1. 回答下列问题：

(1)在数据结构课程中，数据的逻辑结构、数据的存储结构及数据的运算之间存在着怎样的关系？

(2) 若逻辑结构相同但存储结构不同，则为不同的数据结构。这样的说法对吗？举例说明之。

(3) 在给定的逻辑结构及其存储表示上可以定义不同的运算集合，从而得到不同的数据结构。这样说法对吗？举例说明之。

(4) 评价各种不同数据结构的标准是什么？

2. 下列是用二元组表示的数据结构，请画出它们分别对应的逻辑结构图，并指出分别属于何种结构(这里的圆括号对表示两个结点是双向的)。

(1) $M=(D,R)$，其中 $D=\{1,2,3,4,5,6,7,8\}$，$R=\{r\}$，

　　$r=\{\langle 4,1\rangle,\langle 4,2\rangle,\langle 4,7\rangle,\langle 2,3\rangle,\langle 5,6\rangle,\langle 7,5\rangle,\langle 7,8\rangle\}$

(2) $N=(D,R)$，其中 $D=\{a,b,c,d,e,f\}$，$R=\{r\}$，

　　$r=\{(a,b),(b,c),(b,d),(c,d),(c,e),(c,f),(d,e),(d,f)\}$

3. 在程序设计中，常用下列三种不同的出错处理方式：

(1) 用 exit 语句终止执行并报告错误；

(2) 以函数的返回值区别正确返回或错误返回；

(3) 设置一个整型变量的函数参数以区别正确返回或某种错误返回。

试讨论这三种方法各自的优缺点。

4. 在程序设计中，可采用下列三种方法实现输入和输出：

(1) 通过 scanf 和 printf 语句；

(2) 通过函数的参数显式传递；

(3) 通过全局变量隐式传递。

试讨论这三种方法各自的优缺点。

5. 设 n 为正整数，试确定下列各程序段中前置以记号@的语句的频度。

```
(1) k=0;
    for(i=1;i<=n;i++)
      for(j=i;j<=n;j++)
      @   k++;
(2) x=0;
    for(i=1;i<=n;i++)
      for(j=1;j<=i;j++)
        for(k=1;k<=j;k++)
        @   x++;
(3) i=1; j=0;
    while(i+j<=n)
    @   if(i<=j) i++;
```

　　　　　　　　else j++;
（4）x=n; y=0;　//n≥1
　　　　while(x>=(y+1)*(y+1))
　　　　@　y++;
（5）x=91; y=100;
　　　　while(y>0)
　　　　@　if(x>100){ x-=10; y--; }
　　　　　　else x++;

6. 分别计算以下两个程序段的时间复杂度。

（1）i=1;
　　while(i<=n)
　　　i=i*2;

（2）i=0; s=0;
　　while(s<n)
　　{ i++; s=s+i; }

7. 设 n 是偶数,试计算运行下列程序段后 m 的值并给出该程序段的时间复杂度。

m=0;
for(i=1;i<n;i++)
　　　　for(j=2*i;j<=n;j++)
　　　　　　m=m+1;

8. 斐波那契(Fibonacci)数列 F_n 定义如下:

　　　　$F_0=0$, $F_1=1$,…,$F_n=F_{n-1}+F_{n-2}$,　　$n=2,3,…$

请就此斐波那契数列,回答下列问题:

（1）在递归计算 F_n 的时候,需要对较小的 $F_{n-1},F_{n-2},…,F_1,F_0$ 精确计算多少次?

（2）如果用大 O 表示法,试给出递归计算 F_n 时递归函数的时间复杂度是多少?

第2章　线　性　表

【学习概要】

　　线性表是一种最基本的数据结构，它不仅有着广泛的应用，而且也是其他数据结构的基础，同时，单链表是贯穿整个课程的基本技术。本章虽然讨论的是线性表，但却是其他章节的基础。因此本章是本课程的重点和核心，也是其他后续章节的重要基础。线性表，作为一种最常用的线性结构，紧紧抓住线性表的逻辑结构到线性表的存储结构这条主线，掌握线性表常用的存储结构如顺序表、单链表方法以及循环链表、双向链表等拓展的存储结构方法等。掌握这些存储结构中插入和删除两种最常用的基本操作和相应的实验方法。

2.1　线　性　表

2.1.1　线性表案例导入

　　【案例导入】　通讯录系统的设计和实现

　　设计通讯录，要求实现如下功能：建立通讯录；在通讯录中插入一条新纪录；在通讯录中删除一条纪录；显示通讯录信息；查询通讯录信息。

　　【案例分析】　可以利用结构体表示通讯信息，结构体数组表示通讯录结构，一个整型变量表示当前通讯信息的条数，例如可以定义如下：

```
struct TelRed
{char name[20];
char tel[12];
};
struct TelRed TelBook[100];
int length;
```

　　分析表示通讯录的结构体数组 TelBook 和表示通讯录长度 length 之间的关系可以发现：二者实际上是作为通讯录的一部分出现的，将二者作为一个整体来表示通讯录更合适，即通讯录结构定义如下：

```
struct TelRed
{char name[20];
 char tel[12];
};
struct TelBook
{struct TelRed TelReds[100];
 int length;
};
```

由通讯录系统分析可知,它是由 length 个类型相同的数据元素(即结构体 struct TelRed)组成。具有这种逻辑结构特征的数据结构,就是我们将要介绍的线性表。建立通讯录;在通讯录中插入一条新纪录;在通讯录中删除一条纪录;显示通讯录信息;查询通讯录信息。对应线性表的操作有:建表;在线性表中插入一个元素;在线性表中删除一个元素;显示线性表的元素;线性表的查询。

2.2　线性表的相关定义

2.2.1　线性表的逻辑结构

线性表(Linear List)描述:线性表是由 $n(n\geqslant0)$ 个类型相同的数据元素组成的有限序列,记作 $(a_1,a_2,\cdots,a_{i-1},a_i,a_{i+1},\cdots,a_n)$,其逻辑结构如图 2.1 所示。该序列中所含元素的个数叫做线性表的长度,用 n 表示,$n\geqslant0$。当 $n=0$ 时,表示线性表是一个空表,即表中不包含任何元素。

图 2.1　线性表的逻辑结构

对于非空的线性表,表中 a_{i-1} 领先于 a_i,称 a_{i-1} 是 a_i 的直接前驱,称 a_i 是 a_{i-1} 的直接后继,其逻辑结构特征可以描述为:

① 有且仅有一个首元素(首结点)a_1,它没有直接前驱,有且仅有一个直接后继 a_2。

② 有且仅有一个尾元素(尾结点)a_n,它没有直接后继,有且仅有一个直接前驱 a_{n-1}。

③ 其余的内部元素(结点)$a_i(2\leqslant i\leqslant n-1)$ 都且仅有一个直接前驱 a_{i-1} 和一个直接后继 a_{i+1}。

数据元素 $a_i(1\leqslant i\leqslant n)$ 只是个抽象符号,在不同情况下具体的含义可以不同,它既可以是原子类型,也可以是结构类型。例如,英文字母表(A,B,$\cdots$,Z)是长度为 26 的线性表,表中的数据元素是英文字母,首元素 A 没有直接前驱,有且仅有一个直接后继;尾元素 Z 没有直接后继,有且仅有一个直接前驱 Y;其余的内部元素从 B 到 Y 各自都有且仅有一个直接前驱和一个直接后继。在一般的线性表中,一个数据元素(Data Elements)可由若干数据项组成,如表 2.1 所示的学生基本信息表中,每个学生相关信息由学号、姓名、性别、年龄、籍贯等数据项组成,表 2.1 中的一行称为一个记录(或称数据元素),含有大量类型相同记录的线性表称为文件。

表 2.1　学生基本信息表

学号	姓名	性别	年龄	籍贯
012003010622	陈建武	男	19	安徽
012003010704	赵玉凤	女	18	湖北
012003010813	王　泽	男	19	江西
012003010906	薛　荃	男	19	贵州
012003011018	王　春	男	19	广东

综上所述,线性表的特点如下:

① 同一性。线性表由同类型数据元素组成,每一个 a_i 必须属于同一数据类型。

② 有穷性。线性表由有限个数据元素组成,表长度就是表中数据元素的个数。

③ 有序性。线性表中相邻数据元素之间存在着序偶关系 $\langle a_i, a_{i+1} \rangle$。

2.2.2 线性表的抽象类型定义

线性表是一个相当灵活的数据结构,它的长度可根据需要增长或缩短,即对线性表的数据元素不仅可以进行访问,还可进行插入和删除等。

下面给出线性表的抽象数据类型定义。

ADT LinearList{

数据元素:$D = \{a_i \mid a_i \in D, i = 1, 2, \cdots, n, n \geqslant 0, D$ 为某一数据类型$\}$

结构关系:$R = \{\langle a_i, a_{i+1} \rangle \mid a_i, a_{i+1} \in D, i = 1, 2, \cdots, n-1\}$

基本操作:

① InitList(&L)

初始条件:L 为未初始化线性表。

操作结果:构造一个空的线性表 L。

② ListLength(L)

初始条件:线性表 L 已存在。

操作结果:返回线性表 L 中数据元素个数。

③ DestroyList(&L)

初始条件:线性表 L 已存在。

操作结果:销毁线性表 L。

④ ClearList(&L)

初始条件:线性表 L 已存在。

操作结果:将 L 置为空表。

⑤ EmptyList(L)

初始条件:线性表 L 已存在。

操作结果:如果 L 为空表,则返回 TRUE,否则返回 FALSE。

⑥ GetData(L,i,&a)

初始条件:表 L 存在,且 $1 \leqslant i \leqslant$ ListLength(L)。

操作结果:用 a 返回线性表 L 中第 i 个数据元素的值。

⑦ InsList(&L,i,a)

初始条件:表 L 已存在,a 为合法元素值且 $1 \leqslant i \leqslant$ ListLength(L)+1。

操作结果:在表 L 中第 i 个位置之前插入新的数据元素 a,L 的长度加 1。

⑧ DelList(&L,i,&a)

初始条件:表 L 已存在且非空,$1 \leqslant i \leqslant$ ListLength(L)。

操作结果:删除 L 的第 i 个数据元素,并用 a 返回其值,L 的长度减 1。

⑨ Locate(L,a)

初始条件:表 L 已存在,a 为合法数据元素值。

操作结果：如果 L 中存在数据元素 a，则将当前指针指向数据元素 a 所在位置并返回 TRUE，否则返回 FALSE。

}ADT LinearList;

线性表的抽象数据类型定义中给出了各种操作是定义在线性表的逻辑结构上的，只是给出这些操作的功能是"做什么"，至于"如何做"等具体的描述，只有待确定了"存储结构"之后才能实现。各种操作的具体实现与线性表具体采用哪种存储结构有关。

在实际问题中涉及其他更为复杂的操作，例如有时需要将多个线性表合并成一个线性表，以及在此问题基础之上进行的有条件合并。像合并、分拆、复制、排序等复合运算问题都可以利用基本运算的组合来完成。

2.3 线性表的顺序存储及其实现

将线性表存储到计算机中的方式有多种，对于完成某种操作来说，其执行效率是不一样的。本节先介绍采用顺序存储结构实现线性表的存储。

2.3.1 线性表的顺序存储结构

线性表的顺序存储是指一组地址连续的存储单元依次存储线性表的数据元素，使得线性表中在逻辑结构相邻的数据元素存储在连续的物理单元中，即表的逻辑次序与存储器中的物理次序一一对应。采用顺序存储结构存储的线性表通常简称为顺序表。

图 2.2 给出了线性表的顺序存储结构示意图。假设线性表中有 n 个元素，每个元素占 d 个单元，第一个元素的地址为 $Loc(a_1)$（也称为基地址），则可以通过以下公式计算出第 i 个元素的地址 $Loc(a_i)$：

$$Loc(a_i)=Loc(a_1)+(i-1)\times d$$

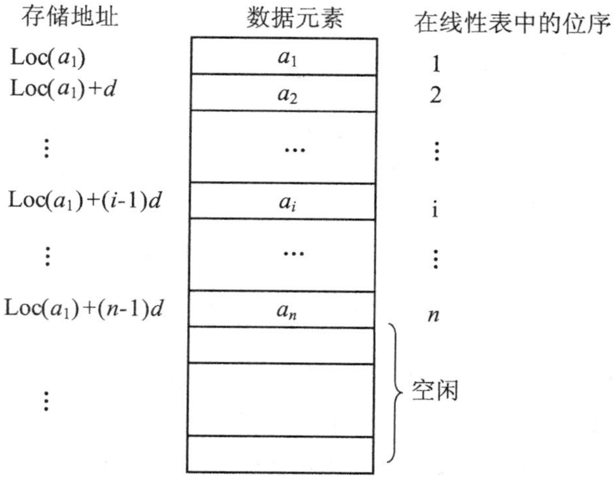

存储地址	数据元素	在线性表中的位序
$Loc(a_1)$	a_1	1
$Loc(a_1)+d$	a_2	2
⋮	…	⋮
$Loc(a_1)+(i-1)d$	a_i	i
⋮	…	⋮
$Loc(a_1)+(n-1)d$	a_n	n
		}空闲

图 2.2 顺序表存储结构示意图

从上式中可以看出，在顺序表中，每个结点 a_i 的存储地址是该点在表中的逻辑位置 i 的线性函数，只要知道线性表中第一个元素的存储地址（基地址）和表中每个元素所占存储单元的多少，可以通过存储地址公式计算出顺序表中任一结点 a_i 的存储地址，从而实现对顺序表中数据元素的随机存取。

综上所述，顺序表的存储特点：

① 顺序表的逻辑顺序和物理顺序是一致的。

② 顺序表中任意一个数据元素都可以随机存取，所以顺序表是一种随机存取的存储结构。

由于高级程序设计语言中的数组类型也有随机存取的特性，因此，通常都用数组来描述数据结构中顺序存储结构。即线性表的顺序存储结构可借助于高级程序设计语言中的一维数组来表示。定义线性表的顺序存储类型时，用数组来存储线性表中的所有元素，用整型变量来存储线性表的长度。为了方便操作，可以用结构体类型定义顺序表类型。

用 C 语言定义线性表的顺序存储结构如下：

```
#define LISTSIZE 100              /* 此处的宏定义常量表示线性表的最大长度 */
typedef struct
{
DataType data[LISTSIZE];         /* 线性表占用的数组空间 */
int length;                      /* 线性表的实际长度 */
}SeqList;
```

说明：

① 结点类型定义中 DataType 数据类型是为了描述的统一而自定的，在实际应用中，用户可以根据自己实际需要来具体定义顺序表中元素的数据类型，如 int、char、float 或是一种 struct 结构类型。

② 从数组中起始下标为 0 处开始存放线性表中第一个元素。因此需注意区分元素的序号和该元素在数组中的下标位置之间的对应关系，即数据元素 a_1 的序号为 1，而其对应存放在 data 数组的下标为 0；a_i 在线性表中的序号值为 i，而在顺序表对应的数组 data 中的下标为 $i-1$。

2.3.2 线性表顺序存储结构上的运算

讨论了线性表的顺序存储结构后，就可以进一步讨论线性表在顺序存储下的运算了。表的初始化和求表长的操作较容易实现，下面举例说明插入和删除这两种运算。

1. 插入操作

线性表的插入运算是指在表的第 $i(1 \leqslant i \leqslant n+1)$ 个位置前插入一个新元素 a，使长度为 n 线性表 $(a_1, \cdots, a_{i-1}, a_i, \cdots, a_n)$ 变成长度为 $n+1$ 的线性表 $(a_1, \cdots, a_{i-1}, a, a_i, \cdots, a_n)$（其中 n 为线性表的表长度）。

在顺序表中，由于插入一个新结点 a，数据元素 a_{i-1} 和 a_i 之间的逻辑关系必定发生变化，为了使结点的物理顺序和结点的逻辑顺序保持一致，将表中位置为 $n, n-1, \cdots, i$ 上的结点，依次后移到位置 $n+1, n, \cdots, i+1$ 上，即必须从最后一个结点 n 开始依次后移，以空出第 i 个位置，然后在该位置上插入新结点 a。仅当 i 为 $n+1$ 时，是指在线性表的末尾插入结点，才无须移动结点，直接将 a 插入表的末尾即可。

【例 2-1】 已知线性表 $(1,4,25,28,33,33,48,60,66)$，在第四个元素之前插入一个元素 "26"。

如果在第四个元素前插入一个元素，则需将第九个位置到第四个位置的元素依次后移一个位置,然后将"26"插入到第四个位置,如图 2.3 所示。

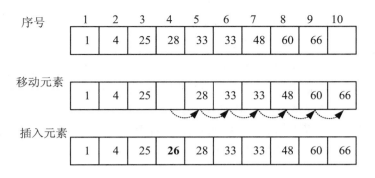

图 2.3　顺序表中插入元素

【算法描述】　算法 2.1 顺序表的插入运算

```
♯defineTRUE 1
♯defineFALSE 0
int InsList(SeqList &L,int i,DataType a)  /*将新结点 a 插入 L 所指的顺序表的第 i
的位置上。i 的合法取值范围是 1≤i≤L. length+1 */
{
  int k;
  if(i<1||i>L. length+1)              /*首先检查插入位置是否合法*/
  {printf("插入位置 i 不合法");
   return FALSE ;
   }
  if(L. length>=LISTSIZE-1)           /*检查表空间是否溢出*/
  {printf("表已满,无法插入");
   return FALSE ;
   }
  for(k=L. length-1;k>=i-1;k--)/*从最后一个结点开始后移*/
   L. data[k+1]=L. data[k];
  L. data[i-1]=a;                     /*插入 a*/
  L. length++;                        /*表长加 1*/
  return TRUE ;
}
```

【算法分析】　当在表尾($i=L.$ length$+1$)插入元素时,由于 $k=L.$ length-1,从而循环条件 $k\geq i-1$ 不成立,此时不需要移动元素,可直接在表尾插入 a。当在表头($i=1$)插入时,移动元素的语句 L. data$[k+1]=$L. data$[k]$需执行 n 次,即将表中已存在的 n 个元素依次移动一个位置才能将 a 插入。因此在线性表的第 i 个位置上插入一个结点,需要移动 $n-i+1$个结点。

用 P_i 表示在长度为 n 的线性表的第 i 个元素之前插入元素的概率,并假设在任何位置上插入的概率相等,即 $P_i=1/(n+1)$,$i=1,2,\cdots,n+1$,设 E_{ins} 为表中插入一元素所需移动

元素的平均次数，则有

$$E_{\text{ins}} = \sum_{i=1}^{n+1} P_i(n-i+1) = \frac{1}{n+1}\sum_{i=1}^{n}(n-i+1) = \frac{1}{n+1} \times \frac{(n+1)n}{2} = \frac{n}{2}$$

2. 删除操作

线性表的删除运算是指将表的第 $i(1 \leqslant i \leqslant n)$ 个元素删去，使长度为 n 的线性表 $(a_1, \cdots, a_{i-1}, a_i, a_{i+1}, \cdots, a_n)$ 变成长度为 $n-1$ 的线性表 $(a_1, \cdots, a_{i-1}, a_{i+1}, \cdots, a_n)$。

在顺序表上实现删除运算必须移动结点，才能反映出结点间的逻辑关系的变化。若 $i=n$，则只要简单地删除终端结点，无须移动结点；若 $1 \leqslant i \leqslant n-1$，须将原表中位置在 $i+1$，$i+2, \cdots, n-1, n$ 上的结点，依次前移到位置 $i, i+1, \cdots, n-1$ 上，以填补删除操作造成的空缺。

【例 2-2】 删除线性表 (1,4,25,27,28,33,33,48,60,66) 第四个元素。

如果要删除第四个元素，则需将第五个元素到第十个元素依次向前移动一个位置，如图 2.4 所示。

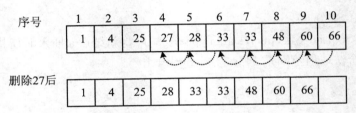

图 2.4　顺序表中删除元素

【算法描述】 算法 2.2 顺序表的删除运算

```
int DelList(SeqList &L, int i, DataType &a)
/*在顺序表 L 中删除第 i 个数据元素 aᵢ，并用参数 a 返回其值。i 的合法取值为
1≤i≤L. length */
{int k;
  if(i<1||i>L. length)
  { printf("删除位置不合法!");
   return FALSE;
  }
a=L. data[i−1];                /*将删除的元素的值赋给 a*/
for(k=i;i<=L. length−1;k++)
   L. data[k−1]=L. data[k];    /*将后面的元素依次前移*/
L. length−−;                   /*表长减小*/
return TRUE;
}
```

【算法分析】 类似于插入运算，为了维持线性表结点间的逻辑关系，在顺序表上实现删除运算也必须移动结点。当删除表尾（$i=L.$ length）元素时，从而循环条件 $i \leqslant L.$ length-1 不成立，此时不需要移动元素。当删除表头元素（$i=1$）时，移动元素的语句 $L.$ data$[k-1]=$ $L.$ data$[k]$ 需执行 $n-1$ 次。因此删除线性表中第 i 个位置的结点，需移动 $n-i$ 个结点。

用 Q_i 表示删除第 i 个元素的概率，并假设在任何位置上删除的概率相等，即 $Q_i=1/n$，

$i=1,2,\cdots,n$，设 E_{del} 为删除一个元素时所需移动元素的平均次数，则有

$$E_{del} = \sum_{i=1}^{n} Q_i(n-i) = \frac{1}{n}\sum_{i=1}^{n}(n-i) = \frac{1}{n}\times\frac{n\times(n-1)}{2} = \frac{n-1}{2}$$

由上述两个算法可以看出，在顺序存储结构的线性表中某个位置上插入或删除结点时，其时间主要耗费在结点的移动上，算法的时间复杂度都为 $O(n)$。显然，随着 n 的增大，算法的效率将会不断降低。

【例 2-3】　已知顺序表 LA 和 LB 中的数据元素按值非递减有序排列，现要求将它们合并成一个顺序表 LC，且 LC 中的数据元素仍按值非递减有序排列。例如 $LA=(1,2,5)$，$LB=(1,4,4,7,8)$，则 $LC=(1,1,2,4,4,5,7,8)$。

从上述问题要求可知，LC 中的数据元素或是 LA 中的数据元素，或是 LB 中的数据元素，则只要先设 LC 为空表，然后将 LA 或 LB 中的数据元素逐个插入到 LC 中即可。为使 LC 也是非递减有序排列，可设两个指针 i,j 分别指向表 LA 和 LB 中的某个元素，若 $LA.data[i]>LB.data[j]$，则当前先将 $LB.data[j]$ 插入到表 LC 中，若 $LA.data[i]\leqslant LB.data[j]$，则当前先将 $LA.data[i]$ 插入到表 LC 中，如此进行下去，直到其中一个表被扫描完毕，然后再将未扫描的表中剩余的所有元素放到表 LC 中。

【算法描述】　算法 2.3 线性表的合并运算

```
void mergeList(SeqList LA,SeqList LB,SeqList &LC)
{
    int i,j,k,l;
    i=0;j=0;k=0;
    while(i<=LA.length-1&&j<=LB.length-1)
        if(LA.data[i]<=LB.data[j])
          {
            LC.data[k]=LA.data[i];
            i++;k++;
          }
        else
          {
            LC.data[k]=LB.data[j];
            j++;k++;
          }
    while(i<=LA.length-1) /* 当表 LA 有剩余元素时,则将表 LA 余下的元素赋给表 LC */
    {
        LC.data[k]=LA.data[i];
        i++;k++;
    }
    while(j<=LB.length-1) /* 当表 LB 有剩余元素时,则将表 LB 余下的元素赋给表 LC */
    {
        LC.data[k]=LB.data[j];
        j++;k++;
```

```
        }
   LC. length=LA. length+LB. length;
    }
```

【算法分析】 由于两个待归并的表 LA、LB 本身是值有序表,且表 LC 的建立采用的是尾插法建表,插入时不需要移动元素,所以算法的时间复杂度 $O(LA. length+LB. length)$。

2.4　线性表的链式存储及其实现

　　线性表的顺序存储结构的特点是逻辑关系上相邻的两个元素在物理位置上也相邻,因此可以随机存取表中任一元素,然而,在插入或删除操作时,需移动大量元素。为了克服顺序表的缺点,可以采用线性表的另一种表示方法——链式存储结构。通常将采用链式存储结构的线性表称为线性链表。从链接方式的角度看,链表可分为单链表、循环链表和双链表。

2.4.1　单链表

　　线性表的链式存储结构的特点是用一组任意的存储单元来存放线性表的结点,这组存储单元可以是连续的,也可以是非连续的。因此,链表中结点的逻辑顺序和物理顺序不一定相同。为了正确地反映数据元素之间的逻辑关系,对于每个数据元素不仅要表示它的具体内容,还要附加一个表示它的直接后继元素存储位置的信息。这两部分信息组成的存储映像称为结点(Node),如图 2.5 所示。

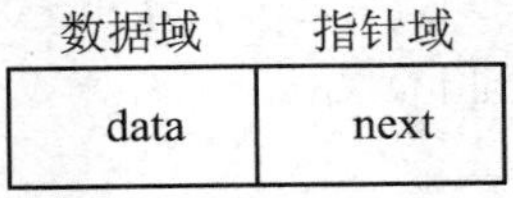

数据域	指针域
data	next

图 2.5　单链表的结点结构

　　结点包括两个域:数据域用来存储结点的数据信息,指针域用来存储数据元素的直接后继的位置。线性链表正是通过每个结点的指针域将线性表的 n 个结点按其逻辑顺序链接在一起的。由于此线性链表的每个结点只有一个指针域,故将这种链表称为单链表。

　　假设有一个线性表(a,b,c,d),存储的形式如图 2.6 所示。单链表简化为图 2.7 的描述方式。

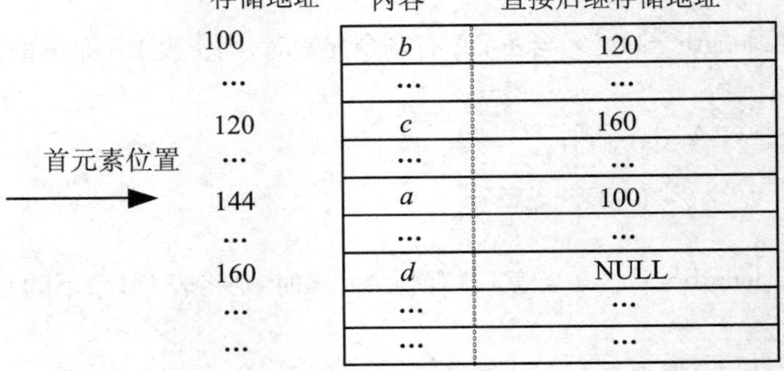

存储地址	内容	直接后继存储地址
100	b	120
…	…	…
120	c	160
…	…	…
144	a	100
…	…	…
160	d	NULL
…	…	…
…	…	…

首元素位置 →（指向 144 行）

图 2.6　线性表链式存储结构示意图

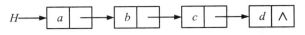

图 2.7 单链表的逻辑状态

其中,H 是头指针,它指示链表中第一个结点的存储位置。单链表中每个结点的存储地址存放在其前驱结点的指针域中,由于线性表中的第一个结点无前驱,所以应设一个头指针 H,指向第一个结点。同时,由于最后一个数据元素没有直接后继,则线性链表中最后一个结点的指针为"空"(NULL)。

单链表的头指针 H 是单链表的入口,习惯上用头指针代表单链表。给定单链表的头指针 H,只能通过头指针进入链表,即可顺着每个结点的指针域找到单链表中的每个元素。因此对于每个单链表的操作必须从头指针开始。

为了简化对链表的操作,人们经常在链表的第一个结点之前附加一个头结点,如图 2.8(a)所示。这样可以免去对链表第一个结点的特殊处理。头结点的数据域根据需要存放一些便于操作的信息,如元素个数等,或不存放任何信息。而头结点的指针域则用来存储指向第一个结点的指针(即第一个结点的存储位置)。当线性表为空表,则头结点的指针域为"空",如图 2.8(b)所示。

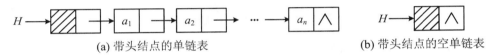

(a) 带头结点的单链表   (b) 带头结点的空单链表

图 2.8 带头结点单链表图示

单链表的存储结构描述如下:

```
typedef struct Node          /*结点类型定义*/
{DataType data;             /*结点的数据域*/
struct Node * next;         /*结点的指针域*/
}Node, * LinkList;
```

假设 L 是 LinkList 型的变量,它指向表中第一个结点(对于带头结点的单链表,则指向单链表的头结点)。若 L 为"空"(L=NULL),则所表示的线性表为"空"表。在线性表的顺序存储结构中,由于逻辑上相邻的两个元素在物理位置上紧邻,则每个元素的存储位置都可以从线性表的起始位置计算得到。而在单链表中,任何两个元素的存储位置之间没有固定的联系。然而,每个元素的存储位置都包含在其直接前驱结点的信息之中。假设 p 是指向线性表中第 i 个数据元素(结点 a_i)的指针,则 $p->$next 是指向第 $i+1$ 个数据元素(结点 a_{i+1})的指针。换句话说,若 $p->$data=a_i,则 $p->$next$->$data=a_{i+1}。因此,在单链表中,取得第 i 个数据元素必须从头指针出发寻找,因此,单链表是非随机存取的存储结构。

2.4.2 单链表上的基本运算

以单链表作存储结构实现线性表的基本运算。

1. 建立单链表

假设线性表中结点的数据类型是字符,逐个输入这些字符,并以"$"作为输入结束标志符。常见的建表方法有如下两种。

（1）头插法建表

从一个空表开始，每次读入数据，生成结点，将读入数据存放到新结点的数据域中，然后将新结点插入到当前链表的头结点之后，直至读入结束标志为止。头插法建表的过程如图2.9所示。

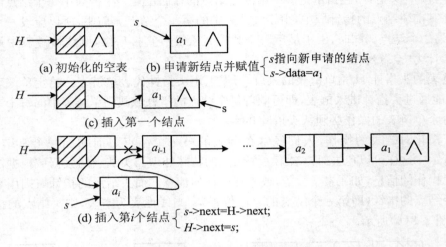

图2.9　头插法建立单链表图示

【**算法描述**】　算法2.4 用头插法建立单链表

```
void CreateListH(LinkList &L)
{ Node * s;
  char c;
  L=(LinkList)malloc(sizeof(node));          /* 建立头结点 */
  L->next=NULL;                              /* 建立空的单链表 L */
  c=getchar();
  while(c! ='$')                             /* '$'为结束标记 */
  {s=(Node * )malloc(sizeof(Node));          /* 建立新结点 */
   s->data=c;
   s->next=L->next;
   L->next=s;
   c=getchar();
  }
  return L;
}
```

头插法建立单链表虽然算法简单易理解，但生成的链表中结点的次序和原输入的次序相反。亦称头插法建表为逆序建表法。注意：在上述算法中，L 是指向单链的头指针，习惯上称为单链表 L。

（2）尾插法建表

头插法建立单链表虽然算法简单，但生成的链表中结点的次序和输入的顺序相反。而尾插法建立链表可实现次序的一致，该方法是将新结点插到当前链表的表尾上，因此需增加一个尾指针 r，使其指向当前链表的表尾。尾插法建表过程如图2.10所示。

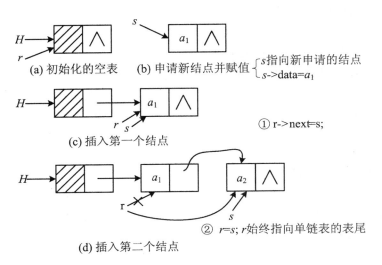

图 2.10 尾插法建立单链表图示

【算法描述】 算法 2.5 尾插法建立单链表

```
void CreateListT (LinkList &L)
{ Node * r, * s;
  L＝(LinkList)malloc(sizeof(node));        / * 建立头结点 * /
  L—>next＝NULL;                            / * 建立空的单链表 L * /
  r＝L;                                      / * 尾指针 * /
  c＝getchar( );
  while(c! ＝'$')                           / * '$'为结束标记 * /
  {
    s＝(Node * )malloc(sizeof(Node));        / * 建立新结点 * /
    s—>data＝c;
    r—>next＝s;
    r＝s;
    c＝getchar( );
  }
  r—>next＝NULL;
  return L;
}
```

2. 查找

在单链表中进行查找,通常可以按序号查找和按值查找。按序号查找是查找单链表中是否存在序号为 $i(i>0)$ 的结点;按值查找就是找到数据域值为指定值的结点的存储位置。

(1) 按序号查找

在单链表中查找结点时,即使知道被访问结点的序号 i,也不能像顺序表中那样直接按序号 i 访问结点,而只能从链表的头指针出发,顺着指针域逐个结点往下搜索,直至搜索到第 i 个结点为止。

将工作指针 p 从链表的头结点开始顺着指针域逐个扫描,用计数器 j 存储指针 p 指向的结点在链表中的位序,其初值为 0。当 p 扫描下一个结点时,计数器 j 相应地加 1。当 $j==i$ 时,指针 p 所指的结点就是要查找的第 i 个结点。

【算法描述】 算法 2.6 在单链表 L 中查找第 i 个结点

```
Node * GetData(LinkList L,int i)
```

/* 在带头结点的单链表 L 中查找第 i 个结点,若找到(1≤i≤n),则返回该结点的存储位置;否则返回 NULL */

```
{ int  j;
  Node * p;
  if(i<=0) return NULL;
  p=L; j=0;                          /* 初始化,p 指向头结点,j 为计数器 */
  while(p->next! =NULL && j<i)        /* 顺指针向后查找 */
  {p=p->next;
  j++;
  }
  if(i==j) return p;                 /* 找到第 i 个结点 */
  else return NULL;                  /* 找不到第 i 个结点 */
}
```

(2) 按值查找

从表中第一个结点开始出发,顺着链逐个将结点的值和给定值 key 作比较,若有结点的值和 key 相等,则返回首次找到值为 key 的结点的存储位置;否则返回 NULL。

【算法描述】 算法 2.7 在单链表 L 中查找值为 key 的结点

```
Node * LocateNode(LinkList L, DataType key)
  { Node * p
  p=L->next;                         /* 从表中第一个结点开始 */
  while(p! =NULL &&p->data! =key)
    p=p->next;
  return p;
  /* 若 p=NULL,则查找失败,返回 NULL;否则返回值为 key 的结点的地址 */
}
```

这两个算法的平均时间复杂度均为 $O(n)$。

3. 求单链表长度操作

在顺序表中,线性表的长度是它的属性,结构体的定义时就已确定。在单链表中,整个数组由"头指针"来表示,单链表的长度在从头到尾遍历的过程中统计计数,得到长度值显示保存。

采用"数"结点的方法求出带头结点的单链表的长度。即从"头"开始"数" ($p=L->$next),用指针 p 依次指向各个结点,并附设计数器 len 计数,一直"数"到最后一个结点($p->$next==NULL),从而得到单链表的长度。

【算法描述】 算法 2.8 求单链表的长度

```
int ListLength(LinkList L)
```

/* 求带头结点的单链表 L 的长度 */

```
{ Node ＊p;
  int len;
  p＝L—＞next;
  len＝0;                      /＊用来存放单链表的长度＊/
  while(p！ ＝NULL)
  {p＝p—＞next;
    len＋＋;
    }
    return len;              /＊len 为求得的单链表长度＊/
}
```

若单链表 L 为空表,p 的初值为 NULL,算法中 while 循环未执行,则返回链表长度 len 为 0。若单链表 L 为非空表,算法中 while 循环执行次数的表长度 n,故算法的时间复杂度为 $O(n)$。

4. 单链表插入操作

在线性表的第 $i(1 \leqslant i \leqslant n+1)$ 个位置插入一个新元素 x。将长度为 n 的线性表 $(a_1, \cdots, a_{i-1}, a_i, \cdots, a_n)$ 变成长度为 $n+1$ 的线性表 $(a_1, \cdots, a_{i-1}, x, a_i, \cdots a_n)$。

插入过程分为以下三步。

① 查找:需要找到第 i 个结点的前驱,即第 $i-1$ 个结点的存储位置 pre。

② 申请:申请新结点 s,将其数据域的值置为 x。

③ 修改指针域:通过修改指针域将新结点 s 插入单链表 L。

单链表插入结点的过程如图 2.11 所示。

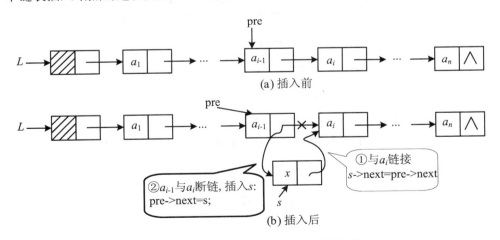

图 2.11　在单链表中插入结点时指针变化状况

【算法描述】　算法 2.9 单链表插入操作

```
void InsertList(LinkList &L, int i , DataType x)
{  /＊在带头结点的单链表 L 中第 i 个结点之前插入值为 x 的新结点＊/
    Node ＊pre, ＊s;
    pre＝GetData(L,i－1);                /＊查找第 i－1 个结点＊/
    if(pre＝＝NULL)
```

```
printf("插入位置不合理!");
else
    {s=(Node *)malloc(sizeof(Node));  /* 申请一个新的结点 */
    s->data=x;                        /* 将待插入结点的值 x 赋给 s 的数据域 */
    s->next=pre->next;                /* 修改指针,完成插入操作 */
    pre->next=s;
    }
}
```

5. 单链表的删除操作

在线性表的第 $i(1 \leqslant i \leqslant n)$ 个元素 x 删除。将长度为 n 的线性表$(a_1, \cdots, a_{i-1}, a_i, \cdots, a_n)$变成长度为 $n-1$ 的线性表$(a_1, \cdots, a_{i-1}, a_{i+1}, \cdots, a_n)$。

删除过程分为以下两步。

① 查找:需要找到第 i 个结点的前驱,即第 $i-1$ 个结点的存储位置 pre。

② 修改指针域:删除第 i 个结点并释放结点空间。

单链表插入结点的过程如图 2.12 所示。

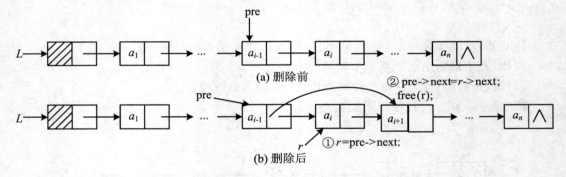

图 2.12　在单链表中删除结点时指针变化情况

【算法描述】　算法 2.10 单链表删除操作

```
void DeleteList(LinkList &L, int i, DataType &x)
{ /* 在带头结点的单链表 L 中删除第 i 个元素,并保存其值到变量 x 中 */
    Node *pre, *r;
    pre=GetData(L, i-1)                /* 查找第 i-1 个结点 */
    if(pre==NULL || pre->next==NULL)
    printf("删除结点的位置 i 不合理!");
    else
        {r=pre->next;
        pre->next=r->next                /* 删除结点 r */
        free(r);                         /* 释放被删除的结点所占的内存空间 */
        }
}
```

【例 2-4】　有两个单链表 LA 和 LB,其元素均为非递减有序排列,编写一个算法,将它们合并成一个单链表 LC,要求 LC 也是非递减有序排列。要求:新表 LC 利用现有的表 LA 和 LB 中的元素结点空间,而不需要额外申请结点空间。$LA=(1,2,5)$,$LB=(1,4,4,7,8)$,则 $LC=(1,1,2,4,4,5,7,8)$。

按照算法 2.3 的思想,需设立 3 个指针 pa、pb 和 pc,其中 pa 和 pb 分别指向 LA 表和 LB 表中当前待比较插入的结点,而 pc 指向 LC 表中当前最后一个结点。为保证新表仍然递增有序,可以利用尾插入法建立单链表的方法,只是新建表中的结点不用 malloc,而是通过更改结点的 next 域来重建新元素之间的线性关系。若 pa—>data≤pb—>data,则将 pa 所指结点链接到 pc 所指结点之后,否则将 pb 所指结点链接到 pc 所指结点之后。

【算法描述】　算法 2.11 合并两个有序的单链表

```
void MergeLinkList(LinkList &LA, LinkList &LB,Linklist &LC)
/* 将递增有序的单链表 LA 和 LB 合并成一个递增有序的单链表 LC */
{  Node * pa, * pb, * pc;
    pa=LA—>next;                /* pa 指向单链表 LA 的第一个结点 */
    pb=LB—>next;                /* pb 指向单链表 LB 的第一个结点 */
    LC=LA;
    pc=LC;                      /* pc 初值为 LC,且 pc 始终指向 LC 的表尾,当
两个表均未处理完时,比较选择较小值结点插入到表 LC 中 */
    while(pa! =NULL&&pb! =NULL)
    {if(pa—>data<=pb—>data)
      {pc—>next=pa; pc=pa;pa=pa—>next;}
      else
      {pc—>next=pb;pc=pb;pb=pb—>next;}
    }
    if(pa)              /* 若表 LA 未完,将表 LA 中后续元素链到表 LC 表尾 */
      pc—>next=pa;
    else                /* 否则将表 LB 中后续元素链到表 LC 表尾 */
      pc—>next=pb;
    free(LB);           /* 释放 LB 的头结点 */
}
```

2.4.3　循环链表

循环链表(Circular Linked List)是一个首尾相接的链表,其特点是不需开销额外的存储空间,仅对表的链接方式稍作修改,就可使得链表的处理更加方便灵活。在单链表中,将单链表最后一个结点的指针域由 NULL 改为指向表头结点,就得到了单链形式的循环链表,并称为循环单链表。同样还可以有多重链的循环链表。

在循环单链表中,表中所有结点被链在一个环上,为使某些操作实现方便,在循环单链表中也可设置一个头结点。这样,空循环链表仅由一个自成循环的头结点表示。带头结点的单循环链表如图 2.13 所示。在头结点的单循环链表中,判断空链表的条件是 $L==L—>next$。

在用头指针表示的循环单链表中,查找开始结点 a_1 的时间复杂度是 $O(1)$,而查找结点

a_n,则需要从头指针开始遍历整个链表,其时间复杂度是 $O(n)$。如果改用尾指针 rear 来表示循环单链表,则查找开始结点 a_1 和终端结点 a_n 都一样方便。终端结点 a_n 的存储位置用 rear 指示;开始结点 a_1 的存储位置可用 rear—>next—>next 表示。显然,查找时间复杂度都是 $O(1)$。因此,实际应用中大多采用尾指针来表示循环单链表。

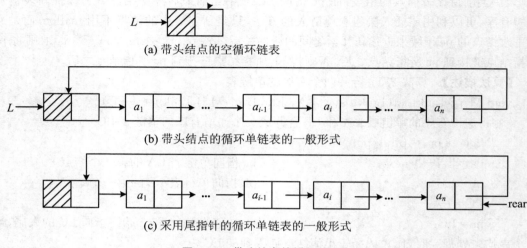

(a) 带头结点的空循环链表

(b) 带头结点的循环单链表的一般形式

(c) 采用尾指针的循环单链表的一般形式

图 2.13　带头结点的循环单链表

【例 2-5】　有两个带头结点的循环单链表 LA、LB,编写一个算法,将两个循环单链表合并为一个循环单链表,其头指针为 LA。

若在用头指针表示的循环单链表上做这种链接操作,需要遍历第一个链表,找到链表 LA 的表尾,其执行时间是 $O(n)$。若在尾指针表示的单循环链表上实现上述合并时,无须遍历,只需要直接修改尾结点的指针域,其执行时间 $O(1)$。操作步骤如下:

① 保存链表 RA 的头结点地址;

② 链表 RB 的开始结点链到链表 RA 的终端结点之后;

③ 释放链表 RB 的头结点;

④ 链表 RA 的头结点链到链表 RB 的终端结点之后;

这四步的变化情况如图 2.14 所示。

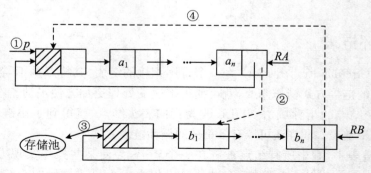

图 2.14　两个循环链表的链接示例

【算法描述】　算法 2.12 循环单链表的合并算法

void Connect(LinkList &RA,LinkList &RB)

```
{/ * 此算法将两个采用尾指针的循环链表首尾连接起来 * /
Node * p;
p=RA->next;                    / * ① * /
RA->next=RB->next->next;       / * ② * /
free(RB->next);                / * ③ * /
RB->next=p;                    / * ④ * /
}
```

2.4.4 双向链表

在循环单链表中,虽然从任一结点出发沿着链都可找到该结点的前驱结点,但时间耗费是 $O(n)$。如果希望从表中快速确定任一结点的前驱,可在循环单链表的每个结点里再增加一个指向其直接前驱的指针域 prior。这样就形成两条方向不同的链,故称之为双(向)链表(Double Linked List)。双链表的结点结构如图 2.15 所示。

前驱指针域　数据域　后继指针域

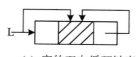

图 2.15　双链表的结点结构

双链表的结构定义如下:

```
typedef struct DNode
{    DataType data;
     struct DNode * prior, * next;
} DNode, * DoubleList;
```

与单链表类似,双链表也可增加头结点使双链表的某些运算变得方便。同时双向链表也可以有循环表,称为双向循环表,其结构如图 2.16 所示。

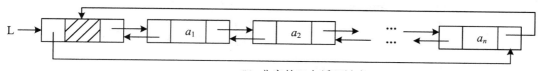

(a) 空的双向循环链表

(b) 非空的双向循环链表

图 2.16　双向循环链表图示

双向链表的结构是一种对称结构,既有向前链,又有向后链。设指针 p 指向双向链表中的任意结点,则双向链表的对称性可以描述为:

p->prior->next==p

p==p->next->prior

其特征是:结点 p 的存储位置既可存放在其前驱结点 p->prior 的后继指针域 next 中,也可存放在其后继结点 p->next 的前驱结点指针域 prior 中。

　　在双向链表中,那些只涉及后继指针的算法,如求表长度、取元素、元素定位等,与单链表中相应的算法相同,但对于涉及前驱和后继两个方向指针变化的操作,则与单链表中的实现算法不同。

1. 双向链表的前插操作

在双向链表的第 i 个结点 p 之前插入一个新的结点 s,操作步骤如下:

① 将 p 的直接前驱结点指针作为 s 的直接前驱结点指针;

② s 作为 p 结点的直接前驱的后继;

③ p 作为结点 s 的直接后继;

④ s 作为 p 结点新的直接前驱;

则指针的变化情况如图 2.17 所示。

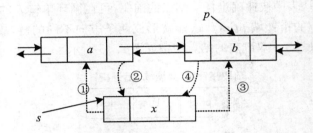

图 2.17　双向链表插入操作

【算法描述】　算法 2.13 双向链表的插入操作

```
int DInsert(DoubleList &L,int i,DataType x)
{ DNode  * p, * s;
    …/ * 先检查待插入的位置i是否合法 * /
    …/ * 若位置i合法,则找到第i个结点并让指针p指向它 * /
    s=(DNode * )malloc(sizeof(DNode));
    if(s==NULL) return FALSE;
    else
    {
        s—>data=x;
        s—>prior=p—>prior;          / * ① * /
        p—>prior—>next=s;           / * ② * /
        s—>next=p;                  / * ③ * /
        p—>prior=s;                 / * ④ * /
        return TRUE;
    }
}
```

2. 双向链表的删除操作

删除双向链表的第 i 个结点 p,则指针的变化情况如图 2.18 所示。

【算法描述】　算法 2.14 双向链表的删除操作

```
intDDelete(DoubleList &L,int I,DataType &x)
{DNode * p;
    …/ * 先检查待插入的位置i是否合法 * /
```

···/ * 若位置 i 合法,则找到第 i 个结点并让指针 p 指向它 * /
x=p—>data;
p—>prior—>next=p—>next;   / * ① * /
p—>next—>prior=p—>prior;   / * ② * /
free(p);
return TRUE;
}

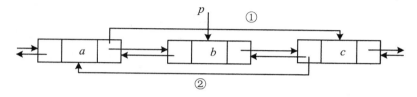

图 2.18 双向链表的删除操作

* 2.4.5 静态链表

以上介绍的各种链表都是使用指针类型实现的,链表中结点空间的分配和回收(即释放)均有系统提供的标准函数 malloc 和 free 动态实现,故称之为动态链表。

由于在 BASIC、FORTRAN 等高级语言中没有提供"指针"这种数据类型,若仍想采用链表作为存储结构,采用顺序存储结构数组模拟实现链表,在数组的每个表目中设置"游标(cur)"代替指针指示结点在数组中的相对位置(即数组下标值)。为了和指针型描述的线性链表相区别,这种用数组描述的链表称为静态链表。数组的第 0 分量可看成头结点,其指针域指示链表的第一个结点。表尾结点的 cur 域为-1,表示静态链表的结束。

静态单链表可以借助结构体数组来描述:

♯define   MAXSIZE   100   / * 链表的最大长度 * /
typedef   struct
{
DataType data; / * data 域用来存放结点的数据信息 * /
  int cur;   / * cur 域存放的是其后继结点在数组中的相对位置(即数组下标值)* /
}Component,StaticList[MAXSIZE];

假设 S 为 StaticList 型变量,则 $S[0].cur$ 指示第一个结点在数组中的位置,若设 $i=S[0].cur$,则 $S[i].data$ 存储线性表的第一个数据元素,且 $S[i].cur$ 指示第二个结点在数组中的位置。一般情况下,若第 i 个分量表示链表的第 k 结点,则 $S[i].cur$ 指示第 $k+1$ 个结点的位置。因此在静态链表中实现线性表的操作和动态链表相似,以整型游标 i 代替动态指针 p,$i=S[i].cur$ 的操作实为指针后移(类似于 $p=p—>next$)。

如定义的静态单链 S 中存储着线性表 $(a_1, a_2, a_3, a_4, a_5, a_6, a_7, a_8)$,$MAXSIZE=11$,如图 2.19 所示。要在第五个元素后插入元素 a_9,方法是:先申请一个空闲空间并置入元素 a_9,即令 $S[9].data=a_9$,然后修改第五个元素的游标域,将 a_9 插入到链表中。即令 $S[9].cur=S[5].cur,S[5].cur=9$。若要删除第七个元素 a_7,则先顺着游标链通过计数找到第六个元素存储位置 6,删除的具体做法是令 $S[6].cur=S[7].cur$。

(a) 初始化		
0		1
1	a_1	2
2	a_2	3
3	a_3	4
4	a_4	5
5	a_5	6
6	a_6	7
7	a_7	8
8	a_8	-1
9		
10		

(b) 插入a_9后		
0		1
1	a_1	2
2	a_2	3
3	a_3	4
4	a_4	5
5	a_5	9
6	a_6	7
7	a_7	8
8	a_8	-1
9	a_9	6
10		

(c) 删除a_7后		
0		1
1	a_1	2
2	a_2	3
3	a_3	4
4	a_4	9
5	a_5	6
6	a_6	8
7	a_7	8
8	a_8	-1
9	a_9	5
10		

图 2.19　静态链表示例

　　上述例子中未考虑对释放空间的回收，这样在经过多次插入和删除后会造成静态链表的"假满"。即表中有很多的空闲空间，但却无法再插入元素。造成这种现象的原因是未对已删除元素所占用的空间进行回收。为了辨明数组中哪些分量未被使用，解决的办法是将所有未被使用过以及被删除的分量用游标链成一个备用的链表，每当进行插入时便可从备用链表上取得一个结点作为待插入的新结点；反之，在删除时将从链表中删除下来的结点链接到备用链表上。这种方法是指在已申请的大的存储空间中有一个已用的静态单链表，还有一个备用单链表。已用静态单链表的头指针为 0，备用静态单链表的头指针需设一个变量 av 来表示。

　　静态单链表的基本操作包括初始化、为结点分配空间和回收已释放结点空间，算法描述如下。

1. 初始化

　　所谓初始化操作，是指将这个静态单链表初始化为一个备用静态单链表，如图 2.20 所示。设 space 为静态单链表名字，av 为备用单链表的头指针，如算法 2.15 所示。

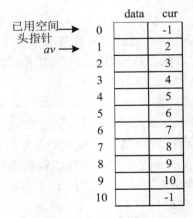

图 2.20　备用静态链表

【**算法描述**】　算法 2.15 静态单链表初始化

void initial(StaticList & space, int & av)

```
{   int i;
    space[0]. cur=-1;        /* 设置静态单链表的头指针指向位置 0,相当于头结点 */
    for(i=1;i< MAXSIZE -1;i++)
      space[i]. cur=k+1;               /* 连链 */
    space[MAXSIZE-1]. cur =-1;      /* 标记链尾 */
      av=1;                          /* 设置备用链表头指针初值 */
  }
```

2. 分配结点空间

对系统而言,在备用链表中分配结点空间相当于备用链表中减少一个结点,对使用者而言,相当于申请得到了一个可用的新结点。

【算法描述】 算法 2.16 分配结点

int mallocnode(StaticList &space,int &av)

/* 从备用链表摘下一个结点空间,分配给待插入静态链表中的元素 */

```
{   int i;
    i=av;
    av=space[av]. cur;
    return i;
}
```

3. 回收结点空间

对系统而言,备用链表回收空闲结点相当于备用链表中增加一个结点,对使用者而言,相当于释放了一个不用的结点。

【算法描述】 算法 2.17 空闲结点回收

void freenode(StaticList &space,int &av,int i)

/* 将下标为 i 的空闲结点插入到备用链表 */

```
{   space[i]. cur=av;
    av=i;
}
```

2.5 线性表应用

本节将通过一元多项式的表示及相加计算问题来介绍线性表的典型应用。

1. 一元多项式的表示及存储

在数学上,一个多项式 $P_n(x)$ 可按升幂表示为:

$$P_n(x) = p_0+p_1x+p_2x^2+\cdots+p_nx^n$$

它有 $n+1$ 个系数唯一确定。因此在计算机里,可用一个线性表 P 来表示:

$$P=(p_0,p_1,p_2,\cdots,p_n)$$

每一项的指数 i 隐含在其系数 p_i 的序号中。

假设 $Q_m(x)$ 是一个一元多项式,则它也可以用一个线性表 Q 来表示。即:

$$Q=(q_0,q_1,q_2,\cdots,q_m)$$

若假设 $m<n$,则两个多项式相加的结果 $R_n(x)= P_n(x) + Q_m(x)$,也可以用线性表 R

来表示：

$$R=(p_0+q_0,p_1+q_1,p_2+q_2,\cdots,p_m+q_m,p_{m+1},\cdots,p_n)$$

如果用 P、Q 和 R 采用顺序存储结构,即每个系数所对应的指数项则隐含在存储系数的顺序表的下标中。如 $p[0]$ 存系数 p_0,对应为 x^0 的系数,$p[1]$ 存系数 p_1,对应为 x^1 的系数,……$p[n]$ 存系数 p_n,对应为 x^n 的系数。采用这种存储方法使得多项式的相加运算的算法定义十分简单,只需将下标相同的单元的内容相加即可。

然后在通常的应用中,若多项式的非零项指数很高并且非零项很少。例如:

$$R(x)=1+3x^{10000}-2x^{30000}$$

若采用顺序存储每项系数,则用一长度为 30001 的线性表来表示,表中仅有 3 个非零元素,浪费空间。但是如果只存储非零系数项则显然必须同时存储相应的指数。

一般情况下的一元 n 次多项式可写成

$$p_n(x)=p_1x^{e_1}+p_2x^{e_2}+\cdots p_mx^{e_m}$$

其中,p_i 是指数 e_i 的项的非零系数,且满足 $0\leqslant e_1<e_2<\cdots<e_m=n$。可以用线性表:$((p_1,e_1),(p_2,e_2),\cdots,(p_m,e_m))$ 表示。

系数coef	指数exp	指针next

图 2.21　一元多项式链式存储结构示意图

将单链表的每个结点对应着一元多项式中的一个非零项,它由三个域组成,分别表示非零项的系数、指数和指向下一个结点的指针。用单链表存储表示的结点结构如图 2.21 所示。

结点结构定义如下:

```
typedef struct Polynode          /* 项的表示 */
{
    float coef;                  /* 系数 */
    int exp;                     /* 指数 */
    struct Polynode * next;      /* 指针 */
} Polynode , * Polylist;
```

2. 一元多项式的相加运算

(1) 用单链表表示的两个一元多项式

如图 2.22 所示,用单链表分别表示两个多项式

$$A_{17}(x)=5+4x+7x^9+15x^{16} \text{ 和 } B_9(x)=6x+15x^7-7x^9$$

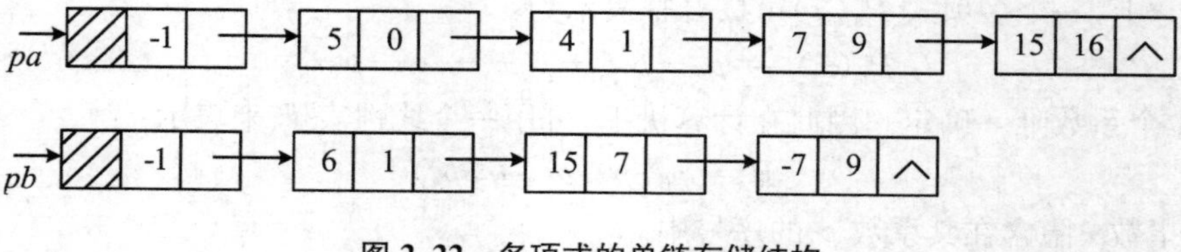

图 2.22　多项式的单链存储结构

(2) 多项式相加的运算规则

根据一元多项式相加的运算规则:对于两个一元多项式中所有指数相同的项,对应系数

相加,若其和不为零,则构成"和多项式"中的一项;对于两个一元多项式中所有指数不相同的项,则分别复抄到"和多项式"中去。

以单链表 *pa* 和 *pb* 分别表示两个一元多项式 *A* 和 *B*,*A*＋*B* 的求和运算就等同于单链表的插入问题(将单链表 *pb* 中的结点插入到单链表 *pa* 中),因此"和多项式"中的结点无须生成。设 *p*、*q* 分别指向单链表 *pa* 和 *pb* 的当前项,比较 *p*、*q* 结点的指数项,有下列三种情况:

① 若 *p*—＞exp＜ *q*—＞exp,则将结点 *p* 插入到"和多项式"链表中去,指针 *p* 后移。

② 若 *p*—＞exp＞*q*—＞exp,则将结点 *q* 插入到"和多项式"链表中去,且令指针 *q* 在原来的链表上后移。

③ 若 *p*—＞exp＝＝*q*—＞exp,则将两个结点中的系数相加,当和不为零时修改结点 *p* 的系数域,释放 *q* 结点;若和为零,则和多项式中无此项,从 *A* 中删去 *p* 结点,同时释放 *p* 和 *q* 结点。

【算法描述】　算法 2.18 多项式相加

```
void PolyAdd(Polylist &pa,Polylist &pb)
/*将两个多项式相加,然后将和多项式存放在多项式 pa 中,并将多项式 pb 删除*/
{Polynode * p, * q, * tail, * temp;
float sum ;
p=pa—>next ;/*令 p 和 q 分别指向 pa 和 pb 多项式链表中的第一个结点*/
q=pb—>next;
tail=pa;      /* tail 指向和多项式的尾结点*/
while(p! =NULL&&q! =NULL)  /*当两个多项式均未扫描结束时*/
{
  if(p—>exp<q—>exp)            /*①将 p 结点加入到和多项式中*/
  {tail—>next=p;tail=p;p=p—>next;}
  else if (p—>exp>q—>exp)        /*②将 q 结点加入到"和多项式中"*/
   {tail—>next=q;tail=q; q=q—>next ; }

  else/ *③若指数相等,则相应的系数相加*/
   { sum=p—>coef＋q—>coef;
    if(sum! =0.0)   /*系数和非零,则系数和置入结点 p,p 加入到和多项式,
               释放结点 q,并将指针后移*/
    {p—>coef=sum;
     tail—>next=p; tail=p; p=p—>next ;
     temp=q ;q=q—>next ;free(temp);
    }
    else    /*若系数和为零,则删除结点 p 与 q,并将指针指向下一个结点*/
    {temp=p;p=p—>next;free(temp);
     temp=q;q=q—>next;free(temp);
    }
 }
```

```
    }
    if(p！=NULL)  /＊多项式 A 中还有剩余,则将剩余的加点加入到和多项式中＊/
      tail—>next＝p ；
    else          /＊否则,将 B 中的结点加入到和多项式中＊/
      tail—>next＝q ；
    free(pb) ；    /＊释放 pb 的头结点＊/
  }
```

假设 A 多项式有 M 项,B 多项式有 N 项,则上述算法的时间复杂度为 $O(M+N)$。

图 2.23 所示为图 2.22 中两个多项式的和,其中孤立的结点代表被释放的结点。

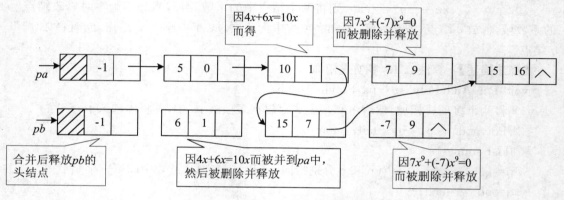

图 2.23　多项式相加得到的多项式和

2.6　知识点总结

1. 线性表的特征

线性表中每个数据元素有且仅有一个直接前驱和一个直接后继,第一个结点无前驱,最后一个结点无后继。

2. 线性表存储方式

线性表通常采用顺序存储结构和链式存储结构。线性表顺序存储(顺序表):采用静态分配方式,借助于 C 语言的数组类型,申请一组连续的地址空间,依次存放表中元素,其逻辑次序隐含在存储顺序之中。线性表链式存储(链表):采用动态分配方式,借助于 C 语言的指针类型,动态申请与动态释放地址空间,故链表中的各结点的物理存储可以是不连续的。顺序表和链表各有优缺点,下面将从三个方面进行介绍。

（1）基于存储的考虑

顺序表的存储空间是静态分配的,在程序执行之前必须明确规定它的存储规模,也就是说事先对"LISTSIZE"要有合适的设定,过大造成浪费,过小造成溢出。

链表不用事先估计存储规模,但链表的存储密度较低,存储密度是指一个结点中数据元素所占的存储单元和整个结点所占的存储单元之比。显然,顺序表的存储密度为 1,而链表的存储密度小于 1。例如,单链表中个结点的数据均为整数,指针所占空间和整型量相同,则单链表的存储密度为 50%。因此若不考虑顺序表中的备用结点空间,则顺序表的存储空间利用率为 100%,而单链表的存储空间利用率为 50%。

（2）基于运算的考虑

在顺序表中按序号访问 a_i 的时间性能时 $O(1)$,而链表中按序号访问的时间性能 $O(n)$,所以如果经常做的运算是按序号访问数据元素,显然顺序表优于链表;而在顺序表中做插入、删除时平均移动表中一半的元素;在链表中作插入、删除,虽然也要找插入位置,但操作主要是比较操作,从这个角度考虑显然后者优于前者。

（3）基于环境的考虑

顺序表容易实现,任何高级语言中都有数组类型,链表的操作是基于指针的,相对来讲前者简单些,也是用户考虑的一个因素。

3. 链表

单向链表（单链表）是链表的一种,其特点是链表的链接方向是单向的,对链表的访问要通过顺序读取从头部开始。循环链表的运算与单链表的运算基本一致。但在建立一个循环链表时,必须使其最后一个结点的指针指向头结点,而不像单链表那样置为 NULL。双（向）链表中有两条方向不同的链,即每个结点中除 next 域存放后继结点地址外,还增加一个指向其直接前趋的指针域 prior。

2.7 单元自测

一、判断题（判断下列各题正误,正确在"＿"上打"√",错误打"×"）

1. 线性表的逻辑顺序与存储顺序总是一致的。＿＿＿＿＿＿

2. 顺序存储的线性表可以按序号随机存取。＿＿＿＿＿＿

3. 顺序表的插入和删除一个数据元素,每次操作平均只有近一半的元素需要移动。＿＿＿＿＿＿

4. 线性表中的元素可以是各种各样的,但同一线性表中的数据元素具有相同的特性,因此属于同一数据对象。＿＿＿＿＿＿

5. 在线性表的顺序存储结构中,逻辑上相邻的两个元素在物理位置上并不一定紧邻。＿＿＿＿＿＿

6. 在线性表的链式存储结构中,逻辑上相邻的元素在物理位置上不一定相邻。＿＿＿＿＿＿

7. 线性表的链式存储结构优于顺序存储结构。＿＿＿＿＿＿

8. 在顺序存储结构中,插入和删除时,移动元素的个数与该元素的位置有关。＿＿＿＿＿＿

9. 线性表的链式存储结构是用一组任意的存储单元来存储线性表中数据元素的。＿＿＿＿＿＿

10. 在单链表中,要取得某个元素,只要知道该元素的指针即可,因此,单链表是随机存取的存储结构。＿＿＿＿＿＿

二、单项选择题（请从下列 A,B,C,D 选项中选择一项）

1. 线性表是＿＿＿＿＿＿。

    A. 一个有限序列,可以为空　　　　B. 一个有限序列,不能为空

    C. 一个无限序列,可以为空　　　　D. 一个无序序列,不能为空

2. 对顺序存储的线性表,设其长度为 n,在任何位置上插入或删除操作都是等概率的。插入一个元素时平均要移动表中的＿＿＿＿＿＿个元素。

    A. $n/2$　　　　B. $(n+1)/2$　　　　C. $(n-1)/2$　　　　D. n

3. 线性表采用链式存储时,其地址＿＿＿＿＿＿。

    A. 必须是连续的   B. 部分地址必须是连续的

    C. 一定是不连续的   D. 连续与否均可以

4. 用链表表示线性表的优点是_____。

    A. 便于随机存取   B. 花费的存储空间较顺序存储少

    C. 便于插入和删除   D. 数据元素的物理顺序与逻辑顺序相同

5. 某链表中最常用的操作是在最后一个元素之后插入一个元素和查找最后一个元素，则采用_____存储方式最节省运算时间。

    A. 单链表   B. 双链表   C. 单循环链表   D. 带头结点的双循环链表

6. 循环链表的主要优点是_____。

    A. 不再需要头指针了

    B. 已知某个结点的位置后，能够容易找到它的直接前趋驱

    C. 在进行插入、删除运算时，能更好的保证链表不断开

    D. 从表中的任意结点出发都能扫描到整个链表

7. 下面关于线性表的叙述错误的是_____。

    A. 线性表采用顺序存储   B. 必须占用一片地址连续的单元

    C. 线性表采用链式存储   D. 不便于进行插入和删除操作

8. 单链表中，增加一个头结点的目的是为了_____。

    A. 使单链表至少有一个结点   B. 标识表结点中首结点的位置

    C. 方便运算的实现   D. 说明单链表是线性表的链式存储

9. 若某线性表中最常用的操作是在最后一个元素之后插入一个元素和删除第一个元素，则采用_____存储方式最节省运算时间。

    A. 单链表   B. 仅有头指针的单循环链表

    C. 双链表   D. 仅有尾指针的单循环链表

10. 若某线性表中最常用的操作是取第 i 个元素和找第 i 个元素的前趋元素，则采用_____存储方式最节省运算时间。

    A. 单链表   B. 顺序表   C. 双链表   D. 单循环链表

11. 一个向量(一种顺序表)第一个元素的存储地址是 100，每个元素的长度为 2，则第 5 个元素的地址是_____。

    A. 110   B. 108   C. 100   D. 120

12. 不带头结点的单链表 head 为空的判定条件是_____。

    A. head = = NULL   B. head—>next = = NULL

    C. head—>next = = head   D. head! = NULL

13. 带头结点的单链表 head 为空的判定条件是_____。

    A. head = = NULL   B. head—>next = = NULL

    C. head—>next = = head   D. head! = NULL

14. 在循环双链表的 p 所指结点之后插入 s 所指结点的操作是_____。

    A. p—>right=s; s—>left=p; p—>right—>left=s; s=—>right=p—>right

    B. p—>right=s; p—>right—>left=s; s—>left=p; s—>right=p—>right

    C. s—>left=p; s—>right= p—>right; p—>right=s; p—>right—>left=s

    D. s—>left=p; s—>right=p—>right; p—>right—>left=s; p—>right=s

15. 在一个单链表中,已知 q 所指结点是 p 所指结点的前驱结点,若在 q 和 p 之间插入 s 结点,则执行_____。

    A. s—>next＝p—>next; p—>next＝s

    B. p—>next＝s—>next; s—>next＝p

    C. q—>next＝s; s—>next＝p

    D. p—>next＝s; s—>next＝q

16. 从一个具有 n 个结点的单链表中查找其值等于 x 结点时,在查找成功的情况下,需平均比较_____个结点。

    A. n B. $n/2$ C. $(n-1)/2$ D. $(n+1)/2$

17. 给定有 n 个结点的向量,建立一个有序单链表的时间复杂度_____。

    A. $O(1)$ B. $O(n^2)$ C. $O(n)$ D. $O(n\log n)$

第3章 栈和队列

【学习概要】

栈和队列是两种特殊而又十分重要的线性表,它们的逻辑结构和线性表相一致,只是它的运算规则比线性表有更多的限制,故又称它们为限定性数据结构。栈和队列在各种程序设计中被广泛应用,本章将讨论栈与队列的结构特征与操作实现。

3.1 栈

3.1.1 栈案例导入

【案例导入】 使用辗转相除法将一个非负十进制整数值转换成二进制数值。即用该十进制数值除以 2,并保留其余数,重复此操作,直到该十进制数值为 0 为止。

【案例分析】 如$(121)_{10} = (1111001)_2$,其展转相除的过程如图 3.1 所示。由于计算过程是从低位到高位顺序产生二进制数的各个数位,而打印输出,一般来说应从高位到低位进行,恰好和计算过程相反。能够实现这个逆序的结构,即具有“先进后出”特点的限定性线性表是栈。因此,若计算过程中得到二进制数的各位顺序进栈,则按出栈序列打印输出的即为与输入对应的二进制数。

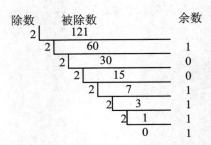

图 3.1　十进制数 121 转换成二进制的过程图

入栈顺序:1,0,0,1,1,1,1
出栈顺序:1,1,1,1,0,0,1
所以　　$(121)_{10} = (1111001)_2$

【算法描述】 算法 3.1 进制转换

```
void Conversion( )   /*输入任意一个非负十进制整数,打印输出与其等值的二进制数*/
{
    int N;
    SeqStack S;
    InitStack(S);               /*初始化栈*/
```

```
    scanf ("%d",&N);              /*输入一个非负十进制数*/
    while(N)                      /*非零时,循环*/
    {
        Push(S,N%2);             /*余数入栈*/
        N=N/2;
    }
    while(! StackEmpty(S))        /*栈若不为空*/
    {
        Pop(S,e);                /*余数出栈*/
        printf("%d",e);
    }
}
```

3.1.2 栈的相关定义

例如,在建筑工地上,使用的砖块从底往上一层一层地码放,在使用时,将从最上面一层一层地拿取,这种后进先出的线性结构称为栈(Stack),栈又称为后进先出(Last In First Out,LIFO)的线性表,简称 LIFO 表。

栈是一种特殊的线性表。其特殊性在于限定插入和删除数据元素的操作只能在线性表的一端进行。插入元素又称为进栈或入栈,删除元素又称为出栈或退栈。允许进行插入和删除操作的一端称为栈顶(top),另一端称为栈底(Buttom)。处于栈顶位置的数据元素称为栈顶元素,处于栈底位置的数据元素称为栈底元素。不含任何数据元素的栈称为空栈。

根据栈定义,每次进栈的元素都被放在原栈顶元素之上而成为新的栈顶,而每次出栈的总是当前栈中"最新"的元素,即最后进栈的元素。在图 3.2 所示的栈中,元素是以 $a_1,a_2,a_3,\cdots,a_n$ 的顺序进栈的,而退栈的次序却是 $a_n,\cdots,a_3,a_2,a_1$。

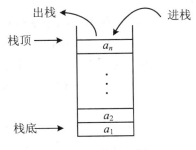

图 3.2 栈的示例

栈的基本操作除了在栈顶进行插入或删除外,还有栈的初始化、判空及取栈顶元素等。下面给出栈的抽象数据类型定义。

ADT Stack{

数据元素:可以是任意类型的数据,但必须属于同一个数据对象。

数据关系:栈中数据元素之间是线性关系。

基本操作:

① InitStack(&S)

初始条件:S 为未初始化的栈。

操作结果:将 S 初始化为空栈。

② ClearStack(&S)

初始条件:栈 S 已经存在。

操作结果:将栈 S 置成空栈。

③ StackEmpty(S)

初始条件:栈 S 已经存在。

操作结果:判栈空函数。若 S 为空栈,则返回 TRUE,否则返回 FALSE。

④ StackFull(S)

初始条件:栈 S 已经存在。

操作结果:判栈满函数。若 S 栈已满,则返回 TRUE,否则返回 FALSE。

⑤ Push(&S,x)

初始条件:栈 S 已经存在。

操作结果:插入元素 x 为新的栈顶元素。

⑥ Pop(&S, &x)

初始条件:栈 S 已经存在。

操作结果:删除 S 的栈顶元素,并用 x 返回其值。

⑦ GetTop(S, &x)

初始条件:栈 S 已经存在。

操作结果:用 x 返回 S 的栈顶元素。

}ADT Stack;

3.1.3　栈的顺序存储及其实现

栈在计算机中主要有两种基本的存储结构:顺序存储结构和链式存储结构。顺序存储的栈为顺序栈;链式存储的栈为链栈。

顺序栈是用顺序存储结构实现的栈,即利用一组地址连续的存储单元依次存放自栈底到栈顶的数据元素,同时附设一个位置指针 top(栈顶指针)来动态地指示栈顶元素在顺序栈中的位置。通常以 top = -1 表示空栈。顺序栈的优点是用任何一种高级语言都能很方便地加以表示。但缺点也很明显,由于数组大小是固定的,而栈是可变的。如果进栈和出栈的数据量无法确定,就很难确定数组的大小。

顺序栈的存储结构可以用 C 语言中的一维数组来表示。顺序栈的结构定义如下:

```
#define STACKSIZE  50      /* 设栈中元素个数为 50 */
typedef struct
{
DataType   data[STACKSIZE]; /* 用来存放栈中元素的一维数组 */
int   top;                   /* 用来存放栈顶元素的下标,top 为 -1 表示空栈 */
}SeqStack;
```

顺序栈的进栈和出栈过程如图 3.3 所示。

顺序栈基本操作有初始化、判栈空,判栈满、进栈、出栈和读栈顶元素,相应算法如下所示。

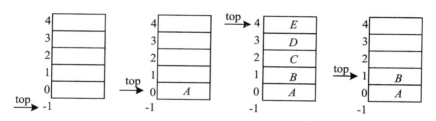

图 3.3 顺序栈中的进栈和出栈

（1）初始化

【算法描述】 算法 3.2 初始化顺序栈

void InitStack(SeqStack &S) /* 构造一个空栈 S */

{

  S. top= −1;

}

（2）判栈空

【算法描述】 算法 3.3 判断栈是否为空栈

int StackEmpty(SeqStack &S) /* 判栈 S 为空栈时返回值为真,反之为假 */

{

  if(S. top==−1) /* 栈为空 */

    return TRUE;

else

    return FALSE;

}

（3）判栈满

【算法描述】 算法 3.4 判断栈是否栈满

int StackFull(SeqStack &S) /* 判栈 S 栈满时返回值为真,反之为假 */

{

  if(S. top== STACKSIZE −1) /* 栈满 */

    return TRUE;

  else

    return FALSE;

}

（4）进栈

进栈时,首先判断当前栈是否已满,如果栈已满,还要进栈就会发生上溢。

【算法描述】 算法 3.5 顺序栈进栈运算

int Push(SeqStack &S, DataType x) /* 将 x 置入 S 栈新栈顶 */

{

if(S. Top== STACKSIZE −1) /* 栈已满 */

  return FALSE;

else

```
{
    S. top++;
    S. data[S. top]=x;
    return TRUE;
}
}
```

（5）出栈

出栈时，首先判断当前栈是否为空，如果栈空，还要出栈就会发生下溢。

【算法描述】 算法 3.6 顺序栈出栈运算

```
int Pop(SeqStack &S, DataType &x)    /*将栈 S 的栈顶元素弹出，放到 x 中 */
{
    if(S. top==-1)      /*栈为空 */
        return FALSE;
else
    {
        x= S. data[S. top];
        S. top--;              /*修改栈顶指针 */
        return TRUE;
    }
}
```

（6）取栈顶元素

【算法描述】 算法 3.7 顺序栈读栈顶元素运算

```
int GetTop(SeqStack &S, DataType &x)    /*将栈 S 的栈顶元素弹出，放到 x 中，但
栈顶指针保持不变 */
    {
        if(S. top==-1)      /*栈为空 */
            return FALSE;
        else
        {
            x=S. data[S. top];
            return TRUE;
        }
    }
```

（7）多栈共享技术

顺序栈是有容量的，如栈元素个数较多且无法正确估计栈的容量时，容易存在因栈满而无法插入的上溢现象，这在栈的应用中往往是一个致命错误。可以采用多栈共享空间的方法来解决这个问题，这就是多栈共享技术。

在栈的共享技术中最常用的是两个栈的共享技术，即双端栈。双端栈的原理是：利用栈只能在栈顶端进行操作的特性，将两个栈的栈底分别设在数组的头和尾，两个栈的栈顶在数组中动态变化，栈 0 元素比较多时就占用比较多的存储单元，元素少时就让出存储单元供栈

1 可用,提高了数组的利用率。随着两个栈栈顶指针的动态变化,数组中间一段形成了共享区间,如图 3.4 所示。不过要注意的是,当栈 0 中元素较多,栈 1 中也元素较多,两者之和超出数组容量时,还是有可能出现上溢的。多栈共享技术只是减少了上溢的发生,是解决上溢的一种折中手段,但不能完全根治问题。

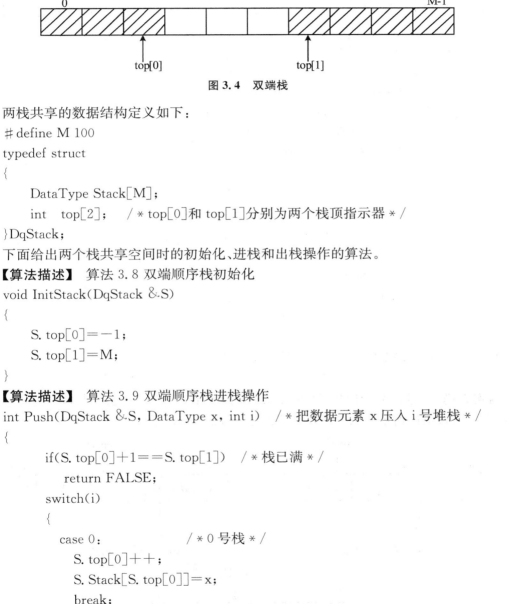

图 3.4 双端栈

两栈共享的数据结构定义如下:

```
#define M 100
typedef struct
{
    DataType Stack[M];
    int    top[2];    /* top[0]和 top[1]分别为两个栈顶指示器 */
}DqStack;
```

下面给出两个栈共享空间时的初始化、进栈和出栈操作的算法。

【算法描述】 算法 3.8 双端顺序栈初始化

```
void InitStack(DqStack &S)
{
    S. top[0]=-1;
    S. top[1]=M;
}
```

【算法描述】 算法 3.9 双端顺序栈进栈操作

```
int Push(DqStack &S, DataType x, int i)   /* 把数据元素 x 压入 i 号堆栈 */
{
    if(S. top[0]+1==S. top[1])   /* 栈已满 */
      return FALSE;
    switch(i)
    {
      case 0:               /* 0 号栈 */
        S. top[0]++;
        S. Stack[S. top[0]]=x;
        break;
      case 1:               /* 1 号栈 */
        S. top[1]--;
        S. Stack[S. top[1]]=x;
        break;
      default:   /* 参数错误 */
```

```
            return FALSE
        }
        return TRUE;
}
```

【算法描述】　算法 3.10 双端顺序栈出栈操作

```
int Pop(DqStack &S, DataType &x, int i)   /*从 i 号堆栈中弹出栈顶元素并送到 x 中*/
{
        switch(i)
        {
                case 0： /*0 号栈出栈*/
                        if(S. top[0]==-1)   return FALSE ；  /*0 号栈空栈*/
                        x=S. Stack[S. top[0]];
                        S. top[0]--;
                        break;
                case 1： /*1 号栈出栈*/
                        if(S. top[1]==M)   return FALSE ； /*1 号栈空栈*/
                        x=S. Stack[S. top[1]];
                        S. top[1]++;
                        break；
                default：
                        return FALSE;
        }
        return TRUE ；
}
```

【例 3-1】　0 号、1 号两栈共享某时刻状态示意图如图 3.5(a)所示,1 号栈元素 X 进栈后的状态如图 3.5(b)所示,0 号栈出栈后的状态如图 3.5(c)所示。

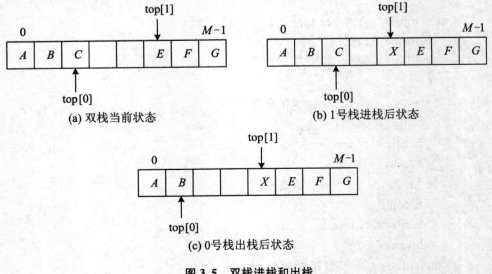

(a) 双栈当前状态　　　　　　　　　　　(b) 1号栈进栈后状态

(c) 0号栈出栈后状态

图 3.5　双栈进栈和出栈

3.1.4　栈的链式存储及其实现

栈的链式存储结构称为链栈。链栈是运算受限的单链表,其插入和删除操作仅限制在单链表的一端进行,可见链栈是单链表的一种特例。为便于操作,这里采用带头结点的单链表实现,链表的表头指针就作为栈顶指针,如图 3.6 所示。其中,top 为栈顶指针,始终指向当前栈顶元素前面的头结点。若 top→next==NULL,则代表栈空。由于链栈是动态的,链表的长度没有限制,只要系统空间可用,链栈就不会出现溢出。

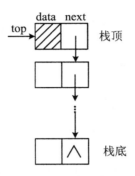

图 3.6　链栈示意图

链栈的结构可用 C 语言定义如下:

```
typedef    struct    Node{
                         DataType    data
                         struct Node  * next
                         } StackNode;
typedef    StackNode    * LinkStack;
```

下面给出链栈的进栈、出栈的操作实现。

(1) 链栈进栈操作

【算法描述】　算法 3.11 链栈进栈操作

```
int Push(LinkStack &top, DataType x)    / * 将数据元素 x 压入栈 top 中 * /
{
StackNode * s;
s=(StackNode * )malloc(sizeof(StackNode));
if(s==NULL)   return FALSE;      / * 申请空间失败 * /
s→data=x;
s→next=top→next;
top→next=s;      / * 修改当前栈顶指针 * /
return TRUE;
}
```

(2) 链栈出栈操作

【算法描述】　算法 3.12 链栈出栈操作

```
int Pop(LinkStack &top, DataType &x)        / * 将栈 top 的栈顶元素弹出,放到 x
中 * /
```

```
{
StackNode * s;
s=top->next;
if(s==NULL)   /*栈为空*/
    return FALSE;
x=s->data;
top->next=s->next;
free(s);    /*释放存储空间*/
return TRUE;
}
```

3.1.5　栈的应用

由于栈结构具有"先进后出"的固有特性，使得栈成为程序设计中的有用工具。下面将介绍栈应用的两个典型例子和栈与递归的实现。

1. 括号匹配检验

假设表达式中包含两种括号：圆括号和方括号，其嵌套的顺序随意，如（［］（））或（（［］［（））））等均为正确的格式，而［（］或（［（）］或（［］均为不正确的格式。检验括号是否匹配的方法可用"期待的紧迫程度"这个概念来描述。

例如［（［］［］）］

　　　　12345678

当计算机接收了第一个括号后，它期待着与其匹配的第八个括号的出现，然而等来的却是第二个括号，此时第一个括号"［"只能暂时靠边，而迫切等待与第二个括号相匹配的第七个括号"）"的出现，类似的，因等来的是第三个括号"［"，其期待匹配的程度较第二个括号更急迫，则第二个括号也只能靠边，让位于第三个括号；在接收了第四个括号之后，第三个括号的期待得到满足，消解之后，第二个括号的期待就称为当前最紧迫的任务了，……，依次类推。可见，这个处理过程恰与栈的特点相吻合。

在算法中设置一个栈，每读入一个括号，若是右括号，则或者使置于栈顶的最紧迫的期待得到消解，或者是不合法的情况；若是左括号，则作为一个新的更紧迫的期待压入栈中，自然使原有的栈中的所有未消解的期待的紧迫性都降了一级。可以分以下三种情况来处理。

① 凡出现左括号，则进栈。

② 凡出现右括号，首先检查栈是否空，若栈空，则表明该"右括号"多余；否则和栈顶元素比较，若相匹配，则"左括号出栈"，否则表明不匹配。

③ 表达式检验结束时，若栈空，则表明表达式匹配正确，否则表明"左括号"有余。

【算法描述】 算法 3.13 括号匹配算法

```
void BracketMatch(char str[ ])   /* str[ ]中为输入的字符串,利用堆栈技术来检查
该字符串中的括号是否匹配 */
    {
    Stack S; int i; char ch;
    InitStack(S);
    for(i=0; str[i]! ='\0'; i++)     /*对字符串中的字符逐一扫描*/
```

```
        {
    switch(str[i]){
        case  '(':
        case  '[':
            Push(S,str[i]);
            break;
        case  ')':
        case  ']':
            if(StackEmpty(S))
            { printf("\n 右括号多余!");  return;}
          else
           {
           GetTop(S, ch);
           if(Match(ch,str[i]))      /＊用 Match 判断两个括号是否匹配＊/
               Pop(S, ch);           /＊已匹配的左括号出栈＊/
           else
              { printf("\n 对应的左右括号不同类!");  return;}
              }
        }/＊switch＊/
}/＊for＊/
if(StackEmpty(S))
        printf("\n 括号匹配!");
else
        printf("\n 左括号多余!");
}
```

2. 表达式求值

在计算机中,算术表达式由常量、变量、运算符和括号组成。由于不同的运算符具有不同的优先级,又要考虑括号,因此,算术表达式的求值不可能严格地从左到右进行。因而在程序设计时,借助栈实现。如图 3.7(a)所示。运算符优先级如图 3.7(b)所示,其中↑为幂运算,♯是表达式结束符,这是为运算方便引入的一个特殊符号。

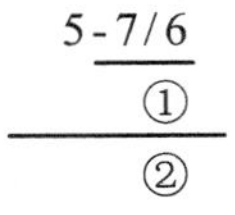

$$\frac{5-7/6}{\frac{①}{②}}$$

#	+,-	*,/	↑
0	1	2	3

(a) 表达式运算顺序示例   (b) 运算符优先级

图 3.7 表达式运算及运算符优先级

为了正确地处理表达式,使用栈来实现正确的指令序列是一个重要的技术。可以使用两个工作栈。一个称为 OPTR,运算符栈,另一个称为 OPND,运算数栈。下面以无括号表达式为例进行说明。

① 首先定规定运算符的优先级表。

② 然后置运算数栈 OPND 为空栈,为便于操作,首先将"♯"压入运算符栈 OPTR。

③ 依次读入表达式,若是运算数即进 OPND 栈;若是运算符则和 OPTR 栈的栈顶运算符比较优先权后作相应的操作,直至整个表达式求值完毕(即 OPTR 栈的栈顶元素和当前读入的字符均为"♯")。

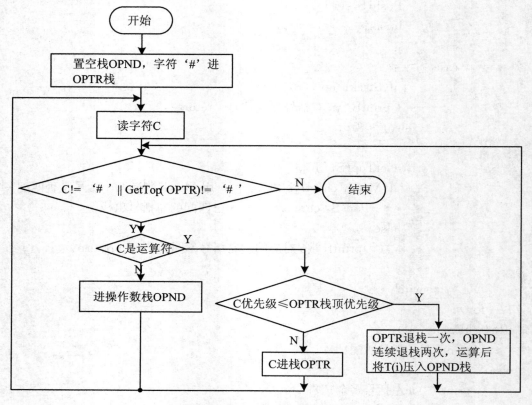

图 3.8　无括号算术表达式处理过程

遇到的运算符与 OPTR 栈的栈顶运算符进行优先级比较分两种情况:

(1) 如果当前运算符优先级大于 OPTR 栈顶运算符优先级,则当前运算符进 OPTR 栈。

(2) 如果当前运算符优先级小于等于 OPTR 栈顶运算符优先级,则 OPTR 退栈一次,得到栈顶运算符 θ,连续退 OPND 栈两次,得到运算数 a、运算数 b,对 a、b 执行 θ 运算,得到结果 $T(i)$,将 $T(i)$ 进 OPND 栈。

算法的基本过程如图 3.8 所示。

【例 3-2】 在实现 $A-B*C/D$ 运算过程中,栈的变化情况如表 3.1 所示。为方便运算,在表达式后面加上一个结束符♯,并将其视为一个优先级最低的特殊运算符,所以实际输入的表达式为:$A-B*C/D$ ♯。

表 3.1 $A-B*C/D$ 运算过程

步骤	OPTR 栈	OPND 栈	输入字符	主要操作
1	♯		$A-B*C/D$ ♯	Push(OPND,$'A'$)
2	♯	A	$-B*C/D$ ♯	Push(OPTR,$'-'$)
3	♯$-$	A	$B*C/D$ ♯	Push(OPND,$'B'$)
4	♯$-$	AB	$*C/D$ ♯	Push(OPTR,$'*'$)
5	♯$-*$	AB	C/D ♯	Push(OPND,$'C'$)
6	♯$-*$	ABC	$/D$ ♯	$T(1)=$Operate$('B','*','C')$ Push(OPND,$T(1)$)
7	♯$-$	$AT(1)$	$/D$ ♯	Push(OPTR,$'/'$)
8	♯$-/$	$AT(1)$	D ♯	Push(OPND,$'D'$)
9	♯$-/$	$AT(1)D$	♯	$T(2)=$Operate$(T(1),'/','D')$ Push(OPND,$T(2)$)
10	♯$-$	$AT(2)$	♯	$T(3)=$Operate$('A','-',T(2))$ Push(OPND,$T(3)$)
11	♯	$T(3)$	♯	Return(GetTop (OPND))

【算法描述】 算法 3.13 无括号算术表达式处理算法

intEvalExpr() /*读入一个简单算术表达式并计算其值。OPTR 和 OPND 分别为运算符栈和运算数栈,OPSet 为运算符集合 */

```
{
    InitStack(OPTR);
    InitStack(OVS);
    Push(OPTR,'♯');  /*为便于操作,首先将♯压入 OPTR 栈 */
    printf("\n\nPlease input an expression(Ending with ♯):");
    ch=getchar();
    while(ch! = '♯'||GetTop(operator)! = '♯')  /* GetTop()获取栈顶元素 */
    {
        if (! In(ch,OPSet))/*不是操作符,是操作数,进 OPND 栈 */
        { /*用 ch 逐个读入操作数的各位数码,并转化为十进制数 n */
            n=GetNumber(ch);
            Push(OPND,n);
            ch=getchar();
```

```
            }
        else
            switch(Compare(ch，GetTop(OPTR)))
            {
            case '>'：Push(OPTR,ch)；
                         ch=getchar( )；  break；
            case '='：
            case '<'：Pop(OPTR, op)；/ * 形成运算 * /
                         Pop(OPND, b)；
                         Pop(OPND, a)；
                         v= Operate (a,op,b)；  / * 对 a 和 b 进行 op 运算 * /
                         Push(OPND,v)；
                         break；
            }
        }
    GetTop(OPND,v)；
    return v；
}
```

3. 栈与递归的实现

(1) 递归的特性

若在一个函数、过程或者数据结构定义的内部,直接或间接出现定义本身的应用,则称它们是递归的,或者是递归定义的。针对于各种数据结构中的递归结构就更多了,如单链表、广义表、树。在这些递归结构中,具有一个相同的特征:其中的某个域的数据类型是其结点类型本身。递归是一种强有力的数学工具,它可使问题的描述和求解变得简洁和清晰。

例:斐波那契数列为:0、1、1、2、3、…,即:

fib(0)=0；

fib(1)=1；

fib(n)=fib(n−1)+fib(n−2) (当 n>1 时)。

写成递归函数有:

```
int fib(int n)
{ if (n==0) return 0；
  if (n==1) return 1；
  if (n>1) return fib(n−1)+fib(n−2)；
}
```

递归执行分递推和回归两个阶段。

在递推阶段,把较复杂的问题(规模为 n)的求解推到比原问题简单一些的问题(规模小于 n)的求解。例如求解 fib(n),把它推到求解 fib($n−1$)和 fib($n−2$)。而计算 fib($n−1$)和 fib($n−2$),又必须先计算 fib($n−3$)和 fib($n−4$)。依次类推,直至计算 fib(1)和 fib(0),分别能立即得到结果 1 和 0。在递推阶段,必须要有终止递归的情况。例如在函数 fib 中,当 n 为 1 和 0 的情况。

在回归阶段,当获得最简单情况的解后,逐级返回,依次得到稍复杂问题的解,例如得到 fib(1) 和 fib(0) 后,返回得到 fib(2) 的结果,……,在得到了 fib($n-1$) 和 fib($n-2$) 的结果后,返回得到 fib(n) 的结果。

(2) 递归的实现——栈

通常,一个函数调用另一个函数之前,要做如下工作:

① 将返回地址和本层局部变量值等信息保存;

② 为被调用函数的局部变量分配存储区;

③ 将控制转移到被调函数的入口。

从被调用函数返回调用函数之前,也要做三件事情:

① 保存被调函数的计算结果;

② 释放被调用函数的数据区;

③ 依照被调函数保存的返回地址将控制转移到调用函数。

高级语言的函数调用,每次调用,系统都要自动为该次调用分配一系列的栈空间用于存放此次调用的相关信息:返回地址,局部变量等。这些信息被称为工作记录(或活动记录)。而当函数调用完成时,就从栈空间内释放这些单元,但是,在该函数没有完成前,分配的这些单元将一直保存着不被释放。递归函数的实现,也是通过栈来完成的。在递归函数没有到达递归出口前,都要不停地执行递归体,每执行一次,就要在工作栈中分配一个工作记录的空间给该"层"调用存放相关数据,只有当到达递归出口时,即不再执行函数调用时,才从当前层返回,并释放栈中所占用的该"层"工作记录空间。变量和地址等数据都是保存在系统所分配的栈中的。为了保证递归函数正确执行,系统需设立一个"递归工作栈",作为数据存储区。用来存储所有的参数,所有的局部变量以及上一层的返回地址。

【例 3-3】 给出 n 阶乘递归算法和递归调用过程。

$$n! = \begin{cases} 1, & n=0 (0 \text{ 为最小规模}) \\ n(n-1)! & n>0 (n-1 \text{ 比 } n \text{ 的规模更小}) \end{cases}$$

其递归算法如下:

```
int f(int n)      /* 设 n>=0 */
{if(n==0) return (1);
else return(n * f(n-1));
}
```

图 3.9 给出 $f(3)$ 递归调用示意图,而 $f(3)$ 递归调用流程变化如图 3.10 所示。

可以看出,整个计算包括两个阶段:自上而下递推调用(进层),自下而上回归(退层)。计算结果在第二阶段,先计算 $f(0)$,$f(1)$,…,$f(n)$,所有递归调用直接或间接依赖 $f(0)$。

(3) 适合于用递归实现的问题类型

许多问题的求解过程可以用递归分解的方法描述,一个典型的例子就是著名的汉诺 (Hanoi) 问题。n 阶 Hanoi 塔问题:假设有三个分别命名为 X、Y 和 Z 的塔座,在塔座 X 上插有 n 个直径大小各不相同、从小到大编号为 $1,2,…,n$ 的圆盘。现要求将 X 轴上的 n 个圆盘移至塔座 Z 上,并仍按同样顺序叠排,圆盘移动时必须遵循下列规则:

① 每次只能移动一个圆盘;

② 圆盘可以插在 X、Y 和 Z 中的任何一个塔座上;

③ 任何时刻都不能将一个较大的圆盘压在较小的圆盘之上。

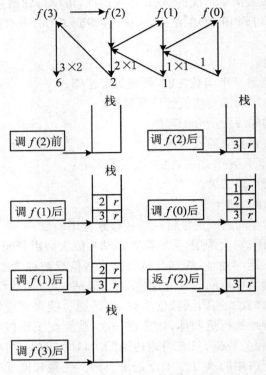

图 3.9　$f(3)$ 递归调用示意图

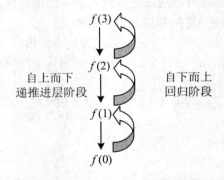

图 3.10　$f(3)$ 递归调用流程示意图

　　如何实现移动圆盘的操作呢？当 $n=1$ 时,问题比较简单,只要将编号为 1 的圆盘从塔座 X 直接移动到塔座 Z 上即可;当 $n>1$ 时,需利用塔座 Y 作辅助塔座,若能设法将压在编号为 n 的圆盘上的 $n-1$ 个圆盘从塔座 X(依照上述原则)移至塔座 Y 上,则可先将编号为 n 的圆盘从塔座 X 移至塔座 Z 上,然后再将塔座 Y 上的 $n-1$ 个圆盘(依照上述原则)移至塔座 Z 上。而如何将 $n-1$ 个圆盘从一个塔座移至另一个塔座问题是一个和原问题具有相同特征属性的问题,只是问题的规模小个 1,因此可以用同样方法求解。由此可得如下求解 n 阶 Hanoi 塔问题的递归算法。

　　【算法描述】　算法 3.14 汉诺塔递归算法
　　void hanoi(int n,char x,char y,char z)　　/＊将塔座 x 上按从上到下编号为 1 至 n,且

按直径由小到大叠放的 n 个圆盘,按规则搬到塔座 z 上,y 可用作辅助塔座 * /

```
{
    if(n==1)
    move(x,1,z);            / * 将编号为 1 的圆盘从 x 移动 z * /
    else
    {
        hanoi(n-1,x,z,y);   / * 将 x 上编号为 1 至 n-1 的圆盘移到 y,z 作辅助塔 * /
        move(x,n,z);        / * 将编号为 n 的圆盘从 x 移到 z * /
        hanoi(n-1,y,x,z);   / * 将 y 上编号为 1 至 n-1 的圆盘移动到 z, x 作辅助塔 * /
    }
}
```

【例 3-4】　给出汉诺塔问题三个盘子的递归调用过程。

下面给出三个盘子搬动时 $hanoi(3,X,Y,Z)$ 的递归调用过程,如图 3.11 所示。

```
hanoi(3,X,Y,Z)
        hanoi(2,X,Z,Y):
            hanoi(1,X,Y,Z)
                move(X->Z)          1 号搬到 Z
            move(X->Y)              2 号搬到 Y
            hanoi(1,Z,X,Y)
                move(Z->Y)          1 号搬到 Y
        move(X->Z)                  3 号搬到 Z
        hanoi(2,Y,X,Z):
            hanoi(1,Y,Z,X)
                move(Y->X)          1 号搬到 X
            move(Y->Z)              2 号搬到 Z
            hanoi(1,X,Y,Z)
                move(X->Z)          1 号搬到 Z
```

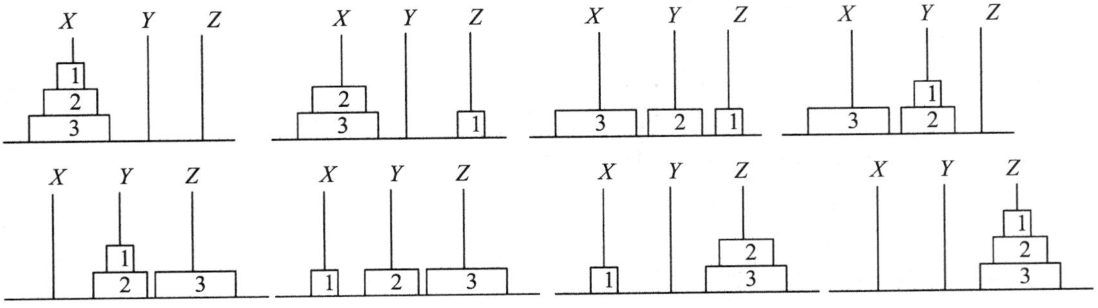

图 3.11　Hanoi 塔的递归函数运行示意图

　　还有许多问题,其递归算法比迭代算法在逻辑上更简明,如快速排序法、图的深度优先搜索问题。可看出,递归既是强有力的数学方法,也是程序设计中一个很有用的工具。其特点是对问题描述简洁,结构清晰,容易证明程序的正确性。

必须具有两个条件的问题类型才能用递归方法求得:

① 规模较大的一个问题可以向下分解为若干个性质相同的规模较小的问题,而这些规模较小的问题仍然可以向下分解。

② 当规模分解到一定程度时,必须有一个终止条件,不得无限分解。

从递归算法的结构来分析,进行递归算法的设计时,无非要解决两个问题:递归出口和递归体。即要确定何时到达递归出口,何时执行递归体,执行什么样的递归体。

3.2 队 列

3.2.1 队列案例导入

【案例导入】 利用队列打印杨辉三角形。杨辉三角形的图案如图 3.12 所示。

【案例分析】 由图 3.12 可看出杨辉三角形的特点:即每一行的第一个元素和最后一个元素均为 1,其他位置上的数字是其上一行中与之相邻的两个整数之和。所以在打印过程中,第 i 行上的元素要由第 $i-1$ 行中的元素来生成。因此,可以利用循环队列实现打印杨辉三角形的过程。在循环队列中依次存放第 $i-1$ 行上的元素,然后逐个出队并打印,同时生成第 i 行元素并入队。在整个过程中,杨辉三角形中元素的入队顺序如图 3.13 所示。

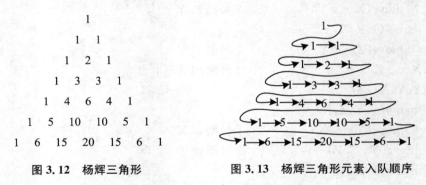

```
        1
       1   1
      1   2   1
     1   3   3   1
    1   4   6   4   1
   1   5  10  10   5   1
  1   6  15  20  15   6   1
```

图 3.12　杨辉三角形　　　　　　图 3.13　杨辉三角形元素入队顺序

下面以用第 5 行元素生成第 6 行元素为例说明具体过程。

① 第 6 行的第一个元素 1 入队。

data[rear]=1;

rear=(rear +1)% MAXSIZE;

② 循环做以下操作,产生第 6 行的中间 4 个元素并入队,即 5,10,10,5 入队。

data[rear]=data[front]+data[(front+1) %MAXSIZE];

rear=(rear +1)% MAXSIZE;

front=(front+1)%MAXSIZE;

③ 第 5 行的最后一个元素 1 出队。

front=(front+1)%MAXSIZE;

④ 第 6 行的最后一个元素 1 入队。

data[rear]=1;

rear=(rear +1)% MAXSIZE;

下面给出打印杨辉三角形的前 n 行元素的具体算法:

【算法描述】 算法 3.15 打印杨辉三角形前 n 行算法

```
void YangHuiTriangle( )
{ CirQueue   Q;
   InitQueue(Q);
   InQueue(Q,1);                  /*第一行元素入队*/
   for(n=2;n<=N;n++)   /*产生第 n 行元素并入队,同时打印第 n-1 行的元素*/
   {
      InQueue(Q,1);               /*第 n 行的第一个元素入队*/
      for(i=1;i<=n-2;i++)
      /*利用队中第 n-1 行元素产生第 n 行的中间 n-2 个元素并入队*/
      {
         DelQueue(Q, temp);
         Printf("%d",temp);        /*打印第 n-1 行的元素*/
         QueueFront(Q, x);
         temp=temp+x;              /*利用队中第 n-1 行元素产生第 n 行元素*/
         InQueue(Q,temp);
      }
      DelQueue(Q, x);
      printf("%d",x);              /*打印第 n-1 行的最后一个元素*/
      InQueue(Q,1)                 /*第 n 行的最后一个元素入队*/
   }
      while(! QueueEmpty(Q)) /*打印最后一行元素*/
      { DelQueue(Q, x);
        printf("%d",x);
      }
}
```

   注意:上面的算法只是逐个打印出了杨辉三角形前 n 层中的数据元素,并没有按三角形的形式输出。

3.2.2   队列的相关定义

   队列(Queue)是另一种限定性的线性表,限定插入在线性表的一端进行,删除在线性表的另外一端进行。在队列中,允许插入的一端称为队尾(Rear),允许删除的一端称为队头(Front)。假设队列为 $q=(a_1,a_2,\cdots,a_n)$,那么 a_1 就是队头元素,a_n 则是队尾元素。在队列的操作过程中,队列元素 a_1 是最先插入(进队)的元素,也是最先删除(出队)的元素;队列元素 a_n 是最后插入(进队)的元素,也是最后删除(出队)的元素。也就是说,最先进队的元素最先出队。因此,队列的操作具有“先进先出(Fist In Fist Out,FIFO)”的特征。如图 3.14 所示。

   这与我们日常生活中的排队时一样,最早进入队列的人最早离开,新来的人总是加入到队尾。如到医院看病,首先需要到挂号处挂号,然后按号码顺序就诊。队列在程序设计中也经常出现,如在 Windows 这类多任务的操作系统环境中,每个应用程序响应一系列的“消息"，像用户点击鼠标，拖动窗口这些操作都会导致向应用程序发送消息。为此，系统将为每个应用程序创建一个队列，用来存放发送给该应用程序的所有消息，应用程序的处理过程就是不断地从队列中读取消息，并依次给予响应。

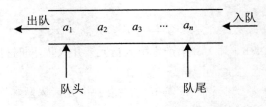

图 3.14　队列示意图

下面给出队列的抽象数据类型定义。

ADT Queue{

数据元素：可以是任意类型的数据，但必须属于同一个数据对象。

结构关系：队列中数据元素之间是线性关系。

基本操作：

① InitQueue($\&$Q)

初始条件：Q 为未初始化的队列。

操作结果：构造一个空队列 Q。

② QueueEmpty(Q)

初始条件：队列 Q 已经存在

操作结果：若队列为空，则返回 TRUE，否则返回 FALSE。

③ QueueFull(Q)

初始条件：队列 Q 已经存在

操作结果：若队列为满，则返回 TRUE，否则返回 FALSE。

④ InQueue($\&$Q, x)

初始条件：队列 Q 已经存在

操作结果：插入元素 x 为 Q 的新队尾元素。

⑤ DelQueue($\&$Q, $\&$x)

初始条件：队列 Q 已经存在

操作结果：删除 Q 的队头元素，并用 x 返回其值。

⑥ QueueFront(Q, $\&$x)

初始条件：队列 Q 已经存在

操作结果：用 x 返回 Q 的队头元素。

⑦ ClearQueue($\&$Q)

初始条件：队列 Q 已经存在

操作结果：将队列 Q 置为空队列。

}ADT Queue；

3.2.3　队列的顺序存储及其实现

循环队列是队列的一种顺序表示和实现方法。同顺序栈一样，在队列的顺序存储结构中,用一组地址连续的存储单元依次存放从队头到队尾的元素,如一维数组 Queue[MAX-SIZE]。由于队列中队头和队尾的位置是可变的,因此需要设置两个指针 front 和 rear。初始化队列时,令 front＝rear＝0;入队时,直接将新元素送入尾指针 rear 所指的单元,然后尾指针增 1;出队时,直接取出队头指针 front 所指的元素,然后头指针增 1。因此,在非空队列中,队头指针指向当前的队头元素,而队尾指针指向队尾元素的下一个位置,如图 3.15(b)所示。当 rear＝＝MAXSIZE 时,认为队满,但此时不一定是真的队满。在不断地入队和出队操作过程中,头尾指针只增加不减小,会造成被删除元素的空间永远无法重新利用,当队列中实际的元素个数小于数组的规模时,也可能由于尾指针 rear＝＝MAXSIZE 而不能做入队操作,这种现象称为"假上溢",如图 3.15(d)所示。

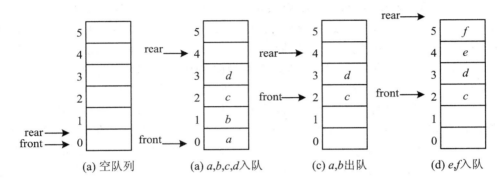

图 3.15　队列的基础操作

为了克服"假上溢"现象,可以将顺序队列的数组看成一个首尾相接的圆环,即规定最后一个单元的后继为第一个单元。存储在其中的队列称为循环队列,如图 3.16 所示。循环队列中进行出队、入队操作时,头尾指针仍要加 1。只不过当头尾指针为 MAXSIZE－1 时,其加 1 操作的结果为 0。这种循环意义下的加 1 操作可以用下面两种方法描述。

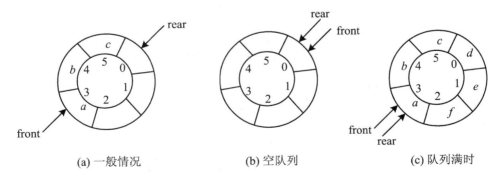

图 3.16　循环队列

方法一,利用判断语句:

入队时:if(rear＋1＝＝MAXSIZE)

　　　　　rear＝0;

　　　else

　　　　　rear＋＋;

出队时:if(front＋1＝＝MAXSIZE)

　　　　　　　　front＝0；
　　　　　　　else
　　　　　　　font＋＋；
　　方法二,利用"模运算"：
　　入队时：rear＝(rear＋1)％MAXSIZE；
　　出队时：front＝(front＋1)％MAXZIE；
　　本教材中采用方法二,借助于取模(求余)运算,自动实现队尾指针、队头指针的循环变化。
　　在非循环队列中,队头指针始终指向当前的队头元素,而队尾指针始终指向真正队尾元素后面单元。在图 3.16(a)所示循环队列中,队头元素是 a,队尾元素 c,若 a、b 和 c 相继从图 3.16(a)的队列中删除,则得到空队列,如图 3.16(b)所示,此时队头指针追上队尾指针,存在关系式：front＝＝rear。反之,若 d、e 和 f 相继入队后,队列空间均被占满,如图 3.16(c)所示,此时队尾指针追上队头指针,所以也有 front＝＝rear。可见,在循环队列中,由于入队时尾指针向前追赶头指针,出队时头指针向前追赶尾指针,造成队空和队满时头尾指针均相等。因此,无法通过条件 front＝＝rear 来判别队列是"空"还是"满"。

　　解决这个问题可以有两种处理方法,一种是损失一个元素的空间的方法。当队尾指针所指向的空单元的后继单元是队头元素所在的单元时,则停止入队,如图 3.17 所示。这样一来,判别标准是：队满条件为(rear＋1)％MAXSIZE＝＝front；队空条件仍为rear＝＝front。另一种方法是增设一个标志量,以区别队列是"空"还是"满",这种方法不损失空间。本教材采用前一种方法。

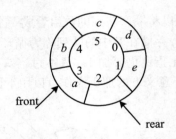

图 3.17　循环队列已满的示例

循环队列的类型定义：
♯define MAXSIZE 100　　　/＊队列的最大长度＊/
typedef struct
{
　　　DataType　data[MAXSIZE]；　　/＊队列的元素空间＊/
　　　int　front；　　　　　　　　/＊头指针＊/
　　　int　rear；　　　　　　　　/＊尾指针＊/
}CirQueue；
循环队列的基本操作包括初始化、入队、出队等操作,具体算法描述如下。
【算法描述】　算法 3.16 循环队列初始化操作
void InitQueue(CirQueue &Q)　　/＊将 Q 初始化为一个空的循环队列＊/
{
　　　　Q. front＝Q. rear＝0；

```
}
```

【算法描述】　算法 3.17 循环队列入队操作

```
int InQueue(CirQueue &Q, DataType x)   /* 将元素 x 入队 */
{
    if((Q. rear+1)%MAXSIZE==Q. front)     /* 队列已经满了 */
        return FALSE ;
    Q. data[Q. rear]=x;
    Q. rear=(Q. rear+1)%MAXSIZE;          /* 重新设置队尾指针 */
    return TRUE ;    /* 操作成功 */
}
```

【算法描述】　算法 3.18 循环队列出队操作

```
int DelQueue(CirQueue &Q, DataType &x)   /* 删除队列的队头元素,用 x 返回其值 */
{
    if(Q. front==Q. rear)                  /* 队列为空 */
        return FALSE ;
    x=Q. data[Q. front];
Q. front=(Q. front+1)%MAXSIZE;      /* 重新设置队头指针 */
    return TRUE;    /* 操作成功 */
}
```

3.2.4　队列的链式存储及其实现

队列的链式存储结构简称为链队列。为了操作方便,这里采用带头结点的链表结构,并设置一个队头指针和队尾指针,如图 3.18 所示。队头指针始终指向头结点,队尾指针指向最后一个元素。空的链队列的队头指针和队尾指针均指向头结点。

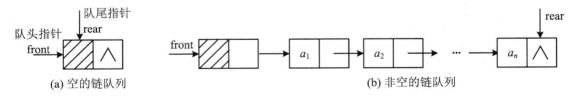

图 3.18　链队列

从结构性上考虑,通常将队头指针和队尾指针封装在一个结构中,并将该结构体类型重新命名为链队列类型。链队列定义如下:

```
typedef struct Node
{
    DataType    data;        /* 数据域 */
    struct Node  * next;      /* 指针域 */
}LinkQueueNode;
typedef struct
{
```

```
    LinkQueueNode    * front;
    LinkQueueNode    * rear;
}LinkQueue;
```
链队列的基本操作包括初始化、入队、出队等操作，具体算法如下。

【算法描述】　算法 3.19 链队列初始化
```
int InitQueue(LinkQueue &Q)    /* 将 Q 初始化为一个空的链队列 */
{
    Q->front=(LinkQueueNode * )malloc(sizeof(LinkQueueNode));
    if(Q->front! =NULL)
    {
    Q->rear=Q->front;
    Q->front->next=NULL;
    return TRUE ;
    }
    else   return FALSE ;
}
```

【算法描述】　算法 3.20 链队列入队操作算法
```
int InQueue(LinkQueue &Q, DataType x)   /* 将数据元素 x 插入到队列 Q 中 */
{
    LinkQueueNode    * S;
    S=(LinkQueueNode *  )malloc(sizeof(LinkQueueNode));
    if(S! =NULL)
    {
    S->data=x;
    S->next=NULL;
    Q->rear->next=S;
    Q->rear=S;
    return TRUE ;
    }
    else   return FALSE ;
}
```

【算法描述】　算法 3.21 链队列出队操作算法
```
int DelQueue(LinkQueue & Q, DataType &x)   /* 将队列 Q 的队头元素出队,并存
放到 x 中 */
{
    LinkQueueNode * S;
    if(Q->front==Q->rear)   /* 队空 */
        return FALSE ;
    else
    {
```

```
S=Q->front->next;
    Q->front->next=S->next;        /* 队头元素 S 出队 */
    if(Q->rear==S)          /* 如果队中只有一个元素 S,则 S 出队后成为空队 */
        Q->rear=Q->front;
    x=S->data;
    free(S);                      /* 释放存储空间 */
return TRUE ;
}
}
```

3.2.5 队列的应用

队列在日常生活中和计算机程序设计中,有着非常重要的作用。在此,仅举出两个例子来说明它,其他应用在后面章节中将会遇到。

【例 3-5】 舞伴问题

假设在周末舞会上,男士们和女士们进入舞厅时,各自排成一队。跳舞开始时,依次从男队和女队的队头上各出一人配成舞伴。若两队初始人数不相同,则较长的那一队中未配对者等待下一轮舞曲。现要求写一算法模拟上述舞伴配对问题。

先入队的男士或女士亦先出队配成舞伴。因此该问题具有典型的先进先出特性,可用队列作为算法的数据结构。在算法中,假设男士和女士的记录存放在一个数组中作为输入,然后依次扫描该数组的各元素,并根据性别来决定是进入男队还是女队。当这两个队列构造完成之后,依次将两队当前的队头元素出队来配成舞伴,直至某队列变空为止。此时,若某队仍有等待配对者,算法输出排在队头的等待者的名字,他(或她)将是下一轮舞曲开始时第一个可获得舞伴的人。

具体算法及相关的类型定义

```
typedef struct
{ char name[20];    /* 姓名 */
  char sex;    /* 性别,'F'表示女性,'M'表示男性 */
  }Person;
  typedef Person DataType;    /* 将队列中元素的数据类型改为 Person */
```

【算法描述】 算法 3.22 舞伴配对算法

```
void DancePartner(Person dancer[],int num,int ls)    /* 结构数组 dancer 中存放跳舞
的男女,num 是跳舞的人数,ls 是舞会的轮数 */
{
    CirQueue Mdancers,Fdancers;
    InitQueue(Mdancers);        /* 男士队列初始化 */
    InitQueue(Fdancers);        /* 女士队列初始化 */
    for(i=0;i<num;i++)          /* 依次将跳舞者依其性别入队 */
{    p=dancer[i];
    if(p. sex=='F')
    {count1++;                 /* 统计男士人数 */
```

```
        InQueue(Fdancers,p);       /* 排入女队 */
        }
    else
    {count2++;                      /* 统计女士人数 */
      InQueue(Mdancers,p);         /* 排入男队 */
       }
   }
   k=count1<count2? count1:count2;
   for(i=0;i<ls;i++)
      {
      for(j=0;j<k;j++)    /* 依次输出男女舞伴名 */
        {
        DelQueue(Fdancers,p);          /* 女士出队 */
        printf("%s\n",p.name);         /* 打印出队女士名 */
        DelQueue(Mdancers,q);          /* 男士出队 */
        printf("%s\n",q.name);         /* 打印出队男士名 */
        InQueue(Fdancers,p);           /* 出队的男士入队 */
        InQueue(Mdancers,q);           /* 出队的女士入队 */
          }
      if(Count1< Count2)   /* 输出男队队头男士的名字 */
        {
        QueueFront(Fdancers,p);        /* 取队头 */
        printf("%s 将成为下一轮的第一舞者.\n",p.name);
        }
   else   /* 输出女队队头女士的名字 */
      {
      QueueFront(Mdancers,q); /* 取队头 */
      printf("%s 将成为下一轮的第一舞者.\n",q.name);
      }
}/* DancerPartners */
```

【例 3-6】 键盘输入循环缓冲区问题。

在操作系统中,循环队列经常用于实时应用程序。例如,当程序在执行其他任务时,用户可以从键盘不断输入内容。很多字处理软件就是这样工作的。系统在采用这种分时处理方法时,用户输入的内容不能在屏幕上立刻显示出来,直到当前正在工作的那个进程结束为止。但在这个进程执行时,系统是在不断地检查键盘的状态,如果检测到用户输入了一个新的字符,就立刻把它存到系统缓冲区中,然后继续运行原来的进程。在当前工作的进程结束后,系统就从缓冲区中取出用户输入的字符,并按要求进行处理。这里的键盘输入缓冲区采用了循环队列。队列的特性保证了输入的字符先输入、先保存、先处理的要求,循环队列又有效地限制了缓冲区的大小,并避免了假溢出问题。

有两个进程同时存在于一个程序中。其中第一个进程在屏幕上连续显示字符"A",与此同时,程序不断检测键盘是否有输入,如果有的话,就读入用户输入的字符并保存到输入缓冲区中。在用户输入时,输入的字符并不立即回显在屏幕上。当用户输入一个逗号(,)或分号(;)时,表示第一个进程结束,第二个进程从缓冲区中读取那些已输入的字符并显示在屏幕上。第二个进程结束后,程序又进入第一个进程,重新显示字符"A",同时用户又可以继续输入字符,直到用户输入一个分号(;),才结束第一个进程,同时也结束整个程序。

【算法描述】 算法 3.23 键盘输入循环缓冲区算法

```c
#include  "stdio. h"
#include  "conio. h"
#include  "queue. h"
main( )   /* 模拟键盘输入循环缓冲区 */
{
    char ch1,ch2;
    CirQueue Q;
    int f;
    InitQueue(Q);          /* 队列初始化 */
    for(;;)
    {
    for(;;)     /* 第一个进程 */
      {
      printf("A");
      if(kbhit())
        {
          ch1=getch( );       /* 读取键入的字符,但屏幕上不显示 */
          if(ch==';' || ch1==',') break;  /* 第一个进程正常中断 */
          f=Inueue(Q,ch1);
          if(f==FALSE)
          {
           printf("循环队列已满\n");
           break;         /* 循环队列满时,强制中断第一个进程 */
          }
        }
      }
      while(! QueueEmpty(Q))      /* 第二个进程 */
      {
      DelQueue(Q, ch2);
      putchar(ch2);                /* 显示输入缓冲区的内容 */
    }
    if(ch1==';')
       break;          /* 整个程序结束 */
    }
```

}

3.3 知识点总结

1. 基本概念

本章介绍了两种特殊的抽象数据类型:栈和队列,它们都属于限制性线性表。

(1) 栈的插入和删除都在栈顶进行,它的特征是"后进先出"。

(2) 队列的插入在队尾进行,删除在队头进行,它的特征是"先进先出"。

2. 顺序和链式两种存储方式

(1) 根据存储表示的不同,栈有顺序栈和链栈之分。顺序栈受到事先开辟的栈区容量的限制,可能产生上溢。链栈只有当整个系统无法申请到可用空间时才无法进栈。队列有顺序队列和链队列两种,而在实际中使用的顺序队列通常是循环队列。

(2) 循环队列是通过模运算将其看成一个首尾相接的环。为区分队列的空和满,有两种类型的解决方法,一种是损失一个空间的方法,另一种是设置标志位的方法。

(3) 链队列的操作实现与单链表的操作实现类似,而链队列除了头指针,还设一个尾指针,并且通常封装在一个结构体里。

3. 栈与队列的应用

(1) 利用栈可以保存暂时无法解决的问题,而将注意力转向最新出现的问题,当最新问题得到解决后,再次回到次新问题上,利用最新问题的解,求得次新问题的解。因此,凡是对元素的保存次序与使用顺序相反的,都可以使用栈,例如递归顺序、数制间转换。

(2) 利用队列也可以控制解决问题的顺序,实际应用中,凡是对元素的保存次序与使用顺序相同的,都可以使用队列,例如键盘缓冲区问题、排队就诊问题。

4. 递归实现机制

递归工作栈是实现递归的核心技术。需要明确递归进层与递归退层的相关工作。

3.4 单 元 自 测

一、填空题

1. 顺序栈 S,栈顶指针为 top,则栈置空操作是_____。

2. 设有一不带头结点的链栈,结点结构为 data | next ,栈顶指针为 h,则执行 $*s$ 结点入栈操作是_____和_____。

3. 栈是一种特殊的_____,又称为_____。

4. 向量、栈和队列都是_____结构,可以在向量的_____位置插入和删除元素;对于栈只能在_____插入和删除元素;对于队列只能在_____插入和_____删除元素,队列又称为_____。

5. 中缀算术表达式 $3*(5+x)/y$ 所对应的后缀算术表达式为_____。

二、单项选择题(请从下列 A,B,C,D 选项中选择一项)

1. 判定一个栈 ST(最多元素为 m_0)为空的条件是_____。

    A. ST—>top<>0   B. ST—>top==−1

　　　　C. ST—>top<>m0　　　　　　　D. ST—>top=m0

2. 设输入序列为 1,2,3,4,5 借助一个栈不可能得到的输出序列是_____。

　　　　A. 1,2,3,4,5　　　B. 5,4,3,2,1　　　C. 4,3,1,2,5　　　D. 1,3,2,5,4

3. 若已知一个栈的入栈序列是 1,2,3,…,n,其输出序列为 $p_1,p_2,p_3,…,p_n$,若 $p_1=n$,则 p_i 为_____。

　　　　A. i　　　　　　　B. $n-i$　　　　　　C. $n-i+1$　　　　D. 不确定

4. 栈结构通常采用的两种存储结构是_____。

　　　　A. 顺序存储结构和链表存储结构　　　B. 散列方式和索引方式

　　　　C. 链表存储结构和数组　　　　　　　D. 线性存储结构和非线性存储结构

5. 判定一个栈 ST(最多元素为 m_0)为栈满的条件是_____。

　　　　A. ST—>top! =0　　　　　　　　　　B. ST—>top==0

　　　　C. ST—>top! =m0　　　　　　　　　　D. ST—>top==m0-1

6. 循环队列用数组 A[0,m-1]存放其元素值,已知其头尾指针分别是 front 和 rear 则当前队列中的元素个数是_____。

　　　　A. (rear-front+m)%m　　　　　　　B. rear-front+1

　　　　C. rear-front-1　　　　　　　　　　D. rear-front

7. 栈和队列的共同点是_____。

　　　　A. 都是先进后出　　　　　　　　　　B. 都是先进先出

　　　　C. 只允许在端点处插入和删除元素　　D. 没有共同点

8. 表达式 $a*(b+c)-d$ 的后缀表达式是_____。

　　　　A. abcd＊+-　　　B. abc+＊d-　　　C. abc＊+d-　　　D. -+＊abcd

9. 向一个带头结点的栈顶指针为 HS 的链栈中插入一个 s 所指结点时,则执行_____。

　　　　A. HS—>next=s　　　　　　　　　　B. s—>next=HS—>next;HS—>next=s

　　　　C. s—>next=HS;HS=s　　　　　　　D. s—>next=HS;HS=HS—>next

10. 从一个栈顶指针为 HS 的链栈中删除一个结点时,用 x 保存被删结点的值,则执行_____。

　　　　A. x=HS;HS=HS—>next　　　　　　　B. x=HS—>data

　　　　C. HS=HS—>next;x=HS—>data　　　　D. x=HS—>data;HS=HS—>next

11. 在一个链队中,假设 f 和 r 分别为队首和队尾指针,则插入 s 所指结点的运算时_____。

　　　　A. f—>next=s;f=s　　　　　　　　　B. r—>next=s;r=s

　　　　C. s—>next=r;r=s　　　　　　　　　D. s—>next=f;f=s

12. 在一个链队中,假设 f 和 r 分别为队首和队尾指针,则删除一个结点的运算时_____。

　　　　A. r=f—>next　　　B. r=r—>next　　　C. f=f—>next　　　D. f=r—>next

13. 判定一个队列 LU(最多元素 m_0)为空的条件是_____。

　　　　A. LU—>rear-LU—>front= =m0　　　B. LU—>rear-LU—>front-1==m0

　　　　C. LU—>front==LU—>rear　　　　　　D. LU—>front==LU—>rear+1

14. 判定一个队列 LU(最多元素 m_0)为满队列的条件是_____。

　　　　A. LU—>rear-LU—>front==m0　　　　B. LU—>rear-LU—>front-1==m0

  C. LU—>front==LU—>rear   D. LU—>front=LU—>rear+1

15. 判定一个循环队列 LU（最多元素为 m_0）为空的条件是_____。

  A. LU—>front==LU—>rear

  B. LU—>front! =LU—>rear

  C. LU—>front=(LU—>rear+1)%m0

  D. LU—>front! =(LU—>rear+1)%m0

16. 判定一个循环队列 LU（最多元素 m_0）为满队列的条件是_____。

  A. LU—>front==LU—>rear

  B. LU—>front! =LU—>rear

  C. LU—>front==(LU—>rear+1)%m0

  D. LU—>front! =(LU—>rear+1)%m0

第4章　串

【学习概要】

　　字符串也称为串,是一种特殊的线性结构。串的处理在计算机非数值处理中占据重要地位,如语言编译、信息检索、文字编辑等问题中都是以串作为处理对象,因此串有着广泛的应用。在这一章,我们将讨论串的基本定义、几种常见的存储结构、基本操作以及串的模式匹配算法。

4.1　串案例导入

　　在第二次世界大战期间,谍报人员截获和破译了大量情报,为第二次世界大战的胜利做出了巨大贡献。那么这些谍报人员是怎么破译这些情报的呢? 其中最常用的就是字母频率密码,谍报人员首先需要统计各个字母在密文中出现的频率,然后大概猜测出密码表,再根据密码表推算出可能的明文,最后验证自己推算的明文是否正确。

　　假设一段密文存放在一个文本文件中,每个单词不包含空格且不跨行,单词由字符序列构成且区分大小写。要求设计一个程序:

　　(1) 统计各个字母在文本文件中出现的总次数。

　　(2) 根据字母频率表猜测出密码表,并推算明文。

4.2　串的相关定义

4.2.1　串的基本概念

　　串(String)是零个或多个字符组成的有限序列。一般记为:

$$S = {}'a_1 a_2 \cdots a_n' \quad (n \geqslant 0)$$

　　其中 S 是串的名字,用单引号括起来的字符序列是串的值,$a_i(1 \leqslant i \leqslant n)$ 是串的元素,可以是字母、数字或其他字符。n 是串中字符的个数,称为串的长度,$n=0$ 时的串称为空串。例如,$S_1 = {}'student'$,表明 S_1 是一个串名,而字符序列 student 是它的值,该串的长度为7。而 $S_2 = {}''$,表明 S_2 是一个空串,它不含有任何字符。

　　在串 S 中,a_1 是首元素,a_n 是尾元素。当 a_i 既不是首元素,也不是尾元素是,a_{i-1} 是 a_i 的直接前驱,a_{i+1} 是 a_i 的直接后继,且直接前驱和直接后继是惟一的。因此串也是一种线性表,区别仅在于串的数据元素为单个字符。所以说串是一种特殊的线性表。

　　需要特别指出的是,串值必须用一对单引号括起来,但单引号是界限符,它不属于串,其作用是避免与变量名或常量混淆。

　　串中任意连续字符组成的子序列称为该串的子串。包含子串的串相应地称为主串。特别的空串是任意串的子串,任意串是其自身的子串。

通常将字符在串中的序号称为该字符在串中的位置。子串的第一个字符在主串中的序号即为子串在主串中的位置。

假如有串 $A=$'China Beijing'$,B=$'Beijing'$,C=$'China'$,则它们的长度分别为 13、7 和 5。$B$ 和 C 是 A 的子串,B 在 A 中的位置是 7,C 在 A 中的位置是 1。

当且仅当两个串的值相等时,称这两个串是相等的。只有当两个串的长度相等,并且每个对应位置的字符都相等时这两个串才相等。

串中的字符全是空格串称为空格串,其长度为串中空格字符的个数。因此空串不是空格串,空格串也不是空串。例如' '和''分别表示长度为 1 的空格串和长度为 0 的空串。

4.2.2　串的抽象数据类型

串的抽象数据类型定义如下:

ADT String {

数据对象:$D=\{a_i \mid a_i \in CharacterSet, i=1,2,\cdots,n; \quad n\geqslant 0\}$

数据关系:$R=\{\langle a_{i-1},a_i\rangle \mid a_{i-1},a_i \in D, i=2,\cdots,n; \quad n\geqslant 0\}$

基本操作:

(1) StrAssign(S,cs)

初始条件:cs 是字符串常量

操作结果:生成一个值等于 cs 的串 S

(2) StrInsert(S,pos,T)

初始条件:串 S 存在,$0\leqslant pos\leqslant S. length-1$

操作结果:在串 S 的下标为 pos 的字符之前插入串 T

(3) StrDelete(S,pos,length)

初始条件:串 S 存在,$0\leqslant pos\leqslant Strlength(S)-length$

操作结果:从串 S 中删除从下标为 pos 的字符起长度为 length 的子串

(4) StrCopy(S,T)

初始条件:串 S 存在

操作结果:由串 T 复制得串 S

(5) StrEmpty(S)

初始条件:串 S 存在

操作结果:若串 S 为空串,则返回 TRUE,否则返回 FALSE

(6) StrCompare(S,T)

初始条件:串 S 和 T 存在

操作结果:若 $S>T$,则返回值>0;如 $S=T$,则返回值$=0$;若 $S<T$,则返回值<0

(7) Strlength(S)

初始条件:串 S 存在

操作结果:返回串 S 的长度,即串 S 中的元素个数

(8) StrClear(S)

初始条件:串 S 存在

操作结果:将 S 清为空串

(9) StrCat(S,T)

初始条件:串 S 和 T 存在

操作结果:将串 T 的值连接在串 S 的后面

(10) SubString(Sub,S,pos,length)

初始条件:串 S 存在,$0 \leqslant pos \leqslant Strlength(S) - 1$ 且

$1 \leqslant length \leqslant Strlength(S) - pos + 1$

操作结果:用 Sub 返回串 S 的从下标为 pos 的字符起长度为 length 的子串

(11) StrIndex(S, pos ,T)

初始条件:串 S 和 T 存在,T 是非空串,$0 \leqslant pos \leqslant Strlength(S) - 1$

操作结果:若串 S 中存在和串 T 相同的子串,则返回它在串 S 中下标为 pos 的字符之后第一次出现的位置;否则返回 0

(12) StrReplace(S,T,V)

初始条件:串 S,T 和 V 存在,且 T 是非空串

操作结果:用 V 替换串 S 中出现的所有与 T 相等的不重叠的子串

(13) StrDestroy(S)

初始条件:串 S 存在

操作结果:销毁串 S

4.3　串的存储及其实现

串同一般的线性表一样,也有顺序存储结构和链式存储结构。顺序存储结构存储的串称为顺序串,链式存储结构存储的串称为链串。最常见的顺序串有定长顺序串和堆串。链串一般指的是块链串。

4.3.1　定长顺序串

定长顺序串是将串设计成一种结构类型,串的存储分配是在编译时完成的。和前面所讲的顺序表类似,定长顺序串是用一组地址连续的存储单元依次存储串中的字符序列,是一种特殊的顺序表。定长顺序串用 C 语言描述如下:

```
#define MAXlen 20
typedef struct {    /*串结构定义*/
    char ch[MAXlen];
    int length;
} SString;
```

其中 MAXlen 表示串的预定义的最大长度,ch 是存储字符串的一维数组,每个分量存储一个字符,length 是字符串的实际长度,可以在预定义长度范围内随意设定。

可以定义一个串变量 SString S;可直接得到串的值为 $S.ch$ 以及串的长度 $S.length$。如图 4.1 所示,在串 S 中,$S.ch[2] = {}'c'$,$S.length = 9$。

0	1	2	3	4	5	6	7	8				MAXlen-1
A	B	C	D	E	F	G	H	I				

图 4.1　串的顺序存储结构

　　定长顺序串有两个特点。第一个特点是截断，当串的长度超过预定义长度 MAXlen 时，超出 MAXlen 部分的字符序列则被舍去，称之为"截断"。截断这种情况仅在串的插入（StrInsert）、串的连接（StrCat）和串的置换（StrReplace）中可能出现。第二个特点是复制，用定长顺序串实现串的基本操作时，都要用到字符序列的"复制"。

　　下面是定长顺序串部分基本操作的实现：

（1）串初始化函数：StrAssign(S,cs)

将一个字符串常量赋值给定长顺序串 S，即生成一个值等于 cs 的定长顺序串 S。

```
void   StrAssign(&S,char cs[])
{
       int i;
       for(i=0;cs[i]! ='\0'&&i<MAXlen;i++)
            S. ch[i]=cs[i];
       S. length=i;
}
```

算法 4.1　串初始化函数

（2）串插入函数：　StrInsert(S,pos,T)

　　在将串 T 插入到串 S 时，插入位置 pos 将串 S 分为两部分（假设为 S_1、S_2，长度为 pos、S. length-pos），及待插入部分 T（假设为 T，长度为 T. length），则串由插入前的 S 变为 S_1-T-S_2，可能出现以下三种情况：

　　① 插入后串长 S. length+T. length≤MAXlen：则将 S_2 后移 T. length 个元素位置，再将 T 插入。

　　② 插入后串长 S. length+T. length≤MAXlen 且 pos+T. length<MAXlen：则 S_2 后移时会有部分字符被舍弃。

　　③ 插入后串长 S. length+T. length≤MAXlen 且 pos+T. length>MAXlen：则 S_2 的全部字符被舍弃（不需后移），并且 T 在插入时也有部分字符被舍弃。

```
int StrInsert(SString &S,int pos, SString   T)
/ * 在串 S 中下标为 pos 的字符之前插入串 T * /
{
    int i;
    if (pos<0 || pos>=S. length) return(0);/ * 插入位置不合法 * /
    if (S. length + T. length<=MAXlen)      / * 插入后串长≤MAXlen,不截断 * /
    {
      for (i=S. length + T. length-1;i>=T. length + pos;i--)
        S. ch[i]=S. ch[i-T. length];
      for (i=0;i<T. length;i++)
        S. ch[i+pos]=T. ch[i];
      S. length=S. length+T. length;
    }
      else if (pos+T. length<=MAXlen)   / * 插入后串长>MAXlen,串 S 的部分字
符序列被舍弃,即 S 部分截断 * /
```

```
        {
            for (i=MAXlen-1;i>T. length+pos-1;i--)
                S. ch[i]=S. ch[i-T. length];
            for (i=0;i<T. length;i++)
                S. ch[i+pos]=T. ch[i];
            S. length=MAXlen;
        }
else   / * 串 T 的部分字符序列要舍弃,即 T 部分截断 * /
{
        for (i=0;i<MAXlen-pos;i++)
                S. ch[i+pos]=T. ch[i];
            S. length=MAXlen;
    }

        return(1);
}
```

算法 4.2　串插入函数

(3) 串删除函数:StrDelete(S,pos,length)

```
int StrDelete(SString  &S,int pos,int length)
/ * 在串 S 中删除从下标 pos 起 length 个字符 * /
{
    int i;
    if (pos<0 || pos>=(S. length-length))
        return(0);
    for (i=pos+length;i<S. length;i++)
        S. ch[i-length]=S. ch[i];
    S. length=S. length - length;
    return(1);
}
```

算法 4.3　串删除函数

(4) 串复制函数:StrCopy(S, T)

```
void StrCopy(SString &S, SString   T) / * 将串 T 的值复制到串 S 中 * /
{
    int i;
    for (i=0;i<T. length;i++)
        S. ch[i]=T. ch[i];
    S. length=T. length;
}
```

算法 4.4　串复制函数

(5) 判空函数：StrEmpty(S)

```
int StrEmpty(SString S) / * 若串 S 为空（即串长为 0），则返回 1，否则返回 0 * /
{
    if (S. length==0)
        return(1);
    else return(0);
}
```

算法 4.5　判空函数

（6）串比较函数：StrCompare(S, T)

```
int StrCompare(SString S, SString  T)
/ * 若串 S 和 T 相等，则返回 0，若 S>T 返回大于 0 的数，若 S<T 返回小于 0 的数 * /
{
     int i;
    for (i=0;i<S. length&&i<T. length;i++)
        if (S. ch[i]! =T. ch[i])
            return(S. ch[i] — T. ch[i]);
    return(S. length — T. length);
}
```

算法 4.6　串比较函数

（7）求串长函数：Strlength(SString S)

```
int Strlength(SString S)/ * 返回串 S 的长度 * /
{
    return(S. length);
}
```

算法 4.7　求串长函数

（8）清空函数：StrClear(S)

```
int StrClear(SString &S) / * 将串 S 置为空串 * /
{
    S. length=0;
    return(1);
}
```

算法 4.8　清空函数

（9）连接函数：StrCat(S, T)

在进行串的连接时（假设原来串为 S，长度为 $S. length$，待连接串为 T，长度为 $T. length$），也可能有三种情况：

① 连接后串长≤MAXlen：则直接将 T 加在 S 的后面。

② 连接后串长>MAXlen 且 S<MAXlen：则 T 会有部分字符被舍弃。

③ 连接后串长>MAXlen 且 S=MAXlen：则 T 的全部字符被舍弃（不需连接）。

```
int StrCat(SString &S, SString T) / * 将串 T 连接在串 S 的后面 * /
{
```

```
    int i,flag;
    if (S. length ＋ T. length<＝MAXlen)   /＊连接后串长小于 MAXlen,不截断 ＊/
    {
        for (i＝S. length; i<S. length ＋ T. length; i＋＋)
            S. ch[i]＝T. ch[i－S. length];
        S. length＋＝ S. length＋T. length;flag＝1;
    }
     else if (S. length<MAXlen)
     { /＊连接后串长大于 MAXlen,但串 S 的长度小于 MAXlen,即连接后串 T 的部
分字符序列被舍弃,T 部分截断 ＊/
        for (i＝S. length;i<MAXlen;i＋＋)
          S. ch[i]＝T. ch[i－S. length];
        S. length＝MAXlen;flag＝0;
     }
    else
        flag＝0;/＊串 S 的长度等于 MAXlen,串 T 不被连接,T 全部截断 ＊/
    return(flag);
}
```

算法 4.9　连接函数

(10) 求子串函数：SubString(sub,S,pos,length)

```
int SubString(SString  &sub, SString S,int pos,int length)
/＊将串 S 中下标 pos 起 length 个字符复制到 sub 中 ＊/
{
    int i;
    if (pos<0 || pos>s. length || length<1 || length>s. length－pos)
    {
        sub. length＝0;
        return(0);
    }
    else
    {
        for (i＝0;i<length;i＋＋)
          sub. ch[i]＝s. ch[i＋pos];
        sub. length＝length;
        return(1);
    }
}
```

算法 4.10　求子串函数

4.3.2　堆串

　　堆串仍然以一组地址连续的存储单元存放串的字符序列,但堆串的存储空间是在程序执行过程中动态分配的。系统将一个地址连续、容量很大的存储空间作为字符串的可用空间,每当建立一个新串时,系统就从这个空间中分配一个大小和字符串长度相同的空间存储新串的串值。因此堆串与定长顺序串一样,也是一种顺序串,采用顺序存储结构进行存储。

　　假设以一维数组 heap〔MAXSIZE〕表示可供字符串进行动态分配的存储空间,并设 int free 指向 heap 中未分配区域的开始地址(初始化时 free=0)。在程序执行过程中,当生成一个新串时,就从 free 指示的位置起,为新串分配一个所需大小的存储空间,同时建立该串的描述。这种存储结构称为堆结构。采用堆结构存储的串,就称为堆串。

　　定长顺序串和堆串这两种串的存储结构通常被高级程序设计语言所采用。由于堆串有定长顺序串的特点,处理方便,堆串长又没有限制,处理灵活方便,因此在串处理程序中经常被使用。

　　在 C 语言中,已经有一个称为"堆"的自由存储空间,并可用 malloc()和 free()函数完成动态存储管理。因此,我们可以直接利用 C 语言中的"堆",实现堆串。此时,堆串用 C 语言描述如下:

```
typedef   struct
{
        char   * ch;
        int    length;
} HString;
```

其中 length 域指示串的长度,ch 域指示串的起始地址。

　　下面我们讨论堆串的基本操作。由于这种类型的串变量,它的串值的存储位置是在程序执行过程中动态分配的,与定长顺序串和链串相比,这种存储方式是非常有效和方便的,但在程序执行过程中会不断的生成新串和销毁旧串,生成新串的过程其实就是字符序列的"复制"过程。

　　(1) 串赋值函数:StrAssign(S,t)

```
int StrAssign(HString &S,char * t) / * 将字符常量 t 的值赋给串 s * /
{
        int length,i=0;
        if (S. ch! =NULL)
            free(S. ch);/ * 销毁旧串 * /
        while (t[i]! ='\0')
            i++;
        length=i;
        if (length)
        {
            S. ch=(char * )malloc(length);
        if (S. ch==NULL)
                return(0);
```

```
    for (i=0;i<length;i++) /*字符序列的复制,生成新串*/
        S. ch[i]=t[i];
    }
    else
        S. ch=NULL;
    S. length=length;
    return(1);
}
```

算法 4.11　串赋值函数

(2) 串插入函数：StrInsert(S,pos,T)

```
int StrInsert(HString &S,int pos,HString T)
/*在串 S 中下标为 pos 的字符之前插入串 T */
{
    int i;
    char * temp;
    if (pos<0 || pos>S. length || S. length==0)
        return(0);
    temp=(char * )malloc(S. length + T. length);
    if (temp==NULL)
        return(0);    /*将字符序列复制到临时串 temp */
    for (i=0;i<pos;i++)
        temp[i]=S. ch[i];
    for (i=0;i<T. length;i++)
        temp[i+pos]=T. ch[i];
    for (i=pos;i<S. length;i++)
        temp[i + T. length]=S. ch[i];
    free(S. ch);/*销毁旧串*/
    S. ch=temp;/*字符序列的复制,生成旧串*/
    S. length+=T. length;
    return(1);
}
```

算法 4.12　串插入函数

(3) 串删除函数：StrDelete(S,pos,length)

```
int StrDelete(HString &S,int pos,HString length)
/*在串 s 中删除从下标 pos 起 length 个字符 */
{
    int i;
    char * temp;
    if (pos<0 || pos>(S. length — length))
```

```
        return(0);
    temp＝(char ＊)malloc(S.length － length);
    if (temp＝＝NULL)
        return(0);    /＊将字符序列复制到临时串 temp＊/
    for (i＝0;i＜pos;i＋＋)
        temp[i]＝S.ch[i];
    for (i＝pos;i＜S.length － length;i＋＋)
        temp[i]＝S.ch[i＋length];
    free(S.ch);/＊销毁旧串＊/
    S.ch＝temp;/＊字符序列的复制,生成新串＊/
    S.length＝S.length－length;
    return(1);
}
```

算法 4.13　串删除函数

(4) 串复制函数：StrCopy(S,T)

```
int StrCopy(HString ＆S,HString T) /＊将串 T 的值复制到串 S 中 ＊/
{
    int i;
    S.ch＝(char ＊)malloc(T.length);
    if (S.ch＝＝NULL)
        return(0);
    for (i＝0;i＜T.length;i＋＋)
        S.ch[i]＝T.ch[i];/＊字符序列的复制,生成新串＊/
    S.length＝T.length;
    return(1);
}
```

算法 4.14　串复制函数

(5) 连接函数：StrCat(S,T)

```
int StrCat(HString ＆S,HString T) /＊将串 T 连接在 S 的后面 ＊/
{
    int i;
    char ＊temp;
    temp＝(char ＊)malloc(S.length ＋ T.length);
    if (temp＝＝NULL)
        return(0);    /＊将字符序列复制到临时串 temp＊/
    for (i＝0;i＜S.length;i＋＋)
        temp[i]＝S.ch[i];
    for (i＝S.length;i＜S.length ＋ T.length;i＋＋)
        temp[i]＝T.ch[i－S.length];
```

```
        free(S. ch);/ * 销毁旧串 * /
        S. ch=temp;/ * 字符序列的复制,生成新串 * /
        S. length+=T. length;
        return(1);
    }
```

算法 4.15 连接函数

4.3.3 块链串

串是一种特殊的线性表,因此不仅可以采取顺序存储结构来存储串,也可以采用链式存储结构来存储串。因为串的每个元素只有一个字符,当用链式存储结构存储串时,每个结点既可以存放一个字符,也可以存放多个字符。每个结点称为块,这样的存储结构称为块链结构,用块链结构存储的串成为块链串。为了便于操作,块链串再增加一个尾指针。块链串可定义如下:

```
#define   BLOCK_SIZE   〈每结点存放字符个数〉
typedef struct Block
{
    char ch[BLOCK_SIZE];
    struct Block * next;
} Block;
typedef struct
{
    Block   * head;
    Block   * tail;
    int     length;
} BLString;
```

当 BLOCK_SIZE 等于 1 时,每个结点存放 1 个字符,插入操作、删除操作的处理方法和线性表一样,可参考单链表的实现方式;当 BLOCK_SIZE 大于 1 时,每个结点存放多个字符,当最后一个结点未存满时,不足处用特定字符(如'♯')补齐。此时块链串的插入操作、删除操作的处理方法比较复杂,需要考虑结点的分拆和合并,这里不再详细讨论。

例如,对于串"ABCDEFGHIJ"的链式存储,第一个链表的结点大小为 4,如图 4.2 所示;第二个链表的结点大小为 1,如图 4.3 所示。

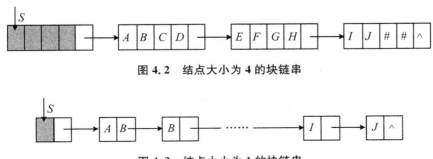

图 4.2　结点大小为 4 的块链串

图 4.3　结点大小为 1 的块链串

4.4　模式匹配算法

模式匹配问题是计算机科学研究领域的热点问题之一。子串在主串中的定位操作通常称为串的模式匹配,又称为定位函数,是各种串处理系统中最重要的操作之一。模式匹配算法广泛应用在文本编辑、情报检索、拼写检查、基于字典的语言翻译、搜索引擎、计算机病毒特征码匹配、数据压缩、DNA 序列匹配等计算机应用系统中。串匹配从方式上可分为精确匹配、模糊匹配、并行匹配等。著名的匹配算法有简单的模式匹配算法 BF 算法、KMP 算法、BM 算法及一些改进算法。

设 S 和 T 是给定的两个串,在主串 S 中找到等于子串 T(又称为模式)的过程即为模式匹配,如果在 S 中找到等于 T 的子串,则匹配成功,函数返回 T 在 S 中首次出现的位置,否则匹配失败,返回 -1。

4.4.1　简单的模式匹配算法

简单的模式匹配算法又称为 BF 算法,算法设计思想如下:

将主串 S 的第 1 个字符和模式 T 的第 1 个字符比较,若不等,从主串 S 的第 2 个字符与 T 的第 1 个字符比较,直到 S 的某个字符 S_i 和 T_1 相同,再将它们之后的字符进行比较,若也相同,则如此进行下去。当 S 的某个字符 S_i 和 T 的字符 T_j 不同时,则 S 返回到本趟开始字符的下一个字符 S_{i-j+2},T 回到 T_1,继续开始下一趟比较,重复上述过程。若在某趟比较过程中,T 的字符全部比较完,则本趟匹配成功,返回本趟的起始位置 $i-j+1$,否则匹配失败。

例如:设主串 $S='ababcabcacbab'$,$T='abcac'$,匹配过程如图 4.4 所示。

第1趟匹配	a b c a b c a c b a b
	a b c　$i=3, j=3$
第2趟匹配	a b c a b c a c b a b
	a　$i=2, j=1$
第3趟匹配	a b c a b c a c b a b
	a b c a c　$i=7, j=5$
第4趟匹配	a b c a b c a c b a b
	a　$i=4, j=1$
第5趟匹配	a b c a b c a c b a b
	a　$i=5, j=1$
第6趟匹配	a b c a b c a c b a b
	a b c a c　$i=11, j=6$

图 4.4　简单的模式匹配算法过程示意图

简单的模式匹配算法的算法描述如下:

```
int StrIndex(SString S,int pos, SString  T)
/ * 从串 S 的下标 pos 起,串 T 第一次出现的位置 * /
{
    int i,j;
    if (T. length==0)
```

```
        return(0);
    i＝pos;j＝0;
    while (i＜S. length && j＜T. length)
        if (S. ch[i]＝＝T. ch[j])
        {
            i＋＋;j＋＋;
        }
        else
        {
            i＝i－j＋1;j＝0;
        }
        if (j＞＝T. length)
            return(i－j);
        else
            return(0);
}
```

算法 4.16 简单的模式匹配算法

设串 S 的长度为 n，串 T 的长度为 m，在匹配成功的情况下，简单的模式匹配算法的时间复杂度为 $O(n \times m)$。

4.4.2 KMP 算法

简单的模式匹配算法效率较低，KMP 算法是一种对简单的模式匹配算法做了很大改进的算法，是在 1977 年由 Knuth、Moris、Pratt 同时设计的。

通过简单的模式匹配算法的执行过程可知，造成算法速度慢的原因是指针 i 和指针 j 都要回溯。即在某趟的匹配过程失败后，对于串 S 要回到本趟开始字符的下一个字符，串 T 要回到第一个字符。而这些回溯并不是必要的。例如在第三趟匹配过程中，$S_3 \sim S_6$ 和 $T_1 \sim T_4$ 是匹配成功的，$S_7 \neq T_5$ 匹配失败。在简单模式匹配算法中有了第四趟，其实这一趟是不必要的。因为在第三趟中有 $S_4 = T_2$，而 $T_1 \neq T_2$，从而 $S_4 \neq T_1$，故第四趟没必要。同理 $S_5 = T_3$，而 $T_1 \neq T_3$，从而 $S_5 \neq T_1$，故第五趟也没必要。在第六趟中，由于 $S_6 = T_4$，而 $T_1 = T_4$，必有 $S_6 = T_1$，因此第六趟必须进行。因此第三趟之后可以直接进行第六趟，且 S_6 和 T_1 不需比较，第六趟匹配过程中直接比较 S_7 和 T_2。也就是说第三趟比较失败后，指针 i 不动，而是将 T 向右滑动，用 S_7 和 T_2 比较，然后继续往后比较。

在上述的匹配过程中，指针 i 不回溯，T 的指针滑动到某个位置上，然后继续比较。那么串 T 的指针应该滑动到那个位置呢？假设滑动到位置 k，即 S_i 和 T_j 匹配失败后，指针 i 不动，使 S_i 和 T_k 对准位置后开始继续比较。

要满足 S_i 和 T_k 开始比较，则 T 的前 $k-1$ 个字符与 S_i 的前 $k-1$ 个字符是匹配的，即下列关系式成立：

$$'T_1 T_2 \cdots T_{k-1}' = 'S_{i-k+1} S_{i-k+2} \cdots S_{i-1}'$$

而本趟匹配失败是在 S_i 和 T_j 之处，也就是部分匹配结果是正确的。

$$'T_1T_2\cdots T_{j-1}'='S_{i-j+1}S_{ijk+2}\cdots S_{i-1}'$$

因为 $k<j$，所以有 T_j 的前 $k-1$ 个字符和 S_i 的前 $k-1$ 个字符是匹配的。

$$'T_{j-k+1}T_{j-k+2}\cdots T_{j-1}'='S_{i-k+1}S_{i-k+2}\cdots S_{i-1}'$$

从而可得

$$'T_1T_2\cdots T_{k-1}'='T_{j-k+1}T_{j-k+2}\cdots T_{j-1}' \tag{4.1}$$

因此某趟在 S_i 和 T_j 之处匹配失败后，如果子串 T 满足 $'T_1T_2\cdots T_{k-1}'='T_{j-k+1}T_{j-k+2}\cdots T_{j-1}'$，即子串 T 的前 $k-1$ 个字符与 T_j 字符之前的 $k-1$ 个字符相等，子串 T 就可以向右滑动使 S_i 和 T_k 对准位置后开始继续比较。

1. next 函数

串 T 中的每一个字符 T_j 都对应一个 k 值，由 4.1 式可知，k 值仅依赖于串 T 本身字符序列的构成，与主串 S 无关。用 next$[j]$ 表示字符 T_j 对应的 k 值，根据以上分析，next 函数有如下性质：

（1）next$[j]$ 是一个整数，且 $0 \leqslant \text{next}[j] < j$。

（2）为了使得 T 的右移不丢失任何匹配成功的可能，当存在多个满足（4.1）式的 k 值时，应取最大的，这样向右滑动的距离最短，滑动的字符个数为 $j-\text{next}[j]$ 个。

（3）如果在 T_j 前不存在满足（4.1）式的子串，此时若 $T_1 \neq T_j$，则 $k=1$；若 $T_1=T_j$，则 $k=0$；这时滑动的距离最远，为 $j-1$ 个字符，即用 T_1 和 S_{j+1} 继续比较。

因此，next 函数的定义如下：

$$\text{next}[j]=\begin{cases}0, & \text{当 } j=1 \text{ 时}\\ \max\{k \mid 1 \leqslant k \leqslant j, \text{当 } T_1T_2\cdots T_{k-1}=T_{j-k+1}T_{j-k+2}\cdots T_{j-1}\}\\ 1 & \text{当不存在上面的 } k \text{ 且 } T_1 \neq T_j \text{ 时}\\ 0 & \text{当不存在上面的 } k \text{ 且 } T_1=T_j \text{ 时}\end{cases}$$

设有串 $T='abcaababc'$，则它的 next 函数值为：

	1	2	3	4	5	6	7	8	9
串 T	a	b	c	a	a	b	a	b	c
Next$[j]$	0	1	1	1	2	2	3	2	3

2. KMP 算法

在求得 next 函数之后，匹配过程可按如下进行：假设以指针 i 和指针 j 分别表示主串 S 和模式串 T 中比较的字符，令 i 的初值为 pos，j 的初值为 1. 若在匹配过程中 $S_i=T_j$，则 S_i 和 T_j 匹配，i 和 j 分别增 1；若 $S_i \neq T_j$，则匹配失败，则 i 不变，j 退到 next$[j]$ 的位置再比较，若相等，则指针再分别增 1，否则 j 退到下一个 next 值位置，依此类推。直至下列两种情况出现：一种情况是 j 退到某个 next 值时字符比较相等，则 i 和 j 分别增 1 继续进行匹配；另一种情况是 j 退到值为零，即模式的第一个字符失配，则此时 i 和 j 也要分别增 1，表明从主串的下一个字符起和模式重新开始匹配。

设主串 $S='aabcbabcaabcaababc'$，子串（模式串）$T='abcaababc'$，图 4.5 是一个利用 next 函数进行匹配的过程示意图。

$i=2$

第1趟排序　　a　a　b　c　b　a　b　c　a　a　b　c　a　a　b　c
　　　　　　　a　b
　　　　　　　$j=2$　　　　　next[2]=1

　　　　　　　$i=2$->$i=5$

第2趟排序　　a　a　b　c　b　a　b　c　a　a　b　c　a　a　b　c
　　　　　　　a　b　c　a
　　　　　　　$j=1$->$j=4$　　　　next[4]=0

　　　　　　　　　　　　　$i=6$　　　　　　　->$i=12$

第3趟排序　　a　a　b　c　b　a　b　c　a　a　b　c　a　a　b　c
　　　　　　　　　　　　　a　b　c　a　a　b　a
　　　　　　　　　　　　　$j=1$　　　　　　　->$j=7$　next[7]=3

　　　　　　　　　　　　　　　　　　$i=12$->　　　　　$i=19$

第4趟排序　　a　a　b　c　b　a　b　c　a　a　b　c　a　a　b　c
　　　　　　　　　　　　　　　　　a　b　c　a　a　b　a　b　c
　　　　　　　　　　　　　　　　　$j=3$->　　　　　$j=10$

图 4.5　KMP 算法过程示意图

KMP 算法描述如下：

```
Int    Index_KMP (SString S,SString T, int pos) {
        int i= pos,j =0;
        while (i<S. length && j<T. length) {
                if (j==0 || S[i]==T[j]) {
                        i++;j++;
                }
                else
                        j=next[j];            /*i不变,j后退*/
        }
        if (j>T[0])   return i-T[0];   /*匹配成功*/
        else    return 0;              /*返回不匹配标志*/
}
```

3. 求 next 函数

由以上讨论可知,next 函数值取决于模式本身而和主串无关。我们可以从分析 next 函数的定义出发用递推的方法求得 next 函数值。

由定义知:next[1]=0;

设 next$[j]=k$,即有$'T_1 T_2 \cdots T_{k-1}'='T_{j-k+1} T_{j-k+2} \cdots T_{j-1}'$。

那么 next$[j+1]$怎么求呢? 分两种情况讨论。

第一种情况:若 $T_k=T_j$,则表明模式串中$'T_1 T_2 \cdots T_{k-1} T_k'='T_{j-k+1} T_{j-k+2} \cdots T_{j-1} T_j'$。这就是说 next$[j+1]=k+1$,即 next$[j+1]=$next$[j]+1$。

第二种情况:若 $T_k \neq T_j$,则表明模式串中$'T_1 T_2 \cdots T_{k-1} T_k' \neq 'T_{j-k+1} T_{j-k+2} \cdots T_{j-1} T_j'$。此时可把求 next 函数值得问题看成是一个模式匹配问题,整个模式串既是主串又是模式,而在匹配过程中前 $k-1$ 个字符匹配,则当 $T_k \neq T_j$ 时应将模式串向右滑动,使得第 next$[k]$个字符和主串中的第 j 个字符相比较。若 next$[k]=k'$,且 $T_{k'}=T_j$,则说明主串中第 $j+1$

个字符之前存在一个最大长度为 k' 的子串,使得 $'T_1T_2\cdots T_{k'}'\neq'T_{j-k'+1}T_{j-k'+2}\cdots T_j'$。因此 $\text{next}[j+1]=\text{next}[k]+1$。

　　同理若当 $T_k\neq T_j$ 时,则将模式继续向右滑动致使第 $\text{next}[k']$ 个字符和 T_j 对齐,依此类推,直至 T_j 和模式中的某个字符匹配成功或者不存在任何 k' 满足 $'T_1T_2\cdots T_{k'}'\neq'T_{j-k'+1}T_{j-k'+2}\cdots T_j'$。此时若 $T_1\neq T_{j+1}$,则有:$\text{next}[j+1]=1$。否则若 $T_1=T_{j+1}$,则有:$\text{next}[j+1]=0$。

　　综上所述,求 next 函数值过程的算法如下:

```
void get_next(SString T, int   &next[]){
    i= 1; next[1] = 0; j = 0;
    while( i<T. length){
        if(j==0 || T[i] == T[j]){
            ++i; ++j;
            next[i] = j;
        }
        else
            j = next[j];
    }
}
```

求 next 函数值的算法时间复杂度是 $O(m)$;KMP 算法的时间复杂度是 $O(n\times m)$,但在一般情况下,KMP 算法实际的执行时间是 $O(n\times m)$。

4.5　知识点总结

1. 理解串和一般线性表之间的差异。
2. 掌握串的基本概念、基本术语。
3. 掌握定长顺序串和堆串上的基本运算。
4. 掌握串的简单模式匹配算法和 KMP 算法。

4.6　单　元　自　测

一、单项选择题

1. 串是一种特殊的线性表,其特殊性体现在_____。
　　A. 可以顺序存储　　　　　　B. 数据元素是一个字符
　　C. 可以链式存储　　　　　　D. 数据元素可以是多个字符
2. 空串与空格字符组成的串的区别在于_____。
　　A. 没有区别　　　　　　　　B. 两串的长度不相等
　　C. 两串的长度相等　　　　　D. 两串包含的字符不相同
3. 有串 $S_1="ABCDEFG"$,$S_2="PQRST"$,假设函数 StrCat(x,y) 返回 x 和 y 串的连接串,SubString(s,i,j) 返回串 s 的从数组序号为 i(下标从 0 开始)的字符开始的 j 个字符组成的子串,StrLength(s) 返回串 s 的长度,则 StrCat(SubString$(s_1,2,$StrLength$(s_2))$,

SubString(s_1,StrLength(s_2),2))的结果串是_____。

    A. *BCDEF*　　　　B. *BCDEFG*　　　　C. *BCPQRST*　　　　D. *CDEFGFG*

  4. 若串 s="*sfotware*",其不含空串的子串的个数是_____。

    A. 8　　　　　　　B. 37　　　　　　　C. 36　　　　　　　D. 9

  5. 一个子串在包含它的主串中的位置是指_____。

    A. 子串的最后那个字符在主串中的位置

    B. 子串的最后那个字符在主串中首次出现的位置

    C. 子串的第一个字符在主串中的位置

    D. 子串的第一个字符在主串中首次出现的位置

  6. 下面的说法中,只有_____是正确的。

    A. 字符串的长度是指串中包含的字母的个数

    B. 字符串的长度是指串中包含的不同字符的个数

    C. 若 T 包含在 S 中,则 T 一定是 S 的一个子串

    D. 一个字符串不能说是其自身的一个子串

  7. 两个字符串相等的条件是_____。

    A. 两串的长度相等

    B. 两串包含的字符相同

    C. 两串的长度相等,并且两串包含的字符相同

    D. 两串的长度相等,并且对应位置上的字符相同

  8. 若 SubString(S,i,k)表示求 S 中从第 i 个字符开始的连续 k 个字符组成的子串的操作,则对于 S="*Beijing&Nanjing*",SubString(S,4,5)=_____。

    A. "*ijing*"　　　　B. "*jing&*"　　　　C. "*ingNa*"　　　　D. "*ing&N*"

  9. 若 StrIndex(S,T)表示求 T 在 S 中的位置的操作,则对于 S="*Beijing&Nanjing*",T="*jing*",StrIndex(S,T)=_____。

    A. 2　　　　　　　B. 3　　　　　　　C. 4　　　　　　　D. 5

  10. 若 StrReplace(S,S_1,S_2)表示用字符串 S_2 替换字符串 S 中的子串 S_1 的操作,则对于 S="*Beijing&Nanjing*",S_1="*Beijing*",S_2="*Shanghai*",StrReplace$S$,S_1,S_2)=_____。

    A. "*Nanjing&Shanghai*"　　　　　　B. "*Nanjing&Nanjing*"

    C. "*ShanghaiNanjing*"　　　　　　D. "*Shanghai&Nanjing*"

二、填空题

  1. 若 SubString(S,i,k)表示求 S 中从第 i 个字符开始的连续 k 个字符组成的子串的操作;StrReplace(S,S_1,S_2)表示用字符串 S_2 替换字符串 S 中的子串 S_1 的操作;若 StrIndex(S,T)表示求 T 在 S 中的位置的操作;

  已知字符串:a="*an apple*",b="*other hero*",c="*her*",求:

  (1) StrCat(SubString(a,1,2),b)　结果为:_____。

  (2) StrReplace(a,SubString(a,5,1),c)　结果为:_____。

  (3) StrIndex(a,c)和 StrIndex(b,c)　结果为:_____。

  2. 串的两种基本的存储方式是_____、_____。

  3. 空串是_____,其长度等于_____。

  4. 已知两个串:s_1="*fg cdb cabcadr*",s_2="*abc*",试求两个串的长度:StrLength(s_1)=___

____，StrLength(s_2)＝ _____ ；判断串 s_2 是否是串 s_1 的子串，是或否？ _____ ；串 s_2 在 s_1 中的位置？ _____ 。

三、编程题

1. 设 S、T 为两个字符串，分别放在两个一维数组中，m、n 分别为其长度，判断 T 是否为 S 的子串。如果是，输出子串所在位置（第一个字符），否则输出 0。

2. 将顺序串 S 中所有值为 ch1 的字符串替换成 ch2 的字符串。

3. 编程实现字符串的逆置。

4. 从定长顺序串 S 中删除值等于 ch 的所有字符。

5. 求串 $'ababaaababaa'$ 的 next 函数值。

表 4.2　next 求解

j	1	2	3	4	5	6	7	8	9	10	11	12
串	a	b	a	b	a	a	a	b	a	b	a	a
next[j]												

第5章 数组和广义表

【学习概要】

数组和广义表,可看成是一种扩展的线性数据结构。其特殊性不像栈和队列那样表现在对数据元素的操作受限制,而是反映在"数据元素"的构成上。在线性表中,每个数据元素都是非结构的原子类型,数据元素的值不能再分解;而数组和广义表中的数据元素可以推广到是一种具有特定结构的数据。本章以抽象数据类型的形式讨论数组和广义表的定义与实现,以及特殊矩阵的压缩存储和相应的运算。

5.1 数组案例导入

设有两个 $m \times n$ 的稀疏矩阵 A、B。编写一个程序,完成如下功能。

(1) 程序中能输入矩阵 A、B。

(2) 计算矩阵 $C = A + B$。

(3) 计算矩阵 $D = A'$。

(4) 输出矩阵 A、B、C、D 的值。

5.2 数组的顺序存储和表示

5.2.1 数组的相关定义

一组具有相同类型和名称的变量的集合称为数组,数组是一种常见的数据类型。

数据元素又称为数组元素,数组元素的个数有时也称之为数组的长度。数组的元素类型可以是任意类型,包括数组类型。每个数组元素都有一个编号,这个编号叫做下标。

数组中的每一个元素由一个值和一组下标来描述。"值"代表数组中单个元素的数据信息,一组下标用来描述该元素在数组中的相对位置信息。确定一个数据元素在集合中位置的下标的个数就是数组的维数。

根据维数的不同,我们可以将数组分为一维数组和多维数组。

数组的维数不同,描述其相对位置的下标的个数不同。如:在二维数组中,元素 a_{ij} 由两个下标值 i,j 来描述。其中 i 表示该元素所在的行号,j 表示该元素所在的列号。同样我们可以将这个特性推广到 n 维数组,对于 n 维数组而言,其元素由 n 个下标值来描述其在 n 维数组中的相对位置。

一维数组与线性表类似,我们不予讨论。一般情况下我们以二维数组作为多维数组的代表来讨论。一般的二维数组如图5.1所示。

通常我们以二维数组作为多维数组的代表来讨论。例如,图5.1所示的二维数组,我们可以把它看成一个线性表:$A = (a_1 \ a_2 \cdots a_j \cdots a_n)$,其中 $a_j (1 \leqslant j \leqslant n)$ 本身也是一个线性表,称为列向量,即 $a_j = (a_{1j}\ a_{2j}\cdots a_{ij}\cdots a_{mj})$,如图 5.2 所示:

$$A_{m\times n} = \begin{bmatrix} a_{11} & a_{12} & \cdots & a_{1j} & \cdots & a_{1n} \\ a_{21} & a_{22} & \cdots & a_{2j} & \cdots & a_{2n} \\ \vdots & \vdots & & \vdots & & \vdots \\ a_{i1} & a_{i2} & \cdots & a_{ij} & \cdots & a_{in} \\ \vdots & \vdots & & \vdots & & \vdots \\ a_{m1} & a_{m2} & \cdots & a_{mj} & \cdots & a_{mn} \end{bmatrix}_{m\times n}$$

图 5.1　$A_{m\times n}$ 的二维数组

$$A = (a_1\ a_2\ \cdots\ a_j\ \cdots\ a_n)$$

$$A_{m\times n} = \begin{bmatrix} a_{11} & a_{12} & \cdots & a_{1j} & \cdots & a_{1n} \\ a_{21} & a_{22} & \cdots & a_{2j} & \cdots & a_{2n} \\ \vdots & \vdots & & \vdots & & \vdots \\ a_{i1} & a_{i2} & \cdots & a_{ij} & \cdots & a_{in} \\ \vdots & \vdots & & \vdots & & \vdots \\ a_{m1} & a_{m2} & \cdots & a_{mj} & \cdots & a_{mn} \end{bmatrix}_{m\times n}$$

图 5.2　将矩阵 A 看成 n 个列向量的线性表

同样,我们还可以将数组 A_{mn} 看成另外一个线性表:$A = (\beta_1\ \beta_2\ \cdots\ \beta_i\ \cdots\ \beta_m)^T$,其中 $\beta_i(1\leqslant i\leqslant m)$ 本身也是一个线性表,称为行向量,即:$\beta_i = (a_{i1}\ a_{i2}\cdots a_{ij}\cdots a_{in})$,如图 5.3 所示:

$$A_{m\times n} = \begin{bmatrix} a_{11} & a_{12} & \cdots & a_{1j} & \cdots & a_{1n} \\ a_{21} & a_{22} & \cdots & a_{2j} & \cdots & a_{2n} \\ \vdots & \vdots & & \vdots & & \vdots \\ a_{i1} & a_{i2} & \cdots & a_{ij} & \cdots & a_{in} \\ \vdots & \vdots & & \vdots & & \vdots \\ a_{m1} & a_{m2} & \cdots & a_{mj} & \cdots & a_{mn} \end{bmatrix}_{m\times n} \qquad \begin{matrix} A \\ \| \\ \begin{pmatrix}\beta_1 \\ \beta_2 \\ \vdots \\ \beta_j \\ \vdots \\ \beta_n \end{pmatrix} \end{matrix}$$

图 5.3　将矩阵 A 看成 m 个行向量的线性表

从图 5.3 中我们可以看出:

(1) 数组中每个数据元素受多个线性关系制约,元素在每个线性关系上都有前驱、后继。例如:对上述二维数组,每个元素都受到两种关系的约束。若不考虑第一个和最后一个元素,则在行关系中 a_{ij} 直接前驱是 $a_{i,j-1}$,a_{ij} 直接后继是 $a_{i,j+1}$,在列关系中 a_{ij} 直接前驱是 $a_{i-1,j}$,a_{ij} 直接后继是 $a_{i+1,j}$。

(2) 数组实际上是线性表的推广。一维数组是一般的线性表,二维数组可以看成是数据元素是一个一维数组的线性表,三维数组可以看成是数据元素是一个二维数组的线性表,同理 n 维数组可以看成是数据元素是一个 $n-1$ 维数组的线性表。

5.2.2　数组的抽象数据类型

以上我们以二维数组为例介绍了数组的结构特性,数组一旦定义,数组的维数和每一维的上下限都能确定,其元素的个数和元素之间的相互关系不再发生变化,使得对数组的操作不像对线性表的操作那样,可以在数组中任意一个合法的位置插入或删除一个元素。因此,数组采用顺序存储结构是十分自然的事情,因此对于数组的操作一般只有两类:

(1) 取值操作:给定一组下标,获得特定位置的元素值;

(2) 赋值操作:给定一组下标,存储或修改特定位置的元素值。

经过以上的讨论,我们给出数组的抽象数据类型的定义如下:

ADT Array{

数据对象:D$=\{a_{j_1 j_2 \cdots j_n} \mid n > 0$,称为数组的维数,$j_i$ 是数组的第 i 维下标,$1 \leqslant j_i \leqslant b_i$,$b_i$ 为数组第 i 维的长度,$a_{j_1 j_2 \cdots j_n} \in \mathrm{ElementSet}\}$

数据关系:$R = \{R_1, R_2, \cdots, R_n\}$

$R_i = \{\langle a_{j_1 j_2 \cdots j_n}, a_{j_1 j_2 + 1 \cdots j_n} \rangle \mid 1 \leqslant j_k \leqslant b_k, 1 \leqslant k \leqslant n$ 且 $k \neq i, 1 \leqslant j_i \leqslant b_i - 1$,

$a_{j_1 j_2 \cdots j_n}, a_{j_1 j_2 + 1 \cdots j_n} \in \mathrm{D}, i = 1, \cdots, n\}$

基本操作:

(1) InitArray(A, n, bound$_1$, $\cdots$, bound$_n$):若维数 n 和各维的长度合法,则初始化相应的数组 A;

(2) DestroyArray(A):销毁数组 A;

(3) Print(A):输出打印数组 A;

(4) GetValue(A, e, index$_1$, $\cdots$, index$_n$):若 A 已存在且下标合法,用 e 返回数组 A 中由 n 个下标 index$_1$, $\cdots$, index$_n$ 所指定的元素的值。

(5) SetValue(A, e, index$_1$, $\cdots$, index$_n$):若 A 已存在且下标合法,则将数组 A 中由 index$_1$, $\cdots$, index$_n$ 所指定的元素的值置为 e。

}ADT Array

5.3　数组的顺序存储和实现

对于数组 A,一旦给定其维数 n 及各维长度 $b_i (1 \leqslant i \leqslant n)$,则该数组中元素的个数是固定的,不可以对数组做插入和删除操作,不涉及移动元素操作,因此对于数组而言,采用顺序存储法比较合适。

在计算机中,内存储器的结构是一维的。用一维的内存表示多维数组,就必须按某种次序,将数组元素排成一个线性序列,然后将这个线性序列存放在存储器中。换句话说,可以用向量作为数组的顺序存储结构。

5.3.1　数组的存储结构

数组的顺序存储结构有两种:一种是以行序为主序的方法存储,即低下标优先的顺序存储,如高级语言 BASIC、COBOL、和 PASCAL 语言都是以行序为主序。另一种是以列序为主序的方法存储,即高下标优先的顺序存储,如高级语言中的 FORTRAN 语言就是以列序为主序。显然,二维数组 $A_{m \times n}$ 以行序为主序存储时,行下标变化最慢,其存储序列为:

$$a_{11}, a_{12}, \cdots a_{1n}, a_{21}, a_{22}, \cdots, a_{2n}, \cdots, \cdots, a_{m1}, a_{m2}, \cdots, a_{mn}$$

而以列序为主序存储时,列下标变化最慢,其存储序列为:

$$a_{11}, a_{21}, \cdots a_{m1}, a_{12}, a_{22}, \cdots, a_{m2}, \cdots, \cdots, a_{1n}, a_{2n}, \cdots, a_{mn}$$

假设有一个 $3 \times 4 \times 2$ 的三维数组 A,共有 24 个元素。三维数组元素的标号由三个数字表示，即行、列、纵三个方向。a_{142} 表示第 1 行，第 4 列，第 2 纵的元素。如果对 $A_{3\times4\times2}$（下标从 1 开始）采用以行序为主序的方法存储时，即行下标变化最慢，列下标次之，纵下标变化最快，则元素的存储顺序为：

$$a_{111}, a_{112}, a_{121}, a_{122}, \cdots, a_{331}, a_{332}, a_{341}, a_{342}$$

采用以列序为主序的方法存储时，即纵下标变化最慢，列下标次之，行下标变化最快，则元素的存储顺序为：

$$a_{111}, a_{211}, a_{311}, a_{121}, a_{221}, a_{321}, \cdots, a_{132}, a_{232}, a_{332}, a_{142}, a_{242}, a_{342}$$

以上的存储规则可推广到多维数组情况。若知道了多维数组的维数，以及每维的上下界，就可以方便地将多维数组按顺序存储结构存放在计算机中了。同时，根据数组的下标，可以计算出其在存储器中的位置。因此，数组的顺序存储是一种随时存取的结构。

5.3.2　地址计算

以二维数组 $A(1\cdots m, 1\cdots n)$ 和三维数组 $A(1\cdots r, 1\cdots m, 1\cdots n)$ 为例，以下分别讨论以行序为主序的方法存储和以列序为主序的方法存储的情况下，按元素的下标求其地址的方法。

1. 二维数组地址计算

假设每个元素只占一个存储单元，以行序为主序的方法存储数组，下标从 1 开始，首元素 a_{11} 的地址为 $\mathrm{Loc}[1,1]$，求任意元素 a_{ij} 的地址。a_{ij} 是排在第 i 行，第 j 列，先存储前面的第 $i-1$ 行元素，总计有 $n*(i-1)$ 个元素，再存储第 i 行的元素，第 i 行第 j 个元素前面还有 $j-1$ 个元素。由此得到元素 a_{ij} 的地址计算公式：

$$\mathrm{Loc}[i,j] = \mathrm{Loc}[1,1] + n \times (i-1) + (j-1)$$

根据计算公式，可以方便的求得 a_{ij} 的地址是 $\mathrm{Loc}[i,j]$。如果每个元素占 size 个存储单元，则任意元素 a_{ij} 的地址计算公式为：

$$\mathrm{Loc}[i,j] = \mathrm{Loc}[1,1] + (n \times (i-1) + j-1) \times \mathrm{size}$$

若以列序为主序的方法存储数组，对于任意元素 a_{ij}。由于 a_{ij} 是排在第 i 行，第 j 列，先存储前面的第 $j-1$ 列，总计有有 $m*(j-1)$ 个元素，再存储第 j 列，第 j 列第 i 个元素前面还有 $i-1$ 个元素。如果每个元素占 1 个存储单元，可由此得到元素 a_{ij} 的地址计算公式：

$$\mathrm{Loc}[i,j] = \mathrm{Loc}[1,1] + m \times (j-1) + (i-1)$$

根据计算公式，可以方便的求得 a_{ij} 的地址是 $\mathrm{Loc}[i,j]$。如果每个元素占 size 个存储单元，则任意元素 a_{ij} 的地址计算公式为：

$$\mathrm{Loc}[i,j] = \mathrm{Loc}[1,1] + (m \times (j-1) + i-1) \times \mathrm{size}$$

2. 三维数组地址计算

三维数组 $A(1\cdots r, 1\cdots m, 1\cdots n)$ 可以看成是 r 个 $m \times n$ 的二维数组。假定每个元素占一个存储单元，采用以行序为主序的方法存储，即行下标 r 变化最慢，列下标次之，纵下标 n 变化最快。首元素 a_{111} 的地址为 $\mathrm{Loc}[1,1,1]$，求任意元素 a_{ijk} 的地址。显然，a_{i11} 的地址为 $\mathrm{Loc}[i,1,1] = \mathrm{Loc}[1,1,1] + (i-1)*m*n$，因为在该元素之前，有 $i-1$ 个 $m \times n$ 的二维数组。由 a_{i11} 的地址和二维数组的地址计算公式不难得到三维数组中任意元素 a_{ijk} 的地址：

$$\mathrm{Loc}[i,j,k] = \mathrm{Loc}[1,1,1] + (i-1)*m*n + (j-1)*n + (k-1)$$

其中 $1 \leqslant i \leqslant r, 1 \leqslant j \leqslant m, 1 \leqslant k \leqslant n$。

如果每个元素占 size 个存储单元，则任意元素 a_{ijk} 的地址计算公式为：

$$\text{Loc}[i,j,k]=\text{Loc}[1,1,1]+((i-1)*m*n+(j-1)*n+(k-1))*\text{size}$$

若采用以列序为主序的方法存储,则行下标 r 变化最快,列下标次之,纵下标 n 变化最慢。若每个元素占一个存储单元,三维数组中任意元素 a_{ijk} 的地址:

$$\text{Loc}[i,j,k]=\text{Loc}[1,1,1]+(k-1)*r*n+(j-1)*r+(i-1)$$

如果每个元素占 size 个存储单元,三维数组中任意元素 a_{ijk} 的地址:

$$\text{Loc}[i,j,k]=\text{Loc}[1,1,1]+((k-1)*r*n+(j-1)*r+(i-1))*\text{size}$$

5.4　矩阵的压缩存储

在线性代数中,我们就学习了关于矩阵的知识。矩阵是科学计算、工程数学,尤其是数值分析经常研究的对象。在计算机高级语言中,矩阵通常可以采用二维数组的形式来描述。

但是有些高阶矩阵中,非零元素非常少(远小于 $m \times n$),此时若仍采用二维数组顺序存放就不合适了,因为很多存储空间存储的都是 0,只有很少的一些空间存放的是有效数据,这将造成存储单元很大的浪费。另外,还有一些矩阵其元素的分布有一定规律,我们可以利用这些规律,只存储部分元素,从而提高存储空间的利用率。上述矩阵叫做特殊矩阵。在实际应用中这类矩阵往往阶数很高,如 2000×2000 的矩阵。这种大容量的存储,在程序设计中,必须考虑对其进行有效的压缩存储。压缩原则是:对有规律的元素和值相同的元素只分配一个存储空间,对于零元素不分配空间。

下面介绍几种特殊矩阵及对它们进行压缩存储。

5.4.1　三角矩阵

三角矩阵大体分为三类:下三角矩阵、上三角矩阵、对称矩阵。对于一个 n 阶矩阵 A 来说:若当 $i<j$ 时,有 $a_{ij}=0$,则称此矩阵为下三角矩阵;若当 $i>j$ 时,有 $a_{ij}=0$,则此矩阵称为上三角矩阵;若矩阵中的所有元素均满足 $a_{ij}=a_{ji}$,则称此矩阵为对称矩阵。

下面以 $n \times n$ 下三角矩阵如图 5.4 所示为例来讨论三角矩阵的压缩存储。

$$A = \begin{bmatrix} a_{11} & & & & \\ a_{21} & a_{22} & & 0 & \\ a_{31} & a_{32} & a_{33} & & 0 \\ \vdots & \vdots & \vdots & \ddots & \\ a_{n1} & a_{n2} & a_{n3} & \cdots & a_{nn} \end{bmatrix}$$

图 5.4　下三角矩阵 A

对于下三角矩阵的压缩存储,我们只存储下三角的非零元素,对于零元素则不存储。我们按"行序为主序"进行存储,得到的序列是 $a_{11},a_{21},a_{22},a_{31},a_{32},a_{33}\cdots a_{n1},a_{n2}\cdots a_{nn}$。由于下三角矩阵的元素个数为 $n(n+1)/2$。所以可压缩存储到一个大小为 $n(n+1)/2$ 的一维数组中。

下三角矩阵中元素 $a_{ij}(i>=j)$,在一维数组 A 中的位置为:

$\text{Loc}[i,j]=\text{Loc}[1,1]+$前 $i-1$ 行非零元素个数+第 i 行中 a_{ij} 前非零元素个数。

前 $i-1$ 行元素个数 $=1+2+3+4+\cdots+(i-1)=i(i-1)/2$,第 i 行中 a_{ij} 前非零元

素个数＝$j-1$，所以有：

　　Loc$[i,j]$＝Loc$[1,1]$＋$i(i-1)/2+j-1$

　　若我们按"列序为主序"进行存储，得到的序列是 a_{11}，a_{21}，a_{31}…a_{n1}，a_{22}，a_{32}…a_{n2}，a_{33}…a_{n3}，…a_{nn}。此时下三角矩阵的元素个数仍为 $n(n+1)/2$。下三角矩阵中元素 $a_{ij}(i\geqslant j)$，在一维数组 A 中的位置为：

　　Loc$[i,j]$＝Loc$[1,1]$＋前 $j-1$ 列非零元素个数＋第 j 列中 a_{ij} 前非零元素个数。

　　前 $j-1$ 列元素个数＝$n+n-1+n-2+\cdots+n+1-(j-1)=(2n+2-j)(j-1)/2$，第 i 行中 a_{ij} 前非零元素个数＝$i-j$，所以有：

$$\text{Loc}[i,j]=\text{Loc}[1,1]+(2n+2-j)(j-1)/2+i-j$$

　　同样，对于上三角矩阵，也可以将其压缩存储到一个大小为 $n(n+1)/2$ 的一维数组 C 中。若按"列序为主序"进行存储，则元素 $a_{ij}(i\leqslant j)$ 在数组中的存储位置为：

$$\text{Loc}[i,j]=\text{Loc}[1,1]+j(j-1)/2+i-1$$

　　对于对称矩阵，因其元素满足 $a_{ij}=a_{ji}$，我们可以为每一对相等的元素分配一个存储空间，即只存下三角（或上三角）矩阵，从而将 n^2 个元素压缩到 $n(n+1)/2$ 个空间中。

5.4.2　稀疏矩阵

　　所谓的稀疏矩阵，从直观上讲，是指矩阵中大多数元素为零的矩阵。矩阵中非零元素个数除以矩阵元素总数就称为矩阵的稀疏因子。一般地，当稀疏因子在 $25\%\sim30\%$，或低于这个百分数时，我们称这样的矩阵为稀疏矩阵。在图 5.5 所示的矩阵 M 和 N 中，非零元素个数为 8 个，矩阵元素总数均为 $6\times7=42$，显然 $8/42<30\%$，所以 M 和 N 都是稀疏矩阵。

$$M=\begin{bmatrix}10&0&0&2&0&0\\0&0&3&11&0\\0&0&0&5&0&0\\0&0&0&0&0&0\\8&0&0&0&0&4\\0&1&0&0&0&0\\0&0&0&0&0&0\end{bmatrix}\qquad N=\begin{bmatrix}0&0&3&0&1&0\\0&4&0&0&0&0\\0&0&0&5&0&0\\0&0&0&0&0&0\\3&0&0&0&0&4\\0&6&0&0&0&7&0\\0&0&0&0&0&0\end{bmatrix}$$

图 5.5　稀疏矩阵 M 和 N

　　当用数组存储稀疏矩阵中元素时，仅有少部分空间被利用，造成空间浪费，为节省存储空间，我们可以采用压缩的存储方法来表示稀疏矩阵。

1. 三元组表示法

　　对于稀疏矩阵的压缩存储，我们采取只存储非零元素的方法。但由于稀疏矩阵中非零元素 a_{ij} 的分布的无规律性，因此，为了能找到相应的元素，仅存储非零元素的值是不够的，还要记下它的行下标和列下标。于是采取如下方法：将非零元素所在的行下标、列下标以及它的值构成一个三元组（row，col，e），然后再按某种规律存储这些三元组，我们将这种存储方法叫做稀疏矩阵的三元组表示法。每个非零元素在一维数组中的表示形式如图 5.6 所示。

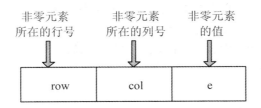

图 5.6　三元组的结构

把这些三元组按"行序为主序"用一维数组进行存储,即将 j 矩阵的任何一行的全部非零元素的三元组按列号递增存放。由此得到矩阵 M, N 的三元组表,如图 5.7 所示:

下标	行号	列号	值
1	1	1	10
2	1	4	2
3	2	3	3
4	2	5	11
5	3	4	5
6	5	1	8
7	5	6	4
8	6	2	1

(a) 矩阵 M 的三元组表

下标	行号	列号	值
1	1	3	3
2	1	5	1
3	2	2	4
4	3	4	5
5	5	1	3
6	5	6	4
7	6	2	6
8	6	5	7

(b) 矩阵 N 的三元组表

图 5.7　稀疏矩阵的三元组表示

稀疏矩阵的三元组表示法虽然节约了存储空间,但比起矩阵正常的存储方式来讲,其实现相同操作要耗费较多的时间,同时也增加了算法的难度。即以耗费更多时间为代价来换取空间的节省。三元组表的类型说明如下:

```
#define MAXSIZE 1000   /*非零元素的个数最多为 1000*/
typedef struct
{
    int    row, col;  /*该非零元素的行下标和列下标*/
    ElementType  e; /*该非零元素的值*/
}Triple;
typedef struct
{
    Triple   data[MAXSIZE+1];   /*非零元素的三元组表。data[0]未用*/
    int      m, n, len;         /*矩阵的行数、列数和非零元素的个数*/
}TSMatrix;
```

下面首先以稀疏矩阵的转置运算为例,介绍采用三元组表时的实现方法。所谓的矩阵转置是指变换元素的位置,把位于(row,col)位置上的元素换到(col,row)位置上,也就是说,把元素的行列互换。如图 5.5 所示的 6×7 矩阵 M,它的转置矩阵就是 7×6 的矩阵 N,并且 $N(\text{row,col}) = M(\text{col,row})$,其中,$1 \leqslant \text{row} \leqslant 7$,$1 \leqslant \text{col} \leqslant 6$。

采用矩阵的正常存储方式时，实现矩阵转置的经典算法如下：

```
void TransMatrix(ElementType source[n][m], ElementType dest[m][n])
{/* Source 和 dest 分别为被转置的矩阵和转置以后的矩阵（用二维数组表示）*/
    int i, j;
    for(i=0;i<m;i++)
        for (j=0;j< n;j++)
            dest[i][ j]=source[j][i] ;
}
```

显然，稀疏矩阵的转置仍旧是稀疏矩阵，所以我们可以采用三元组表实现矩阵的转置。假设 A 和 B 是矩阵 source 和矩阵 dest 的三元组表，实现转置的简单方法是：

矩阵 source 的三元组表 A 的行、列互换就可以得到 B 中的元素，如图 5.8 所示：

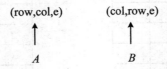

图 5.8　A、B 中的元素

为了保证转置后的矩阵的三元组表 B 也是以"行序为主序"进行存放，则需要对行、列互换后的三元组 B，按 B 的行下标（即 A 的列下标）大小重新排序。如图 5.9 所示：

	row	col	e			row	col	e
1	1	1	10	行列互换	1	1	1	10
2	1	4	2		2	4	1	2
3	2	3	3		3	3	2	3
4	2	5	11	重要重新排序	4	5	2	11
5	3	4	5		5	4	3	5
6	5	1	8		6	1	5	8
7	5	6	4		7	6	5	4
8	6	2	1		8	2	6	1

图 5.9　矩阵转置，矩阵 A、B 的三元组表示

从中我们可以看出，第一步行列互换很容易实现，但第二步重新排序势必要移动元素，从而影响算法的效率。为了避免元素的移动，我们可以采取以下两种处理方法：

（1）第一种方法：跳着找，顺着存

为了避免行、列互换后，重新排序，我们按照三元组表 A 的列序（即转置后三元组表 B 的行序）进行转置，并依次送入 B 中，这样，转置后得到的三元组表 B 恰好是以"行序为主序"的。图 5.10 表示：第一遍扫描三元组表 A 时，逐个找出其中所有 col＝1 的三元组，转置后按顺序送到三元组表 B 中。同理，第二遍扫描三元组表 A 时，逐个找出其中所有 col＝2 的三元组，转置后按顺序送到三元组表 B 中。第 k 遍扫描三元组表 A 时，逐个找出其中所有 col＝k 的三元组，转置后按顺序送到三元组表 B 中。显然，$1 \leqslant k \leqslant A.n$。

我们附设一个位置计数器 j，用于指向当前转置后元素应放入三元组表 B 中的位置。

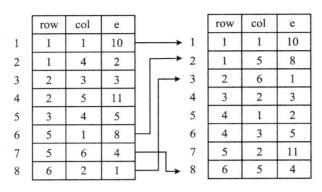

图 5.10　矩阵的转置,矩阵 *A*、*B* 的三元组表示

处理完一个元素后,*j* 加 1,*j* 的初值为 1。具体转置算法如下:

```
void TransposeTSMatrix(TSMatrix  A,   TSMatrix  * B)
{ / * 把矩阵 A 转置到 B 所指向的矩阵中去。矩阵用三元组表表示 * /
    int  i , j , k ;
    B—>m= A. n ; B—>n= A. m ; B—>len= A. len ;
    if(B—>len>0)
        {
                j=1;
                for(k=1; k<=A. n; k++)
                  for(i=1; i<=A. len; i++)
                     if(A. data[i]. col==k)
                        {
                                B—>data[j]. row=A. data[i]. col
                                B—>data[j]. col=A. data[i]. row;
                                B—>data[j]. e=A. data[i]. e;
                                j++;
                        }
        }
}
```

算法 5.1　矩阵的转置(基于矩阵的三元组表示)

算法的时间耗费主要是在双重循环中,其时间复杂度为 $O(A. n \times A. len)$,最坏情况下,当 $A. len = A. m * A. n$ 时,时间复杂度为 $O(A. m \times A. n^2)$。采用正常方式实现矩阵转置的算法时间复杂度为 $O(A. m \times A. n)$。

(2)第二种方法:顺着找,跳着存

依次按三元组表 *A* 的次序进行转置,转置后直接放到三元组表 *B* 的正确位置上。这种转置算法称为快速转置算法。

为了能将待转置三元组 *A* 中元素一次定位到三元组 *B* 的正确位置上,需要预先计算以下数据:

① 待转置矩阵 source 每一列中非零元素的个数。(即转置后矩阵 dest 每一行中非零元

素的个数)。

　　② 待转置矩阵 source 每一列中第一个非零元素在三元组 B 中的正确位置(即转置后矩阵 dest 每一行中第一个非零元素在三元组 B 中的正确位置)。

　　为此,需要设两个数组 num[ ]和 position[ ]。其中 num[col]用来存放三元组 A 中第 col 列中非零元素个数(三元组 B 中第 col 行非零元素的个数)。position[col]用来存放转置前三元组 A 中第 col 列(转置后三元组 B 中第 col 行)中第一个非零元素在三元组 B 中的正确位置。

　　num[col]的计算方法:

　　将三元组 A 扫描一遍,对于其中列号为 k 的元素,给相应的 num[k]加 1。

　　position[col]的计算方法:

　　position[1]=1,

　　position[col]=position[col−1]+num[col−1]。其中 2≤col≤A. n。

　　通过上述方法,我们可以得到图 5.5 中的 M 的 num[col]和 position[col]的值,如图 5.11所示。

col	1	2	3	4	5	6
num[col]	2	1	1	2	1	1
pot[col]	1	3	4	6	7	8

图 5.11　矩阵中 M 的 num[col]和 position[col]的值

　　将三元组 A 中所有的非零元素直接放到三元组 B 中正确位置上的方法:

　　position[col]的初值为三元组 A 中第 col 列(三元组 B 的第 col 行)中第一个非零元素的正确位置,当三元组 A 中第 col 列有一个元素加入到三元组 B 时,则 position[col]=position[col]+1,即:使 position[col]始终指向三元组 A 中第 col 列中下一个非零元素的正确位置。

　　具体算法如下:

```
FastTransposeTSMatrix (TSMatrix  A,  TSMatrix  & B)
{ /*基于矩阵的三元组表示,采用快速转置法,将矩阵 A 转置为 B 所指的
矩阵*/
int col , t , p,q;
int num[MAXSIZE], position[MAXSIZE] ;
B. len= A. len ; B. n= A. m ; B. m= A. n ;
if(B. len)
   {
      for(col=1;col<=A. n;col++)
         num[col]=0;
      for(t=1;t<=A. len;t++)
         num[A. data[t]. col]++; /*计算每一列的非零元素的个数*/
      position[1]=1;
      for(col=2;col<A. n;col++)
      /*求 col 列中第一个非零元素在 B. data[ ]中的正确位置*/
```

```
    position[col]＝position[col－1]＋num[col－1];
    for(p＝1;p＜A. len. p＋＋)
    {
        col＝A. data[p]. col;
        q＝position[col];
        B. data[q]. row＝A. data[p]. col;
        B. data[q]. . col＝A. data[p]. row;
        B. data[q]. e＝A. data[p]. e
        position[col]＋＋;
    }
  }
}
```

算法 5.2　快速转置算法

快速转置算法的时间,主要耗费在四个并列的单循环上,这四个并列的单循环分别执行了 $A. n$, $A. len$, $A. n-1$, $A. len$ 次,因而总的时间复杂度为 $O(A. n)+O(A. len)+ O(A. n)+ O(A. len)$,即为 $O(A. n +A. len)$,当待转置矩阵 M 中非零元素个数接近于 $A. m\times A. n$ 时,其时间复杂度接近于经典算法的时间复杂度 $O(A. m\times A. n)$。

快速转置算法在空间耗费上,除了三元组表所占用的空间外,还需要两个辅助向量空间,即 num[1…$A. n$],position[1…$A. n$]。可见,算法在时间上的节省,是以更多的存储空间为代价的。

我们也可以将计算 position[col] 的方法稍加改动,使算法只占用一个辅助向量空间。读者可以作为练习。另外我们也可练习如何用三元组表实现矩阵的加法运算、乘法运算。

2. 十字链表表示法

与二维数组存储的稀疏矩阵比较可知,用三元组表法表示的稀疏矩阵,节约了存储空间,并且使得矩阵某些运算的运算时间比经典算法还少。但是,在进行矩阵的转置运算、加法运算和乘法等运算时,有时矩阵中的非零元素的位置和个数会发生很大的变化。如 $A=A+B$,将矩阵 B 加到矩阵 A 上,此时,若还用三元组的表示法,势必会为了保持三元组表"以行序为主序",而大量移动元素,导致效率较低。为了避免大量移动元素,我们介绍稀疏矩阵的链式存储法——十字链表法,十字链表法能够灵活地插入因运算而产生的新的非零元素、删除因运算而产生的新的零元素,实现矩阵的各种运算。

在十字链表中,矩阵的每一个非零元素用一个结点表示,该结点除了(row,col,value)以外,还要有以下两个链域:

right:用于链接同一行中的下一个非零元素。

down:用以链接同一列中的下一个非零元素;

整个结点的结构如图 5.12 所示。在十字链表中,同一行的非零元素通过 right 域链接成一个单链表。同一列的非零元素通过 down 域链接成一个单链表。这样,矩阵中任一非零元素 M_{ij} 所对应的结点既处在第 i 行的行链表上,又处在第 j 列的列链表上,这好像是处在一个十字交叉路口上,所以称其为十字链表。同时我们再附设一个存放所有行链表的头指针的的一维数组,和一个存放所有列链表的头指针的的一维数组。整个十字链表的结构如图 5.12 所示。

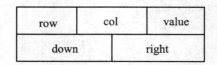

图 5.12　十字链表表示法结构图

十字链表的结构类型说明如下：

```
typedef    struct OLNode
{
    int            row, col;            /*非零元素的行和列下标*/
    ElementType    value;
    struct OLNode * right, * down;/*非零元素所在行表、列表的后继链域*/
}OLNode; * OLink;
typedef struct
{
    OLink   * row_head,  * col_head;   /*行、列链表的头指针向量*/
    int      m,  n,  len;             /*稀疏矩阵的行数、列数、非零元素的个数*/
}CrossList;
```

设矩阵 $M = \begin{bmatrix} 2 & 0 & 0 \\ 0 & 3 & 0 \\ -1 & 0 & 5 \\ 0 & 4 & 8 \end{bmatrix}$ ，图 5.13 为矩阵 M 的十字链表表示。

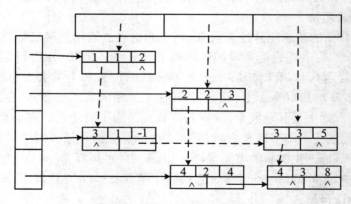

图 5.13　矩阵 M 的十字链表

以下为建立十字链表的算法：

```
CreateCrossList (CrossList &M)
{/*采用十字链表存储结构,创建稀疏矩阵 M。*/
    scanf(&m,&n,&t);   /*输入 M 的行数,列数和非零元素的个数*/
    M. m=m;M. n=n;M. len=t;
    if(! (M—>row_head=(OLink * )malloc((m+1)sizeof(OLink))))
        exit(OVERFLOW);
```

```
    if(! (M—>col_head=(OLink * )malloc((n+1)sizeof(OLink))))
      exit(OVERFLOW);
  M. row_head[ ]=M. col_head[ ]=NULL;
  /* 初始化行、列头指针向量,各行、列链表为空的链表 */
  for(scanf(&i,&j,&e);i! =0; scanf(&i,&j,&e))
{
      if(! (p=(OLNode * ) malloc(sizeof(OLNode))))
        exit(OVERFLOW);
      p—>row=i;p—>col=j;p—>value=e;   /* 生成结点 */
      if(M. row_head[i]==NULL)
          M. row_head[i]=p;
      else  /* 寻找行表中的插入位置 */
      {   /* 寻找行表中的插入位置 */
        for(q=M. row_head[i];q—>right&&q—>right—>col<j; q=q—>right)
        {
              p—>right=q—>right;
              q—>right=p;  /* 完成插入 */
        }
      }
      if(M. col_head[j]==NULL)
          M. col_head[j]=p;
      else  /* 寻找列表中的插入位置 */
      {
        for(q=M—>col_head[j];q—>down&&q—>down—>row<i;q=q—>down)
        {
              p—>down=q—>down;
              q—>down=p;   /* 完成插入 */
        }
      }
  }
}
```

算法 5.4　建立稀疏矩阵的十字链表

建十字链表的算法的时间复杂度为 $O(t \times s)$, $s=\max(m,n)$。

以行序为主序的方式输出十字链表的算法描述如算法 5.5 所示。

```
void print(CrossList M)
{
    OLNode * p, * q;
    printf("行数=%d 列数=%d  元素个数=%d\n",M. m,M. n,M. len);
    for(int i=0;i<M. row;i++)
    {
```

```
        p=M->row_head[i];
        while(p! =NULL)
        {
            p=p->right;
            printf("%d行 %d列 =%d\n",p->row,p->col,p->value);
        }
    }
}
```

算法 5.5　十字链表的输出

5.5　广　义　表

广义表是线性表的一种推广。它是一种应用十分广泛的数据结构,常被广泛的应用于人工智能等领域的表处理语言 LISP 语言中。在 LISP 语言中,广义表是一种最基本的数据结构,就连 LISP 语言的程序也表示为一系列的广义表。

5.5.1　广义表的定义

在第 2 章中,线性表被定义为一个有限的序列$(a_1,a_2,a_3,\cdots,a_n)$,其中 a_i 被限定为是单个数据元素。广义表也是 n 个数据元素 $d_1,d_2,d_3,\cdots,d_n$ 的有限序列,但不同的是,广义表中的数据元素 d_i 则既可以是单个元素,还可以是一个广义表,通常记作:$GL=(d_1,d_2,d_3,\cdots,d_n)$,$n$ 是广义表的长度。若数据元素 d_i 是单个元素,则称它是广义表 GL 的原子;若数据元素 d_i 是一个广义表,则称 d_i 是广义表 GL 的子表。GL 是广义表的名字,通常用大写字母表示广义表或子表,小写字母表示单个元素。在广义表 GL 中,d_1 是广义表 GL 的表头,而广义表 GL 其余部分组成的表$(d_2,d_3,\cdots,d_n)$称为广义表的表尾。请大家注意表头、表尾的定义。

因为在定义广义表时,又使用了广义表的概念,因此广义表的定义是递归定义的。下面给出一些广义表的例子,以加深对广义表概念的理解。

$A=()$:空表;其长度为零。

$B=(a,(b,c))$:表长度为 2 的广义表,其中第一个元素是单个数据 a,第二个元素是一个子表(b,c)。

$C=(B,B,A)$:长度为 3 的广义表,其前两个元素为表 B,第三个元素为空表 A。

$D=(a,D)$:长度为 2 递归定义的广义表,C 相当于无穷表$C=(a,(a,(a,(\cdots))))$。

其中,A,B,C,D 是广义表的名字。下面以广义表 B 为例,说明求表头、表尾的操作如下:

head$(B)=a$;表 B 的表头是单个元素 a。tail$(B)=((b,c))$;表 B 的表尾是$((b,c))$。Head$(C)=B$;表 C 的表头是广义表 B。tail$(C)=((B,A))$;表 C 的表尾是(B,A)。

可见,广义表的表头既可能是单个元素,又可能是一个广义表。而广义表的表尾必定是一个广义表。

从上面的例子可以看出广义表的四条性质:

(1) 广义表的元素可以是子表,而子表还可以是子表,因此广义表是一个多层的结构。

(2) 广义表可以被其他广义表共享。如:广义表 B 就共享表 A。

（3）广义表可以是其本身的一个子表，因此广义表具有递归性，如广义表 D。

（4）广义表的元素之间除了存在次序关系之外，还有着层次关系，我们把广义表展开后所包含的括号层数称为广义表的深度。例如广义表 C 的深度为 2，D 的深度为无穷大。

5.5.2　广义表的存储

由于广义表 $GL=(d_1,d_2,d_3,\cdots,d_n)$ 中的数据元素既可以是单个元素，也可以是子表。因此对于广义表，我们难以用顺序存储结构来表示它，而链式存储结构较为灵活，易于解决广义表的递归和共享问题，所以通常我们用链式存储结构来表示。在这种表示方式下，每个数据元素可用一个结点表示，按结点形式的不同，广义表的链式存储方法又可分为头尾表示法和孩子兄弟表示法。

1. 头尾表示法

由广义表的定义可知，广义表中有两类结点，一类是单个元素结点，一类是子表结点。从上节得知，任何一个非空的广义表都可以将其分解成表头和表尾两部分，反之，一对确定的表头和表尾可以唯一地确定一个广义表。由此，一个表结点可由三个域构成：标志域，指向表头的指针域，指向表尾的指针域。而元素结点置需要两个域：标志域和值域。这种表示方法称为广义表的头尾表示法，结点结构如图 5.14 所示，其形式说明如下：

tag=1	hp	tp

表结点

tag=0	atom

原子结点

图 5.14　头尾表示法结点结构

```
/*广义表的头尾表示法*/
typedef enum {ATOM，LIST} ElemTag；   /* ATOM＝0 表示原子；LIST＝1 表示子表*/
typedef struct GLNode
{
    ElemTag    tag；              /*标志位 tag 用来区别原子结点和表结点*/
    union
    {
      AtomType    atom；                /*原子结点的值域 atom*/
      struct { struct GLNode   * hp，* tp；} htp；   /*表结点的指针域 htp，包括
                          表头指针域 hp 和表尾指针域 tp*/
    } atom_htp；            /* atom_htp 是原子结点的值域 atom 和
                      表结点的指针域 htp 的联合体域*/
}  * GList；
```

上一节中的广义表 A，B，C，D 的存储结构如图 5.15 所示：

在广义表的头尾表示法中，能够很清楚地分清单元素和子表所在的层次，在某种程度上给广义表的操作带来了方便。

2. 孩子兄弟表示法

广义表的另一种存储方法称为孩子兄弟表示法，在孩子兄弟表示法中，无论是单元素结点还是子表结点均由三个域构成。其结点结构如图 5.16 所示：

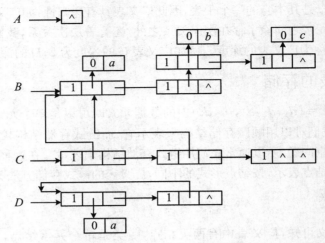

图 5.15　广义表的头尾表示法

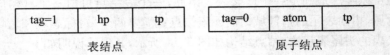

图 5.16　孩子兄弟表示法结点结构

前面广义表 A,B,C,D 的孩子兄弟表示法的存储结构如图 5.17 所示。

这种存储结构的形式说明如下：

```
typedef enum {ATOM,LIST} ElemTag;  /* ATOM=0,表示原子;LIST=1,表示子表 */
typedef struct GLNode
{
    ElemTag    tag;
    union
    {
      AtomType     atom;
      struct GLNode  * hp;
    } atom_hp;             /* atom_hp 是原子结点的值域 atom 和
                              表结点的表头指针域 hp 的联合体域 */
    struct GLNode  * tp;
} * GList;
```

5.6　知识点总结

1. 理解数组、广义表和一般线性表之间的差异。
2. 熟练掌握数组的顺序存储结构和数据元素地址计算方法。
3. 掌握各种特殊矩阵的压缩存储方法。
4. 了解稀疏矩阵的存储结构及基本运算的实现方法。
5. 掌握广义表的相关概念。了解广义表的存储结构及相关操作的实现。

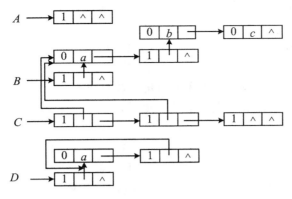

图 5.17　广义表的孩子兄弟表示法

5.7　单　元　自　测

一、单项选择题

1. 设有一个 10 阶的对称矩阵 A,采用压缩存储方式,以行序为主序存储,a_{11} 为第一元素,其存储地址为 1,每个元素占一个地址空间,则 a_{85} 的地址为_____。

　　A. 13　　　　　　B. 33　　　　　　C. 18　　　　　　D. 40

2. 设有数组 $A[i,j]$,数组的每个元素长度为 3 字节,i 的值为 1 到 8 ,j 的值为 1 到 10,数组从内存首地址 BA 开始顺序存放,当用以以列序为主序存放时,元素 $A[5,8]$ 的存储首地址为_____。

　　A. $BA+141$　　B. $BA+180$　　C. $BA+222$　　D. $BA+225$

3. 假设以行序为主序存储二维数组 $A=array[1\cdots100,1\cdots100]$,设每个数据元素占 2 个存储单元,基地址为 10,则 $Loc[5,5]=$_____。

　　A. 808　　　　　B. 818　　　　　C. 1010　　　　　D. 1020

4. 数组 $A[0\cdots5,0\cdots6]$ 的每个元素占五个字节,将其以列序为主序存储在起始地址为 1000 的内存单元中,则元素 $A[5,5]$ 的地址是_____。

　　A. 1175　　　　　B. 1180　　　　　C. 1205　　　　　D. 1210

5. 二维数组 A 的元素都是 6 个字符组成的串,行下标 i 的范围从 0 到 8,列下标 j 的范围从 1 到 10。从供选择的答案中选出应填入下列关于数组存储叙述中_____内的正确答案。

　　(1) 存放 A 至少需要_____个字节;

　　(2) A 的第 8 列和第 5 行共占_____个字节;

　　(3) 若 A 以行序为主序存放,元素 $A[8,5]$ 的起始地址与 A 以列序为主序存放时的元素_____的起始地址一致。

　　供选择的答案:

　　(1)A. 90　　　　　B. 180　　　　　C. 240　　　　　D. 270　　　　　E. 540

　　(2)A. 108　　　　B. 114　　　　　C. 54　　　　　D. 60　　　　　E. 150

　　(3)A. $A[8,5]$　　B. $A[3,10]$　　C. $A[5,8]$　　D. $A[0,9]$

6. 若对 n 阶对称矩阵 A 以行序为主序方式将其下三角形的元素(包括主对角线上所有

元素)依次存放于一维数组 $B[1\cdots(n(n+1))/2]$ 中,则在 B 中确定 $a_{ij}(i<j)$ 的位置 k 的关系为_____。

A. $i*(i-1)/2+j$　　　　　　　B. $j*(j-1)/2+i$

C. $i*(i+1)/2+j$　　　　　　　D. $j*(j+1)/2+i$

7. 设 A 是 $n*n$ 的对称矩阵,将 A 的对角线及对角线上方的元素以列序为主序存放在一维数组 $B[1\cdots n(n+1)/2]$ 中,对上述任一元素 $a_{ij}(1\leqslant i,j\leqslant n,$ 且 $i\leqslant j)$ 在 B 中的位置为_____。

A. $i(i-1)/2+j$　　　　　　　B. $j(j-1)/2+i$

C. $j(j-1)/2+i-1$　　　　　　D. $i(i-1)/2+j-1$

8. $A[N,N]$ 是对称矩阵,将下面三角(包括对角线)以行序存储到一维数组 $T[N(N+1)/2]$ 中,则对任一上三角元素 $a[i][j]$ 对应 $T[k]$ 的下标 k 是_____。

A. $i(i-1)/2+j$　B. $j(j-1)/2+i$　C. $i(j-i)/2+1$　D. $j(i-1)/2+1$

9. 设二维数组 $A[1\cdots m,1\cdots n]$(即 m 行 n 列)以行序为主序存储在数组 $B[1\cdots m*n]$ 中,则二维数组元素 $A[i,j]$ 在一维数组 B 中的下标为_____。

A. $(i-1)*n+j$　　　　　　　B. $(i-1)*n+j-1$

C. $i*(j-1)$　　　　　　　　D. $j*m+i-1$

10. 有一个 $100*90$ 的稀疏矩阵,非 0 元素有 10 个,设每个整型数占 2 字节,则用三元组表示该矩阵时,所需的字节数是_____。

A. 60　　　　　B. 66　　　　　C. 18000　　　　D. 33

11. 数组 $A[0\cdots4,-1\cdots-3,5\cdots7]$ 中含有元素的个数_____。

A. 55　　　　　B. 45　　　　　C. 36　　　　D. 16

12. 对稀疏矩阵进行压缩存储目的是_____。

A. 便于进行矩阵运算　　　　　B. 便于输入和输出

C. 节省存储空间　　　　　　　D. 降低运算的时间复杂度

13. 广义表 $A=(a,b,(c,d),(e,(f,g)))$,则下面式子的值为_____。

$\text{Head}(\text{Tail}(\text{Head}(\text{Tail}(\text{Tail}(A)))))$

A. (g)　　　　B. (d)　　　　C. c　　　　D. d

14. 广义表 $L=(a,(b,c))$,进行 $\text{Tail}(L)$ 操作后的结果为_____。

A. c　　　　B. b,c　　　　C. (b,c)　　　　D. $((b,c))$

15. 广义表 $(a,(b,c),d,e)$ 的表头为_____。

A. a　　　　B. $a,(b,c)$　　　　C. $(a,(b,c))$　　　　D. (a)

16. 设广义表 $L=((a,b,c))$,则 L 的长度和深度分别为_____。

A. 1 和 1　　　　B. 1 和 3　　　　C. 1 和 2　　　　D. 2 和 3

17. 下面说法不正确的是_____。

A. 广义表的表头总是一个广义表　　B. 广义表的表尾总是一个广义表

C. 广义表难以用顺序存储结构　　　D. 广义表可以是一个多层次的结构

二、判断题(判断下列例题正误,正确在"___"上打"√",错误打"×")

1. 数组可看成线性结构的一种推广,因此与线性表一样,可以对它进行插入、删除等操作。_____

2. 一个稀疏矩阵 $Am*n$ 采用三元组形式表示,1 若把三元组中有关行下标与列下标的

值互换,并把 m 和 n 的值互换,则就完成了 $Am*n$ 的转置运算。_____

3. 二维以上的数组其实是一种特殊的广义表。_____

4. 广义表的取表尾运算,其结果通常是个表,但有时也可是个单元素值。_____

5. 若一个广义表的表头为空表,则此广义表亦为空表。_____

6. 所谓取广义表的表尾就是返回广义表中最后一个元素。_____

7. 一个广义表可以为其他广义表所共享。_____

三、填空题

1. 设二维数组 $A[-20\cdots30,-30\cdots20]$,每个元素占有 4 个存储单元,存储起始地址为 200。如以行序为主序顺序存储,则元素 $A[25,18]$ 的存储地址为___(1)___;如以列序为主序顺序存储,则元素 $A[-18,-25]$ 的存储地址为___(2)___。

2. 设数组 $A[1\cdots50,1\cdots80]$ 的基地址为 2000,每个元素占 2 个存储单元,若以行序为主序顺序存储,则元素 $A[45,68]$ 的存储地址为___(1)___;若以列序为主序顺序存储,则元素 $A[45,68]$ 的存储地址为___(2)___。

3. 三维数组 $A[4][5][6]$(下标从 0 开始计,A 有 $4*5*6$ 个元素),每个元素的长度是 2,则 $A[2][3][4]$ 的地址是_____。(设 $A[0][0][0]$ 的地址是 1000,数据以行序为主序方式存储)

4. 设 n 行 n 列的下三角矩阵 A 已压缩到一维数组 $B[1\cdots n*(n+1)/2]$ 中,若以行序为主序存储,则 $A[i,j]$ 对应的 B 中存储位置为_____。

5. 设有一个 10 阶对称矩阵 A 采用压缩存储方式(以行序为主序存储:$a_{11}=1$),则 a_{85} 的地址为_____。

6. 当广义表中的每个元素都是原子时,广义表便成了_____。

7. 设广义表 $L=((),())$,则 head(L) 是___(1)___;tail(L) 是___(2)___;L 的长度是___(3)___;深度是___(4)___。

8. 广义表 $(a,(a,b),d,e,((i,j),k))$ 的长度是___(1)___,深度是___(2)___。

9. 设某广义表 $H=(A,(a,b,c))$,运用 head 函数和 tail 函数求出广义表 H 中某元素 b 的运算式_____。

10. 广义表 $A((( ),(a,(b),c)))$,head(tail(head(tail(head(A))))) 等于_____。

四、应用题

1. 已知 b 对角矩阵 $(a_{ij})n*n$,以行序主序将 b 条对角线上的非零元存储在一维数组中,每个数据元素占 L 个存储单元,存储基地址为 S,请用 i,j 表示出 a_{ij} 的存储位置。

2. 数组 A 中,每个元素 $A[i,j]$ 的长度均为 32 个二进位,行下标从 -1 到 9,列下标从 1 到 11,从首地址 S 开始连续存放主存储器中,主存储器字长为 16 位。求:

(1) 存放该数组所需多少单元?

(2) 存放数组第 4 列所有元素至少需多少单元?

(3) 数组按行存放时,元素 $A[7,4]$ 的起始地址是多少?

(4) 数组按列存放时,元素 $A[4,7]$ 的起始地址是多少?

3. 三维数组 $A[1\cdots10,-2\cdots6,2\cdots8]$ 的每个元素的长度为 4 个字节,试问该数组要占多少个字节的存储空间? 如果数组元素以行优先的顺序存贮,设第一个元素的首地址是 100,试求元素 $A[5,0,7]$ 的存贮首地址。

4. 若按照压缩存储的思想将 $n×n$ 阶的对称矩阵 A 的下三角部分(包括主对角线元素)

以行序为主序方式存放于一维数组 $B[1 \cdots n(n+1)/2]$ 中,那么,A 中任一个下三角元素 $a_{ij}(i \geqslant j)$,在数组 B 中的下标位置 k 是什么?

5. 假设稀疏矩阵 A 和 B 均以三元组表作为存储结构。试写出矩阵相加的算法,另设三元组表 C 存放结果矩阵。

6. 在稀疏矩阵的快速转置算法 5.2 中,将计算 position[col] 的方法稍加改动,使算法只占用一个辅助向量空间。

7. 试编写一个以三元组形式输出用十字链表表示的稀疏矩阵中非零元素及其下标的算法。

8. 画出下面广义表的两种表示方法存储结构图示:
$(a,(b,d),(e,(),f))$

第6章 树和二叉树

【学习概要】

前几章主要介绍了线性结构及其扩展线性结构相关知识。本章将主要介绍树形结构，树中元素之间有着典型的层次关系；并且树中每个数据元素至多有一个直接前驱，却可以有多个直接后继。本章重点介绍二叉树的性质、存储、遍历、线索化等多种操作以及树、森林、二叉树之间的转化以及哈夫曼树构造等。通过本章学习，要求掌握二叉树的相关性质、能根据要求写出树的遍历序列；掌握树、森林和二叉树之间的转化方法；掌握哈夫曼树构造方法及其编码。本章是本课程的重点之一，并且以二叉树最为重要。

6.1 树形结构案例导入

树形结构是一种非线性结构，由于其善于表现层次结构，便于理解而被广泛应用，能够实现分类、导航、浏览等，可以清晰地表现主、从目录关系。在日常生活或者工程应用中十分广泛。例如家族的族谱（Family Tree）、编译程序中源程序的语法结构、数据库系统中数据的组织方式等都用到了树形结构。Windows 系统中目录结构就是一种典型树形结构，如图6.1所示。

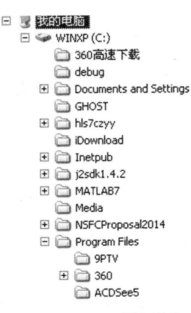

图 6.1 目录树形结构

在 Windows 系统中，文件是以目录树形结构的方式进行管理，如何高效访问某个文件，就需要访问相应的文件夹，这涉及对文件夹的遍历。可见，对结点元素的遍历是树形结构中重要的操作。

6.2 树的相关定义与概念

6.2.1 树的定义

树(Tree):是 $n(n \geqslant 0)$ 个结点的有限集。常见的有递归定义和形式定义两种。

定义一:(递归定义)

(1) 在任意一棵非空树中,有且仅有一个特定的称为根(root)的结点;

(2) 当 $n > 1$ 时,其余结点可分为 $m(m > 0)$ 个互不相交的有限集 $T_1, T_2, \cdots, T_m$,其中每一个集合本身又是一棵树;并且 $T_1, T_2, \cdots, T_m$ 称为根的子树(SubTree)。

定义二:(形式定义)

任何一棵树可以用一个二元组 Tree $=$ (root, F) 来表达。

其中:root 是数据元素,称做树的根结点;F 是 $m(m \geqslant 0)$ 棵树的森林,$F = (F_1, F_2, \cdots, F_m)$,其中 F_i 称做根 root 的第 i 棵子树。

6.2.2 树的表现形式

图 6.2 是只含有一个结点的树;图 6.3 有 16 个结点;其中,A 是树根,其余结点分成两个互不相交的子集:$T_1 = \{B, D, E, F, I, J, K\}$,$T_2 = \{C, G, H, L, M, N, O, P\}$;其中,$T_1$ 和 T_2 都是 A 的子树,其本身也是一棵树。

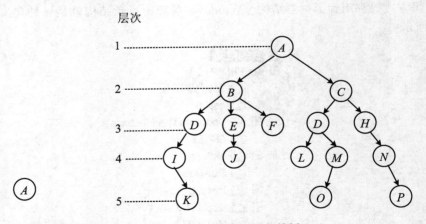

图 6.2 只有根结点的树   图 6.3 一般的树

该树还可表示为如下三种形式:

(1) 凹入表示法,如图 6.4(a)所示。

(2) 嵌套集合表示,如图 6.4(b)所示。

(3) 广义表表示法,如图 6.3 树可以表示为:

$$(A, (B(D(I(K)), E(J), F), C(G(L, M(O)), H(N(P))))))$$

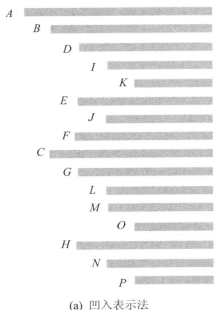

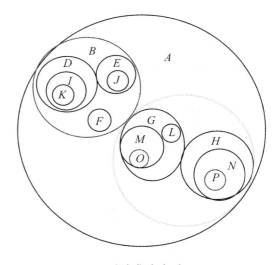

(a) 凹入表示法　　　　　　　　　　　　　　　　(b) 嵌套集合表示

图 6.4　树的其他两种表示形式

6.2.3　树的抽象数据类型定义

ADT Tree{

数据对象 D：D 是具有相同特性的数据元素的集合。

数据关系 R：

若 D 为空集，则称为空树；

若 D 仅含一个数据元素，则 R 为空集，否则 $R=\{H\}$，H 是如下二元关系：

（1）在 D 中存在唯一的称为根的数据元素 root，它在关系 H 下无前驱；

（2）若 $D-\{\text{root}\}\neq\Phi$，则存在 $D-\{\text{root}\}$ 的一个划分 $D_1,D_2,\cdots,D_m(m>0)$，对任意 $j\neq k(1\leqslant j,k\leqslant m)$ 有 $D_j\bigcap D_k=\Phi$，且对任意的 $i(1\leqslant i\leqslant m)$，唯一存在数据元素 $x_i\in D_i$，有 $\langle\text{root},x_i\rangle\in H$；

（3）对应于 $D-\{\text{root}\}$ 的划分，$H-\{\langle\text{root},x_i\rangle,\cdots,\langle\text{root},x_m\rangle\}$ 有唯一的一个划分 $H_1,H_2,\cdots,H_m(m>0)$，对任意 $j\neq k$（$1\leqslant j,k\leqslant m$）有 $H_j\bigcap H_k=\Phi$，且对任意 $i(1\leqslant i\leqslant m)$，$H_i$ 是 D_i 上的二元关系，$(D_i,\{H_i\})$ 是一棵符合本定义的树，称为根 root 的子树

基本操作：

InitTree（&T）；

操作结果：构造空树 T。

DestroyTree（&T）；

初始条件：树 T 存在。

操作结果：销毁树 T。

CreateTree（&T，definition）；

初始条件：definition 给出树 T 的定义。

　　操作结果:按 definition 构造树 T。

　　ClearTree (&T);

　　初始条件:树 T 存在。

　　操作结果:将树 T 清为空树。

　　TreeEmpty(T);

　　初始条件:树 T 存在。

　　操作结果:若 T 为空树,则返回 TRUE,否则返回 FALSE。

　　TreeDepth(T);

　　初始条件:树 T 存在。

　　操作结果:返回 T 的深度。

　　Root(T);

　　初始条件:树 T 存在。

　　操作结果:返回 T 的根。

　　Value(T, cur_e);

　　初始条件:树 T 存在,cur_e 是 T 中某个结点。

　　操作结果:返回 cur_e 的值。

　　Assign(T, cur_e, value);

　　初始条件:树 T 存在,cur_e 是 T 中某个结点。

　　操作结果:结点 cur_e 赋值为 value。

　　Parent(T, cur_e);

　　初始条件:树 T 存在,cur_e 是 T 中某个结点。

　　操作结果:若 cur_e 是 T 的非根结点,则返回它的双亲,否则函数值为"空"。

　　LeftChild(T, cur_e);

　　初始条件:树 T 存在,cur_e 是 T 中某个结点。

　　操作结果:若 cur_e 是 T 的非叶子结点,则返回它的最左孩子,否则返回"空"。

　　RightSibling(T, cur_e);

　　初始条件:树 T 存在,cur_e 是 T 中某个结点。

　　操作结果:若 cur_e 有右兄弟,则返回它的右兄弟,否则函数值为"空"。

　　InsertChild(&T, &P, i, c);

　　初始条件:树 T 存在,p 指向 T 中某个结点,$1 \leqslant i \leqslant p$ 所指结点的度+1,非空树 c 与 T 不相交。

　　操作结果:插入 c 为 T 中 p 指结点的第 i 棵子树。

　　DeleteChild(&T, &P, i);

　　初始条件:树 T 存在,p 指向 T 中某个结点,$1 \leqslant i \leqslant p$ 指结点的度。

　　操作结果:删除 T 中 p 所指结点的第 i 棵子树。

　　TraverseTree(T, visit());

　　初始条件:树 T 存在,visit 是对结点操作的应用函数。

　　操作结果:按某种次序对 T 的每个结点调用函数 visit()一次且至多一次。

　　一旦 visit()失败,则操作失败。

　　}ADT Tree

6.2.4　基本术语

结点：包含一个数据元素及若干指向其子树的分支。在树的图形表示中为一个圆圈。图 6.3 中 A、B、C、D、E、F、G、H、I、J、K、L、M、N、O、P 都是结点。

结点的度（Degree）：结点拥有的子树数。图 6.3 中 A 的度为 2，B 的度为 3，D 的度为 1，K 的度为 0。

叶子（或终端结点）（Leaf）：度为 0 的结点，即没有子树的结点。图 6.3 中 K、J、F、L、O、P 都是叶子结点。

树的度：树内各结点度的最大值。图 6.3 所示树的度为 3。

分支结点（或非终端结点）：度不为 0 的结点。图 6.3 中 A、B、C、D、E、G、H、I、M、N 结点都是分支。

内部结点：除根结点之外的分支结点。图 6.3 中 B、C、D、E、G、H、I、M、N 结点都是分支。

孩子（Child）：结点的子树的根，称为该结点的孩子。例如 6.3 中 A 的孩子是 B 和 C。

双亲（Parent）：结点的子树的根，称为该结点的孩子，该结点称为孩子的双亲。图 6.3 中 A 是 B、C 的双亲。

兄弟（Sibling）：同一个双亲的孩子之间互称为兄弟。B 和 C 互称兄弟。

祖先：从根到某结点所经分支上的所有结点，称为该结点的祖先。结点 A、B、D、I 是 K 的祖先。

子孙：以某结点为根的子树中的任一结点都称为该结点的子孙。D、I、K 是 B 的子孙。

层次（Level）：从根开始定义起，根为第一层，根的孩子为第二层。若某结点在第 k 层，则其子树的根就在第 $k+1$ 层。A 在第一层，B、C 在第二层。

堂兄弟：其双亲在同一层的结点互为堂兄弟。E、G 互为堂兄弟。

深度（高度）（Depth）：树中结点的最大层次。图 6.3 中树的深度为 5。

有序树：若将树中结点的各子树看成从左至右是有次序的（即不能互换），则称该树为有序树，否则称为无序树。在有序树中最左边的子树的根称为第一个孩子，最右边的称为最后一个孩子。

森林（Forest）：是 $m(m \geqslant 0)$ 棵互不相交的树的集合。对树中每个结点而言，其子树的集合即为森林。

6.3　二叉树性质及其存储

6.3.1　二叉树的定义

二叉树（Binary Tree）是一个有限元素的集合，该集合或者为空、或者由一个称为根（root）的元素及两个不相交的、分别称为左子树和右子树的二叉树组成。当集合为空时，称该二叉树为空二叉树。在二叉树中，一个元素也称作一个结点。

二叉树是有序的，即若将其左、右子树颠倒，就成为另一棵不同的二叉树。即使树中结点只有一棵子树，也要区分它是左子树还是右子树。因此二叉树具有五种基本形态，如图 6.5 所示。

图 6.5　二叉树的五种形态

为了说明树和二叉树的区别,下面给出 3 个结点的二叉树(5 种)和树(2 种)的形态。如图 6.6 所示。

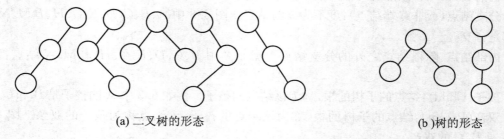

(a) 二叉树的形态　　　　　　　　　　　　　　　(b)树的形态

图 6.6　三个结点二叉树和树的形态

6.3.2　二叉树的性质

二叉树具有许多重要性质。通过这些性质可以求结点数、二叉树的深度等信息。

性质 1　一棵非空二叉树的第 i 层上最多有 2^{i-1} 个结点($i \geqslant 1$)。

该性质可由数学归纳法证明。

证明　当 $i=1$ 时,只有一个根结点。显然,$2^{i-1}=2^0=1$,成立。

假设对所有的 $j(1 \leqslant j < i)$ 命题成立,即第 j 层上至多有 2^{j-1} 个结点。下面证明当 $j=i$ 时命题也成立。

由归纳假设可知,第 $i-1$ 层上至多有 $2^{(i-1)-1}=2^{i-2}$ 个结点。由于二叉树的每个结点的度最大为 2,所以第 i 层上最大结点数为 $2 \times 2^{i-2}=2^{i-1}$ 个。

根据归纳法可知,该性质成立。

性质 2　一棵深度为 k 的二叉树中,最多具有 2^k-1 个结点。

如果每层结点数都达到最大,那么该二叉树总的结点数达到最大。

证明　设第 i 层的结点数为 $x_i(1 \leqslant i \leqslant k)$,根据性质 1 可知,$x_i$ 最多为 2^{i-1};假设深度为 k 的二叉树的结点总数为 M,则有:

$$M = \sum_{i=1}^{k} x_i \leqslant \sum_{i=1}^{k} 2^{i-1} = 2^k - 1$$

性质 3　对任意一棵二叉树,如果叶子结点数为 n_0,度数为 2 的结点数为 n_2,则有 $n_0 = n_2 + 1$。

证明　假设二叉树共有 n 个结点。在每颗树中,主要有"分支"和"结点"两个基本要素构成;因此,从"分支数"来看,每个结点都有唯一的一个进入"分支",树根除外。设 B 为二叉树中的分支数,那么有:

$$B = n - 1$$

　　　　　　(6-1)

这些分支是由度为 1 和度为 2 的结点发出的,一个度为 1 的结点发出一个分支,一个度为 2 的结点发出两个分支,所以有:

$$B = n_1 + 2n_2 \tag{6-2}$$

从"结点数"来看,设 n 为二叉树的结点总数,n_1 为二叉树中度为 1 的结点数,则有:

$$n = n_0 + n_1 + n_2 \tag{6-3}$$

综合(6-1)、(6-2)、(6-3)式可以得到:

$$n_0 = n_2 + 1$$

满二叉树和完全二叉树是二叉树的两种重要形态。

满二叉树 在一棵二叉树中,如果所有分支结点都存在左子树和右子树,并且所有叶子结点都在同一层上,这样的一棵二叉树称作满二叉树。如图 6.7 所示,(a)图就是一棵满二叉树,(b)图则不是满二叉树。因为,虽然其所有分支结点含有左、右子树,但是其叶子结点不在同一层上,故不是满二叉树。

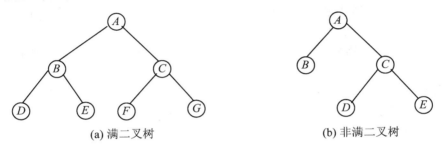

(a) 满二叉树   (b) 非满二叉树

图 6.7 满二叉树和非满二叉树

可见,满二叉树每层结点数都达到最大,如果深度为 k 且有 $2^k - 1$ 个结点二叉树一定是满二叉树。

为方便二叉树的顺序存储,通常对二叉树的结点进行编号。编号的原则是:从根结点起,从上至下、从左到右依次编号,其中根结点编号一般约定为 1。

完全二叉树 一棵深度为 k 的有 n 个结点的二叉树,对树中的结点按从上至下、从左到右的顺序进行编号,如果编号为 $i(1 \leqslant i \leqslant n)$ 的结点与满二叉树中编号为 i 的结点在二叉树中的位置相同,则这棵二叉树称为完全二叉树。完全二叉树的特点是:叶子结点只能出现在最下层和次下层,且最下层的叶子结点集中在树的左部。显然,一棵满二叉树必定是一棵完全二叉树,而完全二叉树未必是满二叉树。如图 6.8 所示(a)为一棵完全二叉树,(b)和图 6.7(b)都不是完全二叉树。

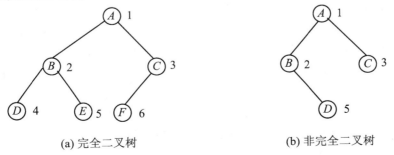

(a) 完全二叉树   (b) 非完全二叉树

图 6.8 完全二叉树和非完全二叉树

【思考】：在结点数为 n 的满二叉树中，试求叶子结点数。

性质 4　具有 n 个结点的完全二叉树的深度 k 为 $[\log_2 n]+1$。

证明　当一棵完全二叉树的深度为 k 时，如果该二叉树是满二叉树，则其结点数达到最大，即 $n \leqslant 2^k-1$ 成立；如果第 k 层只有一个结点时，则其结点数为最小，根据性质2，可知，$n \geqslant (2^{k-1}-1)+1$ 成立。

$$2^{k-1}-1+1 \leqslant n \leqslant 2^k-1$$

即

$$2^{k-1} \leqslant n < 2^k$$

对不等式取对数，有

$$k-1 \leqslant \log_2 n < k$$

由于 k 是整数，所以有 $k=[\log_2 n]+1$。

性质 5　对于具有 n 个结点的完全二叉树，如果按照从上至下和从左到右的顺序对二叉树中的所有结点从 1 开始顺序编号，则对于任意序号为 i 的结点，有：

（1）如果 $i>1$，则序号为 i 结点的双亲结点的序号为 $i/2$（"/"表示整除）；如果 $i=1$，则序号为 i 结点是根结点，无双亲结点。

（2）如果 $2i \leqslant n$，则序号为 i 结点的左孩子结点的序号为 $2i$；如果 $2i>n$，则序号为 i 结点无左孩子。

（3）如果 $2i+1 \leqslant n$，则序号为 i 结点的右孩子结点的序号为 $2i+1$；如果 $2i+1>n$，则序号为 i 结点无右孩子。

如图 6.9 所示。

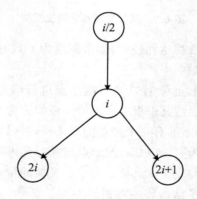

图 6.9　结点编号

证明　通过观察任意一棵完全二叉树可以发现，结点与其左孩子之间间隔的结点个数是一个以编号为序的等差数列。具体来说，编号为 1 的结点与其左孩子之间间隔 $0 \times (2-1)$ 个结点，编号为 2 的结点与其左孩子之间间隔 $1 \times (2-1)$ 个结点，编号为 3 的结点与其左孩子之间间隔 $2 \times (2-1)$ 个结点，……，编号为 i 的结点与其左孩子之间间隔 $(i-1) \times (2-1)$ 个结点（假设结点 i 的左孩子存在）。所以，在进行按层次编号时，位于结点 i 的左孩子之前的结点共有 $i+i-1=2i-1$ 个，结点 i 的左孩子是第 $2i$ 个结点，因此它的编号为 $2i$。如果结点 i 有右孩子，那么它的右孩子是第 $2i+1$ 个结点，其编号为 $2i+1$。通过上述两个观察结果可知，如果 $i=2j \leqslant n$ 成立，那么 i 即为结点 j 的左孩子编号；如果 $i=2j+1 \leqslant n$ 成立，那么 i 即为结点 j 的右孩子编号。

说明：

（1）此性质可采用数学归纳法证明，读者自己考虑。

（2）如果二叉树的根结点从 0 开始编号，则相应 i 号结点的双亲结点的编号为 $(i-1)/2$，左孩子的编号为 $2i+1$，右孩子的编号为 $2i+2$。

性质应用：

一棵完全二叉树上有 100 个结点，其中叶子结点的个数是多少？

方法一：100 个结点树的深度为 $1+\log_2 100=7$；因此上面 6 层结点数为 $2^6-1=63$；所以，第 7 层有 $100-63=37$ 个叶子，它们是第 6 层中 19 结点的孩子，因此第 6 层中没有孩子的结点是 $32-19=13$。所以，叶子结点数 $37+13=50$。如图 6.10 所示。

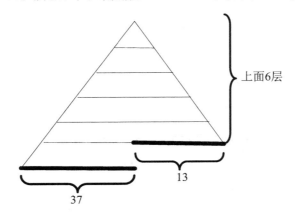

上面6层

13

37

图 6.10　完全二叉树

方法二：由二叉树结点的公式：$n=n_0+n_1+n_2=n_0+n_1+(n_0-1)=2n_0+n_1-1$，因为 $n=100$，所以 $101=2n_0+n_1$，在完全二叉树树中，n_1 只能取 0 或 1，在本题中只能取 $n_1=1$，故 $n=50$。

方法三：完全二叉树上有 100 个结点，因此结点编号为 1～100。利用性质 5，第 100 号结点编号为 50 号，因此，从 51～100 号都是叶子结点，所以叶子结点数为 50 个。

6.3.3　二叉树的存储

1. 顺序存储结构

所谓二叉树的顺序存储，就是用一组连续的存储单元存放二叉树中的结点。一般是按照二叉树结点从上至下、从左到右的顺序存储。这样结点在存储位置上的前驱后继关系并不一定就是它们在逻辑上的邻接关系，然而只有通过一些方法确定某结点在逻辑上的前驱结点和后继结点，这种存储才有意义。由二叉树的性质 5 可知，完全二叉树中结点之间的关系隐藏在结点编号中。因此，依据二叉树的性质，完全二叉树和满二叉树采用顺序存储比较合适，树中结点的序号可以唯一地反映出结点之间的逻辑关系，这样既能够最大可能地节省存储空间，又可以利用数组元素的下标值确定结点在二叉树中的位置，以及结点之间的关系。图 6.11 给出的图 6.8(a)所示的完全二叉树的顺序存储示意。

对于一般的二叉树，如果仍按从上至下和从左到右的顺序将树中的结点顺序存储在一维数组中，则数组元素下标之间的关系不能够反映二叉树中结点之间的逻辑关系，只有增添一些并不存在的空结点，使之成为一棵完全二叉树的形式，然后再用一维数组顺序存储。如图 6.12 给出了一棵一般二叉树改造后的完全二叉树形态和其顺序存储状态示意图。

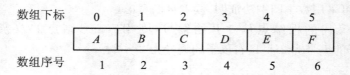

图 6.11 完全二叉树的顺序存储结构

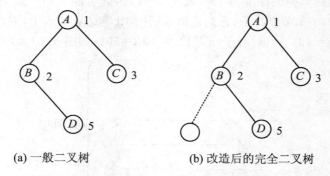

(a) 一般二叉树　　　　　　(b) 改造后的完全二叉树

图 6.12 改造后完全二叉树的顺序存储结构

　　显然，这种存储对于需增加许多空结点才能将一棵二叉树改造成为一棵完全二叉树的存储时，会造成空间的大量浪费，不宜用顺序存储结构。最坏的情况是右单支树，如图 6.13 所示，一棵深度为 k 的右单支树，只有 k 个结点，却需分配 $2^k - 1$ 个存储单元。

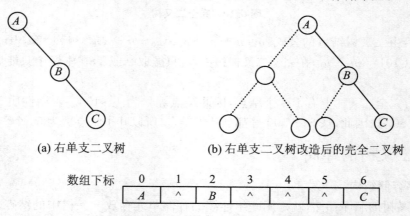

(a) 右单支二叉树　　　　(b) 右单支二叉树改造后的完全二叉树

图 6.13 右单支二叉树改造后的完全二叉树的顺序存储结构

　　二叉树的顺序存储表示可描述为：

```
#define MAX_NODE                           /* 二叉树的最大结点数 */
typedef ElemType SqBiTree[MAX_NODE];       /* 0 号单元存放根结点 */
SqBiTree bt;
```

即将 bt 定义为含有 MAX_NODE 个 ElemType 类型元素的一维数组。

2. 链式存储结构

　　所谓二叉树的链式存储结构是指用链表来存储一棵二叉树，即用指针来指示元素的逻辑关系。通常有下面两种形式。

　　（1）二叉链表存储

　　链表中每个结点由三个域组成，除了数据域外，还有两个指针域，分别用来给出该结点左孩子和右孩子所在的链结点的存储地址。结点的存储的结构如图 6.14 所示：

| lchild | data | rchild |

图 6.14　含有两个指针域的结点结构

其中,data 域存放某结点的数据信息;lchild 与 rchild 分别存放指向左孩子和右孩子结点的指针,当左孩子或右孩子不存在时,相应指针域值为空(用符号 ∧ 或 NULL 表示)。

图 6.15 给出了图 6.12(a)所示的一棵二叉树的二叉链表结构。

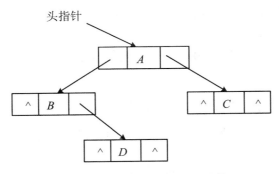

图 6.15　二叉树的链式存储结构

(2) 三叉链表存储

通过 lchild 与 rchild 可以方便的找到二叉树中的每个结点,但是从二叉树中的某个结点出发,很难寻找其双亲结点。为有效的寻找每个结点的双亲,则可以在结点结构中增加一个指向双亲的指针域,如图 6.16 所示：

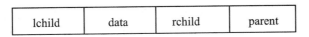

| lchild | data | rchild | parent |

图 6.16　含有三个指针域的结点结构

其中,data、lchild 以及 rchild 三个域的意义同二叉链表结构;parent 域为指向该结点双亲结点的指针。这种存储结构既便于查找孩子结点,又便于查找双亲结点;但是,相对于二叉链表存储结构而言,它增加了空间开销。

图 6.17 给出了图 6.12(a)所示的一棵二叉树的三叉链表示。

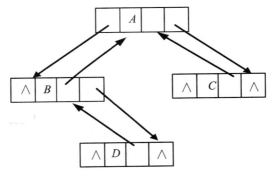

图 6.17　二叉树的三叉链表示

尽管在二叉链表中无法由结点直接找到其双亲，但由于二叉链表结构灵活，操作方便，对于一般情况的二叉树，甚至比顺序存储结构还节省空间。因此，二叉链表是最常用的二叉树存储方式。本书后面所涉及的二叉树链式存储结构不加特别说明都是指二叉链表结构。

二叉树的二叉链表存储表示可描述为：

```
typedef struct BiTNode{
        ElemType data;
        struct BiTNode * lchild; * rchild; / * 左右孩子指针 * /
        }BiTNode, * BiTree;
```

即将 BiTree 定义为指向二叉链表结点结构的指针类型。

6.4　二叉树的遍历

6.4.1　二叉树的遍历方法及递归实现

二叉树的遍历是指按照某种顺序访问二叉树中的每个结点，使每个结点被访问一次且仅被访问一次。

遍历是二叉树中经常要用到的一种操作。因为在实际应用问题中，常常需要按一定顺序对二叉树中的每个结点逐个进行访问，查找具有某一特点的结点，然后对这些满足条件的结点进行处理。

通过一次完整的遍历，可使二叉树中结点信息由非线性排列变为某种意义上的线性序列。也就是说，遍历操作使非线性结构线性化。

由二叉树的定义可知，二叉树是一棵由根结点、左子树和右子树三部分组成的。因此，只要依次遍历这三部分，就可以遍历整个二叉树。若以 D、L、R 分别表示访问根结点、遍历根结点的左子树、遍历根结点的右子树，则二叉树的遍历方式有六种：DLR、LDR、LRD、DRL、RDL 和 RLD。如果限定先左后右，则只有前三种方式，即 DLR（称为先序遍历）、LDR（称为中序遍历）和 LRD（称为后序遍历）。如图 6.18 所示，不难看出，三种遍历的顺序只是根结点访问顺序的变化，其中访问根结点记为 Visit，通常包含打印操作、计数操作等。

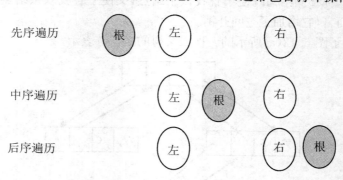

图 6.18　三种常用遍历

1. 先序遍历（DLR）

先序遍历的递归过程为：

若二叉树为空，遍历结束。否则：

（1）访问根结点；

（2）先序遍历根结点的左子树；

（3）先序遍历根结点的右子树。

先序遍历二叉树的递归算法如下：

```
1    void PreOrder(BiTree bt)
2    {/ * 先序遍历二叉树 bt * /
3        if(bt==NULL)return;        / * 递归调用的结束条件 * /
4        Visit (bt—>data);          / * 访问结点的数据域 * /
5        PreOrder(bt—>lchild);      / * 先序递归遍历 bt 的左子树 * /
6        PreOrder(bt—>rchild);      / * 先序递归遍历 bt 的右子树 * /
7    }
```

算法 6.1

对于图 6.19 所示的二叉树，按先序遍历所得到的结点序列为：$ABDFCEGH$

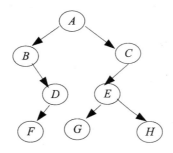

图 6.19　一种二叉树

2. 中序遍历（LDR）

中序遍历的递归过程为：

若二叉树为空，遍历结束。否则：

（1）中序遍历根结点的左子树；

（2）访问根结点；

（3）中序遍历根结点的右子树。

中序遍历二叉树的递归算法如下：

```
1    void InOrder(BiTree bt)
2    {/ * 中序遍历二叉树 bt * /
3        if(bt==NULL)return;        / * 递归调用的结束条件 * /
4        InOrder(bt—>lchild);       / * 中序递归遍历 bt 的左子树 * /
5        Visit(bt—>data);           / * 访问结点的数据域 * /
6        Inorder(bt—>rchild);       / * 中序递归遍历 bt 的右子树 * /
7    }
```

算法 6.2

对于图 6.19 所示的二叉树，按中序遍历所得到的结点序列为：$BFDAGEHC$

3. 后序遍历（LRD）

后序遍历的递归过程为：

若二叉树为空,遍历结束。否则:

(1) 后序遍历根结点的左子树;

(2) 后序遍历根结点的右子树。

(3) 访问根结点;

后序遍历二叉树的递归算法如下:

```
1   vold PostOrder (BiTree bt)
2   {/ * 后序遍历二叉树 bt * /
3      if(bt==NULL)return;          / * 递归调用的结束条件 * /
4      Postorder(bt->Ichild);        / * 后序递归遍历 bt 的左子树 * /
5      PostOrder(bt->rchild);         / * 后序递归遍历 bt 的右子树 * /
6      Visit(bt->data);              / * 访问结点的数据域 * /
7   }
```

算法 6.3

对于图 6.19 所示的二叉树,按后序遍历所得到的结点序列为:*FDBGHECA*

4. 层次遍历

所谓二叉树的层次遍历,是指从二叉树的第一层(根结点)开始,从上至下逐层遍历,在同一层中,则按从左到右的顺序对结点逐个访问。对于图 6.18 所示的二叉树,按层次遍历所得到的结果序列为:*ABCDEFGH*

下面讨论层次遍历的算法。

由层次遍历的定义可以推知,在进行层次遍历时,对一层结点访问完后,再按照它们的访问次序对各个结点的左孩子和右孩子顺序访问,这样一层一层进行,先遇到的结点先访问,这与队列的操作原则比较吻合。因此,在进行层次遍历时,可设置一个队列结构,遍历从二叉树的根结点开始,首先将根结点指针入队列,然后从队头取出一个元素,每取一个元素,执行下面两个操作:

(1) 访问该元素所指结点。

(2) 若该元素所指结点的左、右孩子结点非空,则将该元素所指结点的左孩子指针和右孩子指针顺序入队。

此过程不断进行,当队列为空时,二叉树的层次遍历结束。

在下面的层次遍历算法中,二叉树以二叉链表存放,一维数组 Queue[MAXNODE]用以实现队列,变量 front 和 rear 分别表示当前队首元素和队尾元素在数组中的位置。

```
1   void LevelOrder(BiTree bt)
2   / * 层次遍历二叉树 bt * /
3   {BiTree Queue[MAXNODE];
4    int front,rear;
5    if {bt==NULL)return;
6    front=-1;
7    rear=0;
8    queue[rear]=bt;
9    while(front! =rear)
10     {front++;
```

```
11        Visit(queue[front]->data);       /*访问队首结点的数据域*/
12        if(queue[front]->lchild! =NULL)    /*将队首结点的左孩子结点入队列*/
13        {rear++;
14         queue[rear]=queue[front]->lchild;
15        }
16        if(queue[front]->rchild! =NULL)    /*将队首结点的右孩子结点入队列*/
17        {rear++;
18        queue[rear]=queue[front]->rchild;
19         }
20        }
21    }
```

算法 6.4

【拓展】中序遍历的投影法：

　　首先按照二叉树的标准绘制二叉树形态,即将所有左子树都严格绘于根结点的左边;将所有右子树都严格绘于根结点的右边。然后假设现在有一个光源从该二叉树的顶部投射下来,那么所有结点在地平线上一定会有相应的投影,从左至右顺序读出投影结点的数据即为该二叉树的中序遍历序列,如图 6.20 所示。

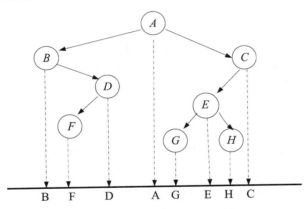

图 6.20　中序遍历的投影法

5. 二叉树创建算法

　　要利用上述算法对已知二叉树进行遍历,但必须把该二叉树结构存储到计算机中,因此二叉树创建算法是实现二叉树相关操作的基础。最常见的创建算法可以采用先序遍历算法进行创建。

　　先序创建算法的递归过程为:

　　(1) 创建根结点;

　　(2) 先序创建根结点的左子树;

　　(3) 先序创建根结点的右子树。

　　先序创建二叉树的递归算法如下:

```
1    Status CreateBiTree(BiTree &T)
2    /*按照先序次序输入二叉树中结点的值*/
```

```
3    /*构造二叉树 T*/
4    {
5        cin>>ch;
6        if(ch=='#')T=NULL;
7        else
8        {
9            T=new BiTNode;
10           T->data=ch;
11           CreateBiTtee(T->lchild);
12           CreateBiTree (T->rchild};
13       }
14       return ok;
15   }
```

算法 6.5

例如,对图 6.20 所示的二叉树,按下列次序顺序读入字符:

AB#DF###CEG##H##C#

可创建相应的二叉树。

6.4.2　二叉树遍历的非递归实现

前面给出的二叉树先序、中序和后序三种遍历算法都是递归算法。当给出二叉树的链式存储结构以后,用具有递归功能的程序设计语言很方便就能实现上述算法。然而,并非所有程序设计语言都允许递归;另一方面,递归程序虽然简洁,但可读性一般不好,执行效率也不高。因此,就存在如何把一个递归算法转化为非递归算法的问题。解决这个问题的方法可以通过对三种遍历方法实现过程的分析得到。

如图 6.21(a)所示的二叉树,对其进行先序、中序和后序遍历都是从根结点 A 开始的,且在遍历过程中经过结点的路线是一样的,只是访问的时机不同而已。图 6.21(b)中所示的从根结点左外侧开始,由根结点右外侧结束的曲线,为遍历图 6.21(a)指针经过的路线。沿着该路线,△标记了指针经过该结点时的次数,如 ③ 表示第三次经过该结点。不难发现,沿 ① 顺序得到的序列为先序结果($ABDEC$),沿 ② 顺序得到的序列为中序结果($DBEAC$),沿 ③ 顺序得到的序列为后序结果($DEBCA$)。

然而,这一路线正是从根结点开始沿左子树深入下去,当深入到最左端,无法再深入下去时,则返回,再逐一进入刚才深入时遇到结点的右子树,再进行如此的深入和返回,直到最后从根结点的右子树返回到根结点为止。先序遍历是在深入时遇到结点就访问,中序遍历是在从左子树返回时遇到结点访问,后序遍历是在从右子树返回时遇到结点访问。

在这一过程中,返回结点的顺序与深入结点的顺序相反,即后深入先返回,正好符合栈结构后进先出的特点。因此,可以用栈来帮助实现这一遍历路线。其过程如下。

在沿左子树深入时,深入一个结点入栈一个结点,若为先序遍历,则在入栈之前访问之;当沿左分支深入不下去时,则返回,即从堆栈中弹出前面压入的结点,若为中序遍历,则此时访问该结点,然后从该结点的右子树继续深入;若为后序遍历,则将此结点再次入栈,然后从该结点的右子树继续深入,与前面类同,仍为深入一个结点入栈一个结点,深入不下去再返回,直到第二次从栈里弹出该结点,才访问之。

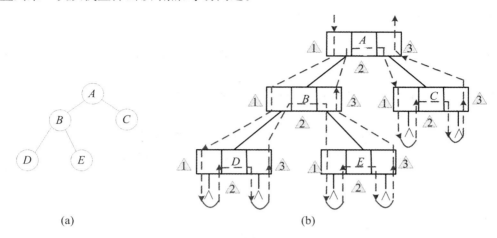

图 6.21　遍历指针路线示意图

1. 先序遍历的非递归实现

在下面算法中,二叉树以二叉链表存放,一维数组 stack[MAXNODE]用以实现栈,变量 top 用来表示当前栈顶的位置。

(1) 初始化栈;

(2) 当指针不为空并且栈不为空时

(2.1)当指针不为空时

(Ⅰ)访问结点;

(Ⅱ)进栈

(Ⅲ)沿左子树深入;

(2.2)出栈;

(2.3)沿右子树继续深入;先序遍历非递归算法描述:

先序遍历非递归算法对应代码:

```
1    void NRPreOrder(BiTree bt)
2    {/*非递归先序遍历二叉树*/
3        BiTree stack[MAXNODE],p;
4        int top;
5        if(bt==NULL)return;
6        top=0;
7        p=bt;
8        while(!(p==NULL&&top==0))
9          {while(P!=NULL)
10           {Visit(p->data);            /*访问结点的数据域*/
11            if(top<MAXNODE-1)          /*将当前指针 p 压栈*/
12            {stack[top]=p;
13               top++;
```

```
14              }
15          else{printf("栈溢出");
16             return;
17             }
18          p=p->lchild;              /* 指针指向 p 的左孩子 */
19          }
20       if(top<=0)return;            /* 栈空时结束 */
21       else{top--;
22          p=stack[top];            /* 从栈中弹出栈顶元素 */
23          p=p->rchild;             /* 指针指向 p 的右孩子结点 */
24          }
25          }
26    }
```

算法 6.6

对于图 6.11(a)所示的二叉树,用该算法进行遍历过程中,栈 stack 和当前指针 p 的变化情况以及树中各结点的访问次序如表 6.1 所示。

表 6.1　二叉树先序非递归遍历过程

步骤	访问结点值	栈 stack 内容	指针 p
初态		空	A
1	A	A	B
2	B	A,B	$\wedge$
3		A	D
4	D	A,D	$\wedge$
5		A	$\wedge$
6		空	C
7	C	C	$\wedge$
8		空	$\wedge$

2. 中序遍历的非递归算法的实现

中序遍历的非递归算法的实现,只需将先序遍历的非递归算法中的 Visit(p->data)移到 p=stack[top]和 p=p->rchild 之间即可。

中序遍历非递归算法描述:

(1)初始化栈。

(2) 当指针不为空并且栈不为空时

(2.1)当指针不为空时

(Ⅰ)进栈;

(Ⅱ)沿左子树深入;

(2.2)出栈;

(2.3)访问结点

(2.4)沿右子树继续深入;按回车换行中序遍历非递归算法对应代码:

```
1   void NRInOrder(BiTree bt)
2   {/*非递归中序遍历二叉树*/
3       BiTree stack[MAXNODE]p;
4       int top;
5       if(bt==NULL)return;
6       top=0;
7       p=bt;
8   do
9   {
10      while (p! =NULL)
11      {
12          if(top>MAXNODE)return;
13          top++;
14          stack[top]=p;   /*将当前指针 p 压栈*/
15          p=p->next;   /*指针指向 p 的左孩子*/
16      }
17
18      if (top! =0)
19      {
20          p=stack[top];   /*从栈中弹出栈顶元素*/
21          top=top-1;
22          Visit(p->data);/*访问结点的数据域*/
23          p=p->next;   /*指针指向 p 的右孩子结点*/
24      }
25  }
26  while (p! =NULL||top! =0);
```

算法 6.7

6.4.3 由遍历序列结果构造二叉树

由二叉树的遍历知道,任意一棵二叉树遍历结果都是唯一的。反过来,如果知道相应序列的结果,能否恢复原来的二叉树? 若已知结点的先序序列和中序序列,能否确定这棵二叉树呢? 可以证明二叉树是唯一的。

设二叉树的先序遍历序列为 $a_1a_2a_3\cdots a_n$,中序遍历序列为 $b_1b_2b_3\cdots b_n$。

当 $n=1$ 时,先序遍历序列 a_1,中序遍历序列为 b_1,二叉树只有一个根结点,所以,$a_1=b_1$,可以唯一确定一棵二叉树。

假设当 $n\leqslant k$ 时,先序遍历序列 $a_1a_2a_3\cdots a_k$ 和中序遍历序列 $b_1b_2b_3\cdots b_k$ 可唯一确定该二叉树。下面证明当 $n=k+1$ 时,先序遍历序列 $a_1a_2a_3\cdots a_ka_{k+1}$ 和中序遍历序列 $b_1b_2b_3\cdots b_k b_{k+1}$ 可唯一确定一棵二叉树。

在先序遍历序列中第一个访问的一定是根结点，即二叉树的根结点 a_1，在中序遍历序列中查找值为 a_1 的结点，假设为 b_i，则 $a_1 = b_i$ 且 $b_1 b_2 b_3 \cdots b_{i-1}$ 是对根结点 a_1 的左子树进行中序遍历的结果，先序遍历序列 $a_2 a_3 \cdots a_i$ 是对根结点 a_1 的左子树进行前序遍历的结果，由归纳假设，先序遍历序列 $a_2 a_3 \cdots a_i$ 和中序遍历序列 $b_1 b_2 b_3 \cdots b_{i-1}$ 唯一确定了根结点的左子树，同样可证先序遍历序列 $a_{i+1} a_{i+2} \cdots a_{k+1}$ 和中序遍历序列 $b_{i+1} b_{i+2} \cdots b_{k+1}$ 唯一确定了根结点的右子树。

同样的道理，由二叉树的后序序列和中序序列也可唯一地确定一棵二叉树。因为，依据后序遍历和中序遍历的定义，后序序列的最后一个结点，就如同先序序列的第一个结点一样，可将中序序列分成两个子序列，分别为这个结点的左子树的中序序列和右子树的中序序列，再拿出后序序列的倒数第二个结点，并继续分割中序序列，如此递归下去，当倒着取取尽后序序列中的结点时，便可以得到一棵二叉树。

但由二叉树的后序序列和先序序列不可以唯一确定一棵二叉树。请读者举出反例说明。

下面通过一个例子，来给出右二叉树的先序序列和中序序列构造唯一的一棵二叉树的实现算法。

已知一棵二叉树的先序序列与中序序列分别为：

$$ABCDEFGHI$$
$$BCAEDGHFI$$

试恢复该二叉树。

首先，由先序序列可知，结点 A 是二叉树的根结点。其次，根据中序序列，在 A 之前的所有结点都是根结点左子树的结点，在 A 之后的所有结点都是根结点右子树的结点，由此得到图 6.22(a)所示的状态。然后，再对左子树进行分解，得知 B 是左子树的根结点，又从中序序列知道，B 的左子树为空，B 的右子树只有一个结点 C。接着对 A 的右子树进行分解，得知 A 的右子树的根结点为 D；而结点 D 把其余结点分成两部分，即左子树为 E，右子树为 F、G、H、I，如图 6.22(b)所示。接下去的工作就是按上述原则对 D 的右子树继续分解下去，最后得到如图 6.22(c)的整棵二叉树。

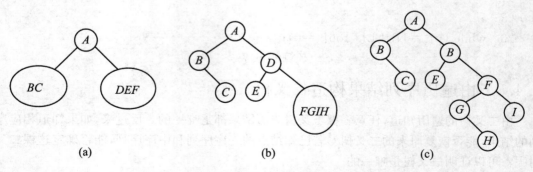

(a)　　　　　　　　　　　　　(b)　　　　　　　　　　　　　(c)

图 6.22　一棵二叉树的恢复过程示意图

6.5　线索二叉树

6.5.1　线索二叉树定义

按照某种遍历方式对二叉树进行遍历,可以把二叉树中所有结点排列为一个线性序列。如图 6.23 所示,分别采用先序遍历、中序遍历、后序遍历,结果如下。

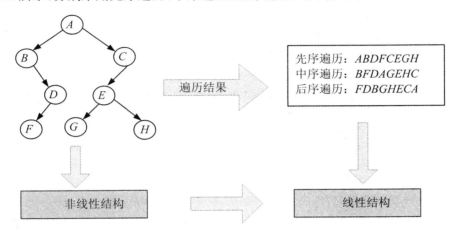

图 6.23　一棵二叉树及其遍历结果

可见,遍历是将非线性结构转化为线性结构的一种方法。当用二叉链表作为二叉树的存储结构时(非线性结构),因为每个结点中只有指向其左、右子树结点的指针,所以从任一结点出发只能直接找到该结点的左、右孩子。在一般情况下利用遍历方法无法直接找到该结点在某种遍历下的前驱和后继结点。

在遍历序列(线性结构)中,除第一个结点外每个结点有且仅有一个直接前驱结点;除最后一个结点外每一个结点有且仅有一个直接后继结点。因此,如何在非线性结构中找到线性结构中的前驱和后续信息呢?一种简单的做法就是在每个结点中增加两个指针域,分别是指向其前驱和指向其后继结点的指针。显然,这种做法大大降低存储空间的效率。

我们可以证明:在 n 个结点的二叉链表中含有 $n+1$ 个空指针。因为含 n 个结点的二叉链表中含有 $2n$ 个指针,除了根结点,每个结点都有一个从父结点指向该结点的指针,因此一共使用了 $n-1$ 个指针,所以在 n 个结点的二叉链表中含有 $n+1$ 个空指针。

因此如果利用这些空指针,存放指向结点在某种遍历次序下的前驱和后继结点的指针,将无疑提高空间利用率。这种附加的指针称为线索(Thread),加上了线索的二叉链表称为线索链表,相应的二叉树称为线索二叉树(ThreadedBinaryTree)。根据线索性质的不同,线索二叉树可分为先序线索二叉树、中序线索二叉树和后序线索二叉树三种。

6.5.2　线索二叉树的结点结构

二叉树的遍历本质上是将一个复杂的非线性结构转换为线性结构,使每个结点都有了唯一前驱和后继(第一个结点无前驱,最后一个结点无后继)。对于二叉树的一个结点,查找其左右子女是方便的,其前驱后继只有在遍历中得到。为了容易找到前驱和后继,有两种方法。一是在结点结构中增加向前和向后的指针 fwd 和 bkd,这种方法增加了存储开销;二是在二叉链表结点结构中增加两个标志域,并作如下规定:若结点有左子树,则其 lchild 域指示其左孩子,否则令 lchild 域指向其前驱,修改相应的标志位;若结点有右子树,则其 rchild 域指示其右孩子,否则令 rchild 域指向其后继,并修改相应的标志位。因此线索二叉树的结点结构可定义如下:

lchild	ltag	data	rtag	rchild

其中：ltag＝0 时 lchild 指向左子女；

　　　　ltag＝1 时 lchild 指向前驱；

　　　　rtag＝0 时 rchild 指向右子女；

　　　　rtag＝1 时 rchild 指向后继；

由上述规定可知,当 lchild 为空或者 rchild 为空时,添加线索,因此线索化的过程实际上就是修改 $n+1$ 空域和标志域的过程。

二叉树的二叉线索链表结构如下:

```
typedef struct BiThrNode{
    EelemType      data;
    struct BiThrNode  * lchild, * rchild;   /*左、右孩子指针*/
    int   ltag, rtag;                       /*标志域*/
} BiThrNode,   * BiThrTree
```

6.5.3　对二叉树进行线索化

1. 线索化后有关空域的问题

先序和后序线索化后都剩下 1 个空的链域,而中序线索化后仍然有 2 个空的链域。先序遍历线索如图 6.24 所示,虚线表示线索,实线表示孩子指针。在含有 n 个结点的二叉树中,共有 $n+1$ 个空指针域,由先序遍历结果"根左右"可知,在左子树的空指针域都能找到前驱和后继,右子树结点中空域都能找到前驱,只有右子树最后一个结点的空域没有后继,仍然填写 *NULL*。

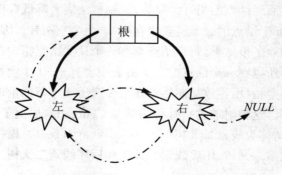

图 6.24　先序线索化二叉树

类似地,可以得出后序在左子树第一个结点的空域没有前驱,仍然填写 *NULL*;中序线索化有 2 个空的链域,如图 6.25 所示。

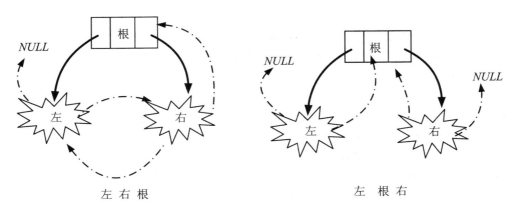

图 6.25　后(中)序线索化二叉树

2. 线索树上寻找前驱和后继问题

二叉树线索化后,如何在线索二叉树上寻找相应结点的前驱和后继呢? 为方便描述,以图 6.26 的中序线索化二叉树为例,揭示如何寻找某结点的后继? 根据线索二叉树的定义,图中结点右链为空(右虚线)指向的都是其后继,如结点 G 的后继为 B,结点 B 的后继为 A。图中结点右链不为空(右实线)均为指针,指向的是该结点的右孩子信息,而无法直接得到其后继信息。如结点 A。但是,根据中序遍历"左根右"的规律可知,结点的后继应该是遍历其右子树时访问的第一个结点,即右子树中最左下的结点。因此结点 A 的后继应该是 E。

关于中序线索化二叉树中寻找结点的前驱问题可以类似得到:树中结点左链为空(左虚线)指向的都是其前驱,如结点 G 的后继为 D,结点 E 的前驱为 A;否则遍历左子树时最后一个访问的结点,即左子树中最右下的结点为其前驱,如 B 结点的前驱是 G。

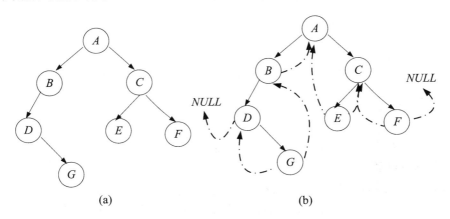

图 6.26　中序线索化二叉树

由以上分析,归纳如下:

中序前驱:若结点的 ltag=1,lchild 指向其前驱;否则,该结点的前驱是以该结点为根的左子树上按中序遍历的最后一个结点。

中序线索二叉树中求中序前驱结点的算法:

1　InorderPre (BiThrTree P)

2　{/ * 在中序线索二叉树中找结点 p 的中序前驱结点 * /

```
3     BiThrTree * q;
4     if (p—>(ltag==1)   /*结点的左子树为空 */
5     return (p—>lchild)      /*结点的左指针域为左线索,指向其前驱 */
6      else
7       {
8       q=p—>lchild;  /*p 结点左子树中最右边结点是 P 结点的中序前驱 */
9       while (q—>rtag==0)
10          q=q—>rchild:
11     return (q);
12     } /* if
13   }/* InorderPre
```

算法 6.8

中序后继：若 rtag=1,rchild 指向其后继；否则,该结点的后继是以该结点为根的右子树上按中序遍历的第一个结点。

```
1    InorderNext(BiThrTree p)
2    {/*在中序线索二叉树中找结点 p 的中序后继结点 */
3     BiThrTree * q;
4     if(p—>rtag==1) /*结点的右子树为空 */
5      return (p—>rchild) /*结点的右指针域为右线索,指向其后继 */
6     else
7      {
8      q=p—>rchild;/*p 结点的右子树中最左边结点是 p 结点的中序后继 */
9      while (q—>ltag==0)
10        q=q—>lchild:
11     return(q);
12     } / * if
13   }/* InorderNext
```

算法 6.9

请读者自行考虑先序和后序情况下的前驱和后继问题。

3. 如何建立线索二叉树

如何进行二叉树的线索化呢？根据上面讨论,线索化实质上是在遍历二叉树时,将二叉树链表中的空指针修改为指向前驱和后继的线索,因此线索化的过程实际上就是修改空指针的过程。

在遍历过程中,访问结点的同时检查当前结点的左、右指针域是否为空,如果为空,将它们改为指向前驱结点或后继结点的线索。为实现这一过程,设指针 pre 始终指向刚刚访问的结点,即若指针 p 指向当前结点,则 pre 指向它的前驱结点。

以中序遍历线索化为例,介绍中序线索化的过程。假设二叉树链表结构已经按照线索化定义的结构进行了重建,如图 6.27 所示。

中序遍历时,指针最先走到 D 结点,检查发现 D 结点左指针域为空,首选将标记为 0 修改为 1,即 p—>ltag=1；由于此时 p 结点没有前驱,因此 p—>lchild=NULL。当 p 指针

走到 G 结点时，pre 指向 D 结点，同样，修改标记位置 1 即 $p->$ltag$=1$；同时 G 结点的前驱结点为 D，因此 $p->$lchild$=pre$，如图 6.28 所示。

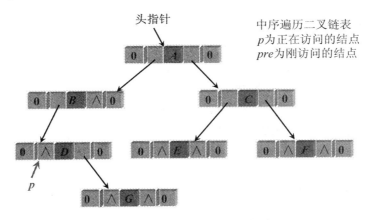

图 6.27　线索化二叉树初始状态

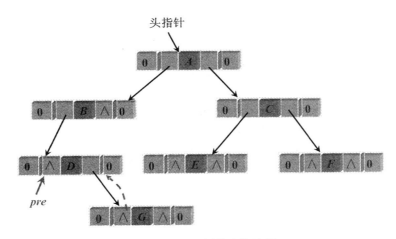

图 6.28　二叉树线索化过程

可见，中序遍历二叉树过程中，访问当前结点 p 的操作为：

（1）如果 p 的左、右指针域为空，则将相应标志置 1；

（2）若 p 的左指针域为空，则令其指向它的前驱，这需要设指针 pre 始终指向刚刚访问过的结点，显然 pre 的初值为 $NULL$；若 pre 的右指针域为空，则令其指向它的后继，即当前访问的结点 root；

（3）令 pre 指向刚刚访问过的结点 root；

对应的算法代码如下：

```
1   if  （!p->lchild）     /*建前驱线索*/
2        {p->LTag=Thread;   p->lchild=pre;}
3   if  （!pre->rchild）    /*建后继线索*/
4        {pre->RTag=Thread;   pre->rchild=p;}
5   pre=p;                      /*保持 pre 指向 p 的前驱*/
```

因此，中序线索化二叉树核心操作，如下：

1. 建立二叉链表,将每个结点的左右标志置为 0;
2. 遍历二叉链表,建立线索;
　2.1 如果二叉链表 p 为空,则空操作返回;
　2.2 对 p 的左子树建立线索;
　2.3 对根结点 p 建立线索;
　　2.3.1 若 p 没有左孩子,则为 p 加上前驱线索;
　　2.3.2 若 p 没有右孩子,则将 p 右标志置为 1;
　　2.3.3 若结点 pre 右标志为 1,则为 pre 加上后继线索;
　　2.3.4 令 pre 指向刚刚访问的结点 p;
　2.4 对 p 的右子树建立线索。

对应的算法代码如下:

```
1   void InThreading(BiThrTree p)
2   {
3     if(p)
4     {
5       InThreading(p->lchild);  /*左子树线索化*/
6
7       if (!p->lchild)  /*建前驱线索*/
8         {p->LTag=Thread;  p->lchild=pre;}
9       if (!pre->rchild)  /*建后继线索*/
10        {pre->RTag=Thread;  pre->rchild=p;}
11      pre=p;  /*保持 pre 指向 P 的前驱*/
12
13      InThreading(p->rchild);  /*右子树线索化*/
14    }
15  }
```

算法 6.10

中序遍历线索化后的最终结果,如图 6.29 所示。

6.5.4　对线索二叉树进行中序遍历

由于在线索链表中添加了遍历中得到的"前驱"和"后继"的信息,从而简化了遍历的递归算法。以中序为例,讨论中序线索化链表的遍历算法。

※ 中序遍历的第一个结点？

左子树上处于"最左下"(没有左子树)的结点。

※ 在中序线索化链表中结点的后继？

若无右子树,则为后继线索所指结点;否则为对其右子树进行中序遍历时访问的第一个结点。

在线索化二叉树上进行中序遍历算法如下:

```
1   void InorderTraverse_Thr(BiThrTree T){
2     p=T->lchild;  /*p 指向根结点*/
```

```
3    while （p！＝T）  ｛／＊空树或遍历结束时,p==T＊/
4      while （p—>LTag==0)p=p—>lchild；  /＊第一个结点＊/
5      cout<<p—>data；
6      while (p—>RTag==1&&p—>rchild！＝T){
7        p=p—>rchild；cout<<p—>data；  /＊找 p 的中序后继结点＊/
8      }
9      p=p—>rchild；  /＊p 进入右子树,遍历相应右子树＊/
10   }
11   InOrderTraverse_Thr
12
```

算法 6.11

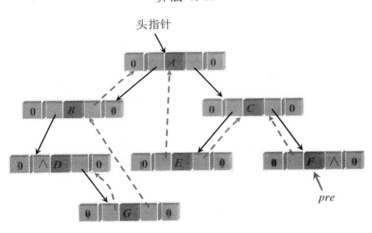

图 6.29　中序二叉树线索化结果

6.6　树 和 森 林

　　这一节,我们将讨论树或者森林的主要存储结构及其遍历操作,探讨树、森林与二叉树之间对应的关系。

6.6.1　树的存储结构

　　在实际中,可使用多种形式的存储结构来表示树,既可以采用顺序存储结构,也可以采用链式存储结构,但无论采用何种存储方式,都要求存储结构不但能存储各结点本身的数据信息,还要能唯一地反映树中各结点之间的逻辑关系。下面介绍三种常用的存储结构。

1. 双亲表示法

　　由于树中的每个结点一般都有唯一的一个双亲结点,所以可用一组连续的存储空间(一维数组)存储树中的各个结点,每个结点含两个域:存放结点本身信息的数据域和指示本结点双亲结点在数组中位置的双亲域。

　　//—————树的双亲表示法的存储结构—————

　　＃define　maxnode　100　　/＊树中结点的最大个数为 100＊/

```
typedef   char   datatype;
typedef   struct   Ptnode{
    datatype   data;
    int   parent;                /*双亲位置字段*/
}Ptnode;
typedef   struct{
    Ptnode   nodes[maxnode]
      int   n;                   /*结点数*/
}Pttree
Pttree T; /*T 是双亲链表*/
```

树的双亲表示如图 6.30 所示。图中用 parent 域的值为一1 表示该结点无双亲结点,即该结点是一个根结点。

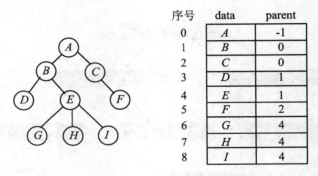

序号	data	parent
0	A	-1
1	B	0
2	C	0
3	D	1
4	E	1
5	F	2
6	G	4
7	H	4
8	I	4

图 6.30 树的双亲表示法

注意:

根无双亲,其 parent 域为一1;若 $T.nodes[i].parent = j$,则 $T.nodes[i]$ 的双亲是 $T.nodes[j]$。双亲链表表示法适合求指定结点的双亲或祖先(包括根)。

2. 孩子表示法

孩子表示法又分为多重链表表示法和孩子链表表示法。

由于树中每个结点可能有多棵子树,把每棵子树看成一个链表,因此构成多个链表,即多重链表表示的树结构。可见,多重链表法指每个结点包括一个结点信息域和多个指针域,每个指针域指向该结点的一个孩子结点,通过各个指针域值反映出树中各结点之间的逻辑关系。如下所示。

data	child1	child2	……	Child$d$

其中 d 是树的度。不难算出,在一棵 n 个结点度为 k 的树中必有 $n(k-1)+1$ 个空域。由于很多结点的度小于 d,所以链表中有很多空表,空间浪费。

孩子链表法与双亲表示法相反,便于查找树中某结点的孩子,由某结点的指针域便可实现。它的主体是一个与结点个数一样大小的一维数组,数组的每一个元素由两个域组成,一个域用来存放结点信息,另一个用来存放指针,该指针指向由该结点孩子组成的单链表的首位置。单链表的结构也由两个域组成,一个存放孩子结点在一维数组中的序号,另一个是指针域,指向下一个孩子。

//——————树的孩子链表法的存储结构——————

```
＃define  maxnode 100
typedef  char  datatype;
typedef  struct  cnode{
    int child;
    struct cnode * next;
} * Childlink;                    /* 孩子结点结构 */
typedef  struct{
    datatype data;
    Childlink * headptr;          /* 孩子链表头指针 */
}Ctnode;                          /* 表头向量中结点结构 */
typedef  struct{
    Ctnode nodes[maxnode];        /* 表头向量 */
    int nodenum,rootset;          /* 结点数和根结点的位置 */
}Cttree
```

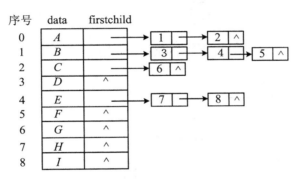

图 6.31　孩子链表表示法

孩子表示法方便了有关孩子的操作,但有时为了便于找到双亲,可以将双亲表示法和孩子表示法相结合,即增加一个域,存储该结点双亲结点在数组中的序号。这种存储结构称为含双亲的孩子链表表示法。

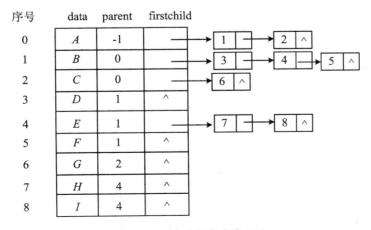

图 6.32　双亲孩子链表表示法

3. 孩子兄弟表示法

孩子兄弟表示法又称二叉树表示法,这是一种常用的存储结构。它用二叉链表作为树的存储结构,链表中每个结点的两个指针域分别指向其第一个孩子结点和下一个兄弟结点。

在这种存储结构下,树中结点的存储表示可描述如下。

//—————树的孩子兄弟表示法的存储结构—————

```
typedef   char   datatype;
typedef   struct csnode{
    datatype data;
    struct csnode * firstchild;
    struct csnode * nextsibling;
}Csnode;
```

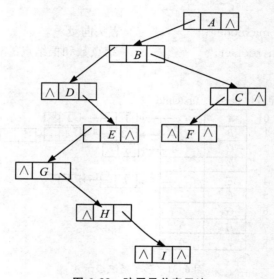

图 6.33　孩子兄弟表示法

注意:这种存储结构的最大优点是:它和二叉树的二叉链表表示完全一样。可利用二叉树的算法来实现对树的操作。

6.6.2　树、森林与二叉树的交换

由于二叉树是有序的,为了避免混淆,对于无序树,我们约定树中的每个结点的孩子结点按从左到右的顺序进行编号。

1. 树转换成二叉树

方法一:孩子兄弟法将图 6.34(a)表示的树转换为图 6.34(b)表示的二叉树结构。

方法二:将树转换成二叉树的步骤如下(如图 6.35):

(1) 兄弟加线;

(2) 抹线:保留双亲与第一孩子连线,删去与其他孩子的连线;

(3) 旋转:顺时针转动,使之层次分明。

2. 森林转换为二叉树

森林是由若干棵树组成,可以将森林中的每棵树的根结点看作是兄弟,由于每棵树都可

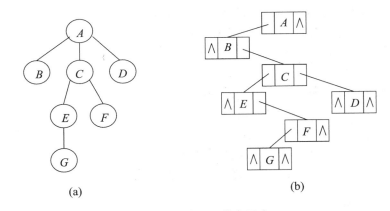

图 6.34　孩子兄弟表示法

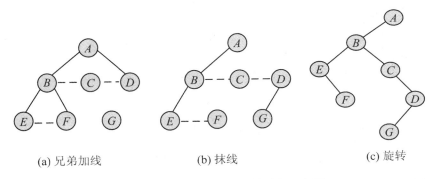

(a) 兄弟加线　　　　(b) 抹线　　　　(c) 旋转

图 6.35　树转换为二叉树的过程示意图

以转换为二叉树,所以森林也可以转换为二叉树。

将森林转换为二叉树的步骤是(如图 6.36):

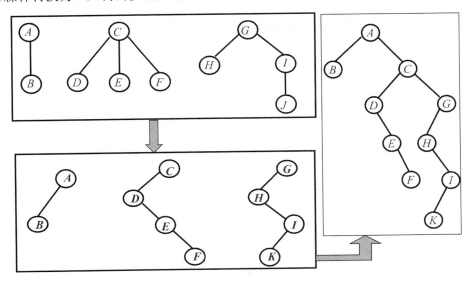

图 6.36　森林转换为二叉树的转换过程示意图

(1) 先把每棵树转换为二叉树。

（2）第一棵二叉树不动,从第二棵二叉树开始,依次把后一棵二叉树的根结点作为前一棵二叉树的根结点的右孩子结点,用线连接起来。

当所有的二叉树连接起来后得到的二叉树就是由森林转换得到的二叉树。

3. 二叉树转换为树

二叉树转换为树是树转换为二叉树的逆过程,其步骤是(如图 6.37):

（1）连线:若某结点的左孩子结点存在,将左孩子结点的右孩子结点、右孩子结点的右孩子结点……,都作为该结点的孩子结点,将该结点与这些右孩子结点用线连接起来。

（2）抹线:删除原二叉树中所有结点与其右孩子结点的连线。

（3）整理(1)和(2)两步得到的树,使之结构层次分明。

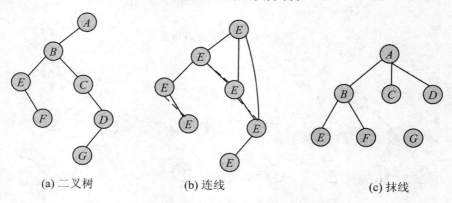

  (a) 二叉树   (b) 连线   (c) 抹线

图 6.37　二叉树转换为树的过程示意图

4. 二叉树转换为森林

二叉树转换为森林比较简单,其步骤如下:

（1）先把每个结点与右孩子结点的连线删除,得到分离的二叉树。

（2）把分离后的每棵二叉树转换为树。

（3）整理第(2)步得到的树,使之规范,这样得到森林。

6.6.3　树和森林的遍历

1. 树的遍历

树的遍历通常有先根遍历和后根遍历两种方式。

（1）先根遍历:

（1.1）访问根结点;

（1.2）按照从左到右的顺序先根遍历根结点的每一棵子树。

（2）后根遍历:

（1.1）按照从左到右的顺序后根遍历根结点的每一棵子树;

（1.2）访问根结点。

根据树与二叉树的转换关系以及树和二叉树的遍历定义可以推知,树的先根遍历与其转换的相应二叉树的先序遍历的结果序列相同;树的后根遍历与其转换的相应二叉树的中序遍历的结果序列相同(因为转换的二叉树没有右子树)。因此树的遍历算法是可以采用相应二叉树的遍历算法来实现的。

2. 森林的遍历

森林的遍历有前序遍历和中序遍历两种方式。

(1) 前序遍历：

(1.1)访问森林中第一棵树的根结点；

(1.2)前序遍历第一棵树的根结点的子树；

(1.3)前序遍历去掉第一棵树后的子森林。

(2) 中序遍历：

(1.1)中序遍历第一棵树的根结点的子树；

(1.2)访问森林中第一棵树的根结点；

(1.3)中序遍历去掉第一棵树后的子森林。

根据森林与二叉树的转换关系以及森林和二叉树的遍历定义可以推知,森林的前序遍历和中序遍历与所转换的二叉树的先序遍历和中序遍历的结果序列相同。

以图 6.36 森林为例,前序遍历结果为:$ABCDEFGHIJ$；中序遍历结果为:$BADEFCHJIG$。

6.7 哈夫曼树及其应用

哈夫曼(Huffman)树是一种最优树,是一类带权路径长度最短的二叉树,有着广泛的应用。例如,在解决某些判定问题时,利用哈夫曼树可以得到最佳判定算法。例如,在我们学习程序设计语言时,要求编写百分制转换为五级分制的程序。显然,程序只要利用 if 语句就可以完成,假设学生成绩发布规律如表 6.2 所示。程序判定流程图如图 6.38 所示。

表 6.2　学生成绩发布规律

分数	60 分以下	60～69	70～79	80～89	90 分以上
比率	5%	15%	40%	30%	10%

计算图 6.38 两种流程图的比较次数。假设学生数为 100 人。

图 6.38(a)图比较次数:$1\times5+2\times15+3\times40+4\times30+4\times10=315$

图 6.38(b)图比较次数:$3\times5+3\times15+2\times40+2\times30+2\times10=220$

不难看出,由于图 6.38(b)流程图的比较次数比图 6.38(a)比较次数要少,因此从算法执行的效率来看,图 6.38(b)的流程图较好。下面的问题是有没有更好的流程图,减少它们的比较次数呢? 如果有,那么最小的比较次数是多少? 下面哈夫曼树的方法来解决该问题。

6.7.1　最优二叉树

首先给出路径和路径长度的概念。从树中一个结点到另一个结点之间的分支构成两个结点之间的路径,路径上的分支数目称作路径长度。

树的路径长度是从树根到树中每一结点的路径长度之和。在结点数目相同的二叉树中,完全二叉树的路径长度最短。

(1) 结点的带权路径长度:结点到树根之间的路径长度与该结点上权的乘积。

(2) 树的带权路径长度(Weighted Path Length of Tree,简记为 WPL):定义为树中所

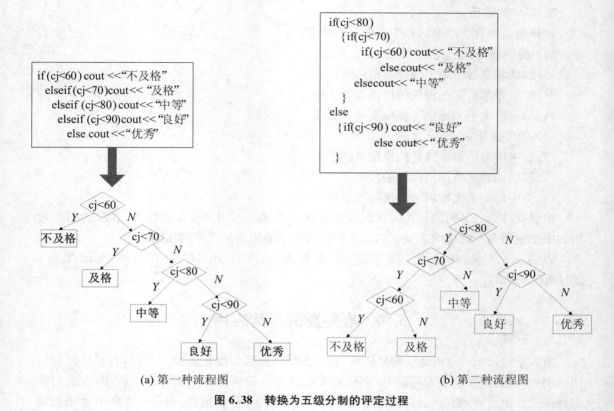

(a) 第一种流程图　　　　　　　　　　(b) 第二种流程图

图 6.38　转换为五级分制的评定过程

有叶结点的带权路径长度之和,通常记为:$\mathrm{WPL} = \sum_{i=1}^{n} w_i l_i$,其中:$n$ 表示叶子结点的数目,w_i 和 l_i 分别表示叶结点 k_i 的权值和根到结点 k_i 之间的路径长度。

例如,图 6.39 所示的二种二叉树,都有 4 个叶子结点 a,b,c,d,分别带权 $7,5,2,4$,它们的带权路径长度分别为:

图 6.39(a):$\mathrm{WPL} = 2\times7 + 2\times5 + 2\times2 + 2\times4 = 36$

图 6.39(b):$\mathrm{WPL} = 2\times4 + 3\times7 + 3\times5 + 1\times2 = 46$

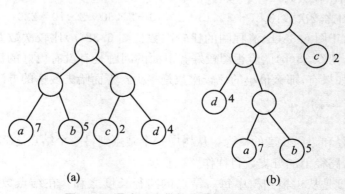

(a)　　　　　　　　　　　　(b)

图 6.39　具有不同带权路径长度的二叉树

WPL 最小的二叉树是什么呢,哈夫曼于 1952 年提出了构造最优树的构造方法,这种方法的基本思想是:

（1）n 个结点看成 n 棵树 F。

（2）在 F 中选取两个最小的结点，作为左右子树，且根结点的权值等于左右子树权值之和。

（3）在 F 中删除这两颗树，并把刚得到的二叉树加入 F 中。

（4）重复（2）、（3），当 F 中只剩下一棵树时结束。

注意：

① 最优二叉树中，权越大的叶子离根越近。

② 最优二叉树的形态不唯一，但 WPL 最小。

例如，已知权值 $W=\{ 5，6，2，9，7 \}$，请构造相应的哈夫曼树（如图 6.40）。

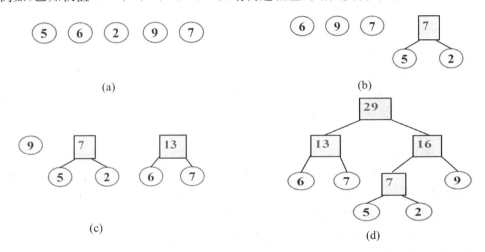

图 6.40　哈夫曼树的构造主要过程

请读者考虑百分制转换的最佳流程图是什么？

```
//哈夫曼树的存储结构
typedef struct{    float    weight;
        int    lch,rch,parent;
        }HTNode, * HuffmanTree;
```

不难看出，具有 n 个叶子结点的哈夫曼树，共有 $2n-1$ 个结点。因此，先定义具有 $2n-1$ 个结点的结构体数组 $HT[1\cdots2n-1]$，并进行初始化操作。算法 6.12 是哈夫曼树初始化和构造的主要算法。

```
1   if(n<=1)return;
2   m=2 * n-1;
3   HT=new HTNode[m+1];    /* 0 号单元未用,HT[m]表示根结点 */
4   for(i=1;i<=n;++i)cin>>HT[i]. weight;
5   for(i=1;i<=m;++i)
6   {HT[i],lch=0;HT[i]. rch=0;HT[i]. parent=0;}
7   for(i=n+1;i<=m;++i)    /* 构造 Huffman 树 */
8   {Select (HT,i-1,s1,s2);
9    /* 在 HT[k](1≤k≤i-1)中选择两个其双亲域为 0 */
```

```
10      /*且权值最小的结点*/
11      /*并返回它们在 HT 中的序号 sl 和 s2*/
12   HT[s1].parent=i; HT[s2].parent=i;
13      /*表示从 F 中删除 s1,s2*/
14   HT[i].lch=s1; HT[i].rch=s2;
15      /*s1,s2 分别作为 i 的左右孩子*/
16   HT[i].weight=HT[s1].weight+HT[s2].weight;
17      /*i 的权值为左右孩子权值之和*/
18   }
```

算法 6.12

6.7.2　哈夫曼编码

在数据通信中,需要将传送的文字转换成二进制的字符串,用 0,1 码的不同排列来表示字符。例如,需传送的报文为"AFTER DATA EAR ARE ART AREA",这里用到的字符集为"A,E,R,T,F,D",各字母出现的次数为{8,4,5,3,1,1}。现要求为这些字母设计编码。要区别 6 个字母,最简单的二进制编码方式是等长编码,固定采用 3 位二进制,可分别用 000、001、010、011、100、101 对"A,E,R,T,F,D"进行编码发送,当对方接收报文时再按照三位一分进行译码。显然编码的长度取决报文中不同字符的个数。若报文中可能出现 26 个不同字符,则固定编码长度为 5。然而,传送报文时总是希望总长度尽可能短。在实际应用中,各个字符的出现频度或使用次数是不相同的,如 A、B、C 的使用频率远远高于 X、Y、Z,自然会想到设计编码时,让使用频率高的用短码,使用频率低的用长码,以优化整个报文编码。

设计不等长编码为前缀编码(即要求一个字符的编码不能是另一个字符编码的前缀),可用字符集中的每个字符作为叶子结点生成一棵编码二叉树,为了获得传送报文的最短长度,可将每个字符的出现频率作为字符结点的权值赋予该结点上,显然字使用频率越小权值越小,权值越小叶子就越靠下,于是频率小编码长,频率高编码短,这样就保证了此树的最小带权路径长度效果上就是传送报文的最短长度。因此,求传送报文的最短长度问题转化为求由字符集中的所有字符作为叶子结点,由字符出现频率作为其权值所产生的哈夫曼树的问题。利用哈夫曼树来设计二进制的前缀编码,既满足前缀编码的条件,又保证报文编码总长最短。

例如,如图 6.41 所示,构造的相应编码就是前缀编码。

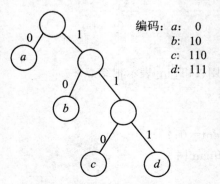

编码: a: 0
　　　 b: 10
　　　 c: 110
　　　 d: 111

通过构造后的哈夫曼树,就可以给出相应的编码。如图 6.41 所示,不凡规定向左的分支记为"0",向右的分支记为"1"。从根结点开始依次走到叶结点的过程即得出相应的哈夫曼编码。可见,利用哈夫曼树可以构造一种不等长的二进制编码,并且构造所得的哈夫曼编码是一种最优前缀编码,即使所传电文的总长度能达到最短。

哈夫曼编码思想主要由三大步构成:

a. 初始化 HT。

图 6.41　前缀编码示例　　　　b. 将 HT 构成 Huffman 树。

c. 产生各叶结点的 Huffman 编码,并链入 HC。

其中步骤 a,b 算法参见算法 6.12;步骤 c 算法参见算法 6.13。即

```
20   /*从叶子到根逆向求每个字符的哈夫曼编码*/
21   HC=new CodeNode[n+1];cd=new char[n];
22   cd[n-1]='\0';/*编码结束符*/
23   for(i=1;i<=n;++i){/*依次求各叶子的编码*/
24     HC[i]. ch=getchar();start=n-1;/*编码起始位置*/
25     for(c=i,f=HT[i]. parent;f! =0;c=f,F=HT[f]. parent)
26       if(HT[f]. lch==c)cd[--start]='0';
27         else cd[--start]='1';
28     HC[i]. bits-new char[n-start];/*为第i个叶子分配空间*/
29     strcpy(HC[i]. bits,&cd[start]);
30       /*从 cd 复制编码串到 HC*/
31   }delete[]cd;
32
```

算法 6.13

故哈夫曼编码算法:

```
1   void HuffmanCoding(HuffmanTree&HT,HuffmanCode &HC,int * w,int n)
2   {
3     算法 6.12;
4     算法 6.13;
5   }
```

例如:有一电文共使用六种字符 a、b、c、d、e、f,其出现频率依次为 3、7、9、16、22、14。

(1) 给出哈夫曼树图形结构,并填写相应的表格。

(2) 求出每个字符的哈夫曼编码。

(3) 计算 WPL。

根据题意,$n=6$,则 $m=11$。根据哈夫曼树构造算法,初始化 HT 数组如下:

	Weight	Parant	lchild	rchild
1	3		0	0
2	7		0	0
3	9		0	0
4	16		0	0
5	22		0	0
6	14		0	0
7				
8				
9				
10				
11				

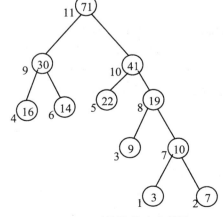

(a) 初始化HT　　　　　　　　(b) 构造的哈夫曼树

图 6.42　哈夫曼树构造实例

	Weight	Parant	lchild	rchild
1	3	7	0	0
2	7	7	0	0
3	9	8	0	0
4	16	9	0	0
5	22	10	0	0
6	14	10	0	0
7	10	8	1	2
8	19	10	3	7
9	9	9	9	6
10	41	11	5	10
11	71	0	9	10

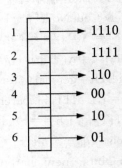

(c) 哈夫曼树构造后的HT   (d) 哈夫曼编码HC

图 6.43   哈夫曼树构造及其编码

$$WPL = 4 \times 3 + 4 \times 7 + 3 \times 9 + 2 \times 16 + 2 \times 22 + 2 \times 14 = 171$$

6.8   知识点总结

1. 熟练掌握二叉树的结构特性，了解相应的证明方法。

2. 熟悉二叉树的各种存储结构的特点及适用范围。

3. 遍历二叉树是二叉树各种操作的基础。实现二叉树遍历的具体算法与所采用的存储结构有关。掌握各种遍历策略的递归算法，灵活运用遍历算法实现二叉树的其他操作。层次遍历是按另一种搜索策略进行的遍历。

4. 理解二叉树线索化的实质是建立结点与其在相应序列中的前驱或后继之间的直接联系，熟练掌握二叉树的线索化过程以及在中序线索化树上找给定结点的前驱和后继的方法。二叉树的线索化过程是基于对二叉树进行遍历，而线索二叉树上的线索又为相应的遍历提供了方便。

5. 熟悉树的各种存储结构及其特点，掌握树和森林与二叉树的转换方法。建立存储结构是进行其他操作的前提，因此读者应掌握 1～2 种建立二叉树和树的存储结构的方法。

6. 学会编写实现树的各种操作的算法。

7. 了解最优树的特性，掌握建立最优树和哈夫曼编码的方法。

6.9   单 元 自 测

一、单项选择题

1. 一棵具有 n 个结点的完全二叉树的树高度（深度）是_____。

    A. $\log_2 n + 1$ B. $\lfloor \log_2 n \rfloor + 1$ C. $\log_2 n$ D. $\log_2 n - 1$

2. 二叉树的第 i 层上最多含有结点数为_____。

    A. 2^i B. $2^{i-1}-1$ C. 2^i-1 D. 2^{i-1}

3. 具有 9 个叶结点的二叉树中有_____个度为 2 的结点。

    A. 8   B. 9   C. 10   D. 11

4. 由 3 个结点可以构造出多少种不同的二叉树?_____

    A. 2   B. 3   C. 4   D. 5

5. 已知某二叉树的后序遍历序列是 $adbec$。中序遍历序列是 $aebdc$,它的前序遍历序列是_____。

    A. $acbed$ B. $decab$ C. $deabc$ D. $ceabd$

6. 将一棵有 100 个结点的完全二叉树从根这一层开始,每一层从左到右依次对结点进行编号,根结点的编号为 1,则编号为 40 的结点的左孩子编号为_____。

    A. 98   B. 99   C. 80   D. 48

7. 若一棵二叉树具有 9 个度为 2 的结点,5 个度为 1 的结点,则度为 0 的结点个数是_____。

    A. 9   B. 10   C. 15   D. 不确定

8. 将含有 83 个结点的完全二叉树从根结点开始编号,根为 1 号,后面按从上到下、从左到右的顺序对结点编号,那么编号为 41 的双结点编号为_____。

    A. 42   B. 40   C. 21   D. 20

9. 任何一棵二叉树的叶结点在先序、中序和后序遍历序列中的相对次序_____。

    A. 不发生改变   B. 发生改变   C. 不能确定   D. 以上都不对

10. 在一非空二叉树的中序遍历序列中,根结点的右边_____。

    A. 只有右子树上的所有结点   B. 只有右子树上的部分结点

    C. 只有左子树上的部分结点   D. 只有左子树上的所有结点

11. 对二叉树从 1 开始进行连续编号,要求每个结点的编号大于其左右孩子的编号,同一个结点的左右孩子中,其左孩子的编号小于其右孩子的编号,则可采用_____次序的遍历实现编号。

    A. 先序   B. 中序   C. 后序   D. 从根开始的层次遍历

12. 已知完全二叉树有 200 个结点,则该二叉树有_____个叶子结点。

    A. 99   B. 100   C. 101   D. 102

13. 如果某二叉树的前序为 $stuwv$,中序为 $uwtvs$,那么该二叉树的后序为_____。

    A. $uwvts$ B. $vwuts$ C. $wuvts$ D. $wutsv$

14. 在有 n 个叶子结点的哈夫曼树中,其结点总数为_____。

    A. 不确定   B. $2n$ C. $2n+1$ D. $2n-1$

15. 某二叉树的先序序列和后序序列正好相反,则该二叉树一定是_____的二叉树。

    A. 空或只有一个结点   B. 高度等于其结点数

    C. 任一结点无左孩子   D. 任一结点无右孩子

16. 引入二叉线索树的目的是_____。

    A. 加快查找结点的前驱或后继的速度

    B. 为了能在二叉树中方便的进行插入与删除

    C. 为了能方便的找到双亲

    D. 使二叉树的遍历结果唯一

17. 如果 T_1 是由有序树 T 转换而来的二叉树，那么 T 中结点的前序就是 T_1 中结点的_____。

    A. 前序　　　　　　B. 中序　　　　　　C. 后序　　　　　　D. 层次序

18. 利用二叉链表存储树时，根结点的右指针是_____。

    A. 指向最左孩子　　B. 指向最右孩子　　C. 空　　　　　　D. 非空

19. 设森林 F 中有三棵树，第一，第二，第三棵树的结点个数分别为 N_1，N_2 和 N_3。与森林 F 对应的二叉树根结点的右子树上的结点个数是_____。

    A. N_1　　　　　　B. N_1+N_2　　　　C. N_3　　　　　　D. N_2+N_3

20. n 个结点的线索二叉树上含有的线索数为_____。

    A. $2n$　　　　　　B. $n-1$　　　　　C. $n+1$　　　　　D. n

21. 已知完全二叉树有 28 个结点，则整个二叉树有_____个度为 1 的结点。

    A. 0　　　　　　B. 1　　　　　　C. 2　　　　　　D. 不确定

二、填空题

1. 若一棵具有 n 个结点的二叉树采用标准链接存储结构，那么该二叉树所有结点共有_____个空指针域。

2. 一棵二叉树有 69 个结点，这些结点的度要么是 0，要么是 2。这棵二叉树中度为 2 的结点有_____个。

3. 若以 $\{2,4,6,1,8\}$ 作为叶子结点的权值构造哈夫曼树，则其带权路径长度是_____。

4. 已知二叉树有 40 个叶子结点，则该二叉树的总结点数至少是_____。

5. 一棵哈夫曼树有 19 个结点，则其叶子结点的个数是_____。

6. 有数据 $WG=\{4,5,6,7,10,12,18\}$，则所建 Huffman 树的树高是_____，带权路径长度 WPL 为_____。

7. 有一份电文中共使用 6 个字符：a,b,c,d,e,f，它们的出现频率依次为 2，3，4，7，8，9，试构造一棵哈夫曼树，则其加权路径长度 WPL 为_____，字符 c 的编码是_____。

三、解答题

1. 一棵二叉树的先序、中序和后序序列分别如下，其中有一部分为显示出来，试求出空格处的内容，画出该二叉树。

先序：_B_E_FHG_J　　　中序：E_BHFD_JGA　　　后序：_C_FJIGD_A

第7章 图

【学习概要】

图是一种较线性表和树更为复杂的非线性结构。在图结构中,任意两个结点之间都可能相关,即结点之间的邻接关系可以是任意的。因此,图结构被用于描述各种复杂的数据对象。

本章主要学习图的定义、图的存储结构、图的遍历及图的应用,内容方面介绍了与图相关的术语、图的两种主要的存储结构、两种重要的遍历方法、三种重要的应用。

7.1 案 例 导 入

我们举一个交通网的例子来说明对一个实际问题如何把它建模为图的问题。

问题:欲在 n 个城市间建立交通网,则 n 个城市至少要铺设 $n-1$ 条线路;因为每条线路都会有对应的经济成本,而 n 个城市至多可能有 $n(n-1)/2$ 条线路,那么,如何在其中选择 $n-1$ 条线路,使总费用最少?

模型:对这个问题可以建立如下的数学模型——图 G:

图 G		最小生成树 T
顶点——表示城市,有 n 个	⟶	n
边——表示线路,至多有 $n(n-1)/2$ 条	⟶	$n-1$
边的权值——表示线路的经济代价	⟶	权值
连通网——表示 n 个城市间的交通网	⟶	权值和最小

求解:这样的一个图是包含了所有可能的边,我们要由此寻找一个包含了全部顶点,仅有 $n-1$ 边,且这 $n-1$ 边的权值和最小的一个交通网的问题就是求图 G 的最小生成树 T,而 T 就表示了建立交通网的可行方案。

交通网络、通信网络、互联网络等都可以抽象为图,有向无环图拥有很强的表达能力,除了可以表达含有公共子式的表达式从而节省存储之外,还可以表达复杂的贝叶斯网络用来进行统计推断。交通线路、通信线路的设计问题可以抽象为求解无向网图的最小生成树问题,计划安排问题可以抽象为对有向无环图的拓扑排序,工程进度管理问题可以抽象为求图的关键路径,互联网络的路由选择问题可以抽象为求图的最短路径。

7.2 图的相关定义和概念

7.2.1 图的定义

图(Graph)是由一个非空的顶点集合和一个描述顶点之间关系的边(或者弧)的集合组成。其形式化定义如下:

$G=(V, E)$

$V=\{ v_i \mid v_i \in dataobject \}$

$E=\{ (v_i, v_j) \mid v_i, v_j \in V \wedge P(v_i, v_j) \}$

其中 $P(v_i, v_j)$ 表示顶点 v_i 和顶点 v_j 之间有一条直接连线,即偶对 (v_i, v_j) 表示一条边。

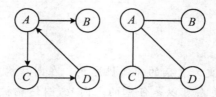

图 7.1　有向图 G_1 与无向图 G_2

示例:如图 7.1 中的左图 G_1。

$G_1=(V_1, E_1)$

$V_1=\{A, B, C, D\}$;

$E_1=\{\langle A, B\rangle, \langle A, C\rangle, \langle C, D\rangle, \langle D, A\rangle\}$

图中的数据元素通常称为顶点(vertex),元素之间的关系 $P(v_i, v_j)$ 称为边(Edge)。边用顶点的无序偶对 (v_i, v_j) 来表示,称顶点 v_i 和顶点 v_j 互为邻接点,边 (v_i, v_j) 依附于顶点 v_i 和顶点 v_j。如果边 $P(v_i, v_j)$ 有方向则称为弧(Arc),弧用顶点的有序偶对 $\langle v_i, v_j\rangle$ 来表示。有序偶对的第一个结点 v_i,也就是不带箭头的一端被称为始点(或弧尾 Tail),有序偶对的第二个结点 v_j,也就是带箭头的一端被称为终点(或弧头 Head)。

7.2.2　图的相关术语

如果图中任意两个顶点构成的偶对 $\langle v_i, v_j\rangle \in E$ 是有序的,即顶点之间的连线是有方向的,则该图称之为有向图,如图 7.1 中的左图 G_1 所示。

如果图中任意两个顶点构成的偶对 $(v_i, v_j) \in E$ 是无序的,即顶点之间的连线是没有方向的,则该图称之为无向图,如图 7.1 中的右图 G_2 所示。

对 G_2 有:

$G_2=(V_2, E_2)$

$V_2=\{A, B, C, D\}$

$E_2=\{(A, B), (A, C), (C, D), (D, A)\}$

在一个无向图中,如果任意两顶点都有一条直接边相连接,则称该图为无向完全图。

在一个含有 n 个顶点的无向完全图中,有 $n(n-1)/2$ 条边。在一个有向图中,如果任意两顶点之间都有方向互为相反的两条弧相连接,则称该图为有向完全图。在一个含有 n 个顶点的有向完全图中,有 $n(n-1)$ 条弧。

若一个图接近完全图,称为稠密图;边数很少的图则称之为稀疏图。

与边有关的数据信息称为权(Weight)。在一个反映城市交通线路的图中,边上的权值可以表示该条线路的长度或者等级;对于一个电子线路图,边上的权值可以表示两个端点之间的电阻、电流或电压值;对于反映工程进度的图而言,边上的权值可以表示从前一个工程到后一个工程所需要的时间等等。边上带权的图称为网图或网络(Network)。如果边是有方向的带权图,则就是一个有向网图。

顶点的度(Degree)就是依附于某顶点 v 的边数,记为 $TD(v)$。在有向图中可区分顶点的入度与出度。顶点 v 的入度就是以顶点 v 为终点的弧的数目,记为 $ID(v)$;顶点 v 的出度就是以顶点 v 为始点的弧的数目,记为 $OD(v)$。度、入度和出度之间有关系:

$$TD(v) = ID(v) + OD(v)$$

对于具有 n 个顶点、e 条边的图,顶点 v_i 的度 $TD(v_i)$ 与顶点的个数以及边的数目满足关系:

$$e = (\sum_{i=1}^{n} TD(v_i))/2$$

顶点 v_p 到顶点 v_q 之间的路径(Path)是顶点序列 $v_p, v_{i1}, v_{i2}, \cdots, v_{im}, v_q$。而其路径长度则是路径上边的数目,如边: $(v_p, v_{i1}), (v_{i1}, v_{i2}), \cdots, (v_{im}, v_q)$。

回路(或者环—Cycle)是第一个顶点和最后一个顶点相同的路径。简单路径是序列中顶点不重复出现的路径。简单回路(或者简单环)是除第一个顶点与最后一个顶点之外,其他顶点不重复出现的回路。

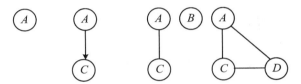

图 7.2 G_1 的子图与 G_2 的子图

对图 $G=(V, E)$ 和图 $G'=(V', E')$ 来说,若 V' 是 V 的子集 ,E' 是 E 的子集,则 G' 是 G 的一个子图,如图 7.2 所示。

在无向图中,如果从一个顶点 v_i 到另一个顶点 $v_j (i \neq j)$ 有路径,则称顶点 v_i 和 v_j 是连通的。如果图中任意两顶点都是连通的,则称该图是连通图。无向图的极大连通子图称为连通分量,如图 7.3 所示。

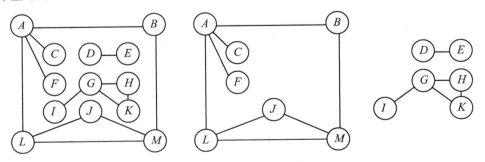

图 7.3 无向图 G_3 及其连通分量

对于有向图来说,若图中任意一对顶点 v_i 和 $v_j (i \neq j)$ 均有从一个顶点 v_i 到另一个顶点 v_j 的路径,也有从 v_j 到 v_i 的路径,则称该有向图是强连通图。有向图的极大强连通子图称为强连通分量,如图 7.4 所示。

所谓连通图 G 的生成树,是 G 的包含其全部 n 个顶点的一个极小连通子图。它必定包含且仅包含 G 的 $n-1$ 条边。在生成树中添加任意一条属于原图中的边必定会产生回路,因为新添加的边使其所依附的两个顶点之间有了第二条路径。若生成树中减少任意一条边,则必然成为非连通的。

　　在非连通图中,由每个连通分量都可得到一个极小连通子图,即一棵生成树,如图 7.5 所示,这些连通分量的生成树就组成了一个非连通图的生成森林。

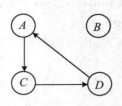 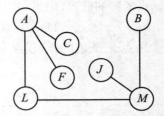

图 7.4　G_1 的强连通分量　　　　图 7.5　G_3 最大连通分量的一棵生成树

7.2.3　图的抽象数据类型

　　图的抽象数据类型定义如下:

ADT　Graph {

数据对象 V:具有相同特性的数据元素的集合,称为顶点集。

数据关系 R:$R = \{VR\}$

　　　　　　　$VR = \{\langle v, w \rangle \mid v, w \in V \text{ 且 } P(v, w)\}$

基本操作 P:

CreatGraph(&G, V, VR)　　　　/ * 输入图 G 的顶点和边,建立图 G 的存储 * /

初始条件:V 是图的顶点集,VR 是图中弧的集合。

操作结果:按 V 和 VR 的定义构造图 G。

DestroyGraph(&G)　　　　　　/ * 释放图 G 占用的存储空间 * /

初始条件:图 G 存在。

操作结果:销毁图 G。

LocateVex(G, u)　　　　　　/ * 在图 G 中找到顶点 u,返回该顶点在图中位置 * /

初始条件:图 G 存在,u 和 G 中顶点有相同特征。

操作结果:若 G 中存在顶点 u,则返回该顶点在图的位置;否则返回其他信息。

GetVex(G, v)　　　　　　　/ * 在图 G 中找到顶点 v,并返回顶点 v 的相关信息 * /

初始条件:图 G 存在,u 是 G 中某个顶点。

操作结果:返回 v 的值。

PutVex(&G, v, value)　　　　/ * 在图 G 中找到顶点 v,并将 value 值赋给顶点 v * /

初始条件:图 G 存在,v 是 G 中某个顶点。

操作结果:对 v 赋值。$value$。

FirstAdjVex(G, v)　　　　　/ * 在图 G 中,返回 v 的第一个邻接点。若顶点在 G 中没有邻接顶点,则返回"空" * /

　　初始条件:图 G 存在,v 是 G 中某个顶点。

　　操作结果:返回 v 的第一个邻接顶点,若顶点在 G 中没有邻接顶点,则返回"空"。

NextAdjVex(G, v, w)　　　　/ * 在图 G 中,返回 v 的(相对于 w 的)下一个邻接点。若 w 是 v 的最后一个邻接点,则返回"空" * /

　　初始条件:图 G 存在,v 是 G 中某个顶点,w 是 v 的邻接顶点。

操作结果:返回 v 的下一个邻接顶点,若 w 是 v 的最后一个邻接点,则返回"空"。

InsertVex(G, v)　　　　　　　/ * 在图 G 中增添新顶点 v * /

初始条件:图 G 存在,v 和 G 中顶点有相同特征。

操作结果:在 G 中增加新顶点 v。

DeleteVex(G, v)　　　　　　　/ * 在图 G 中,删除顶点 v 以及所有和顶点 v 相关联的边或弧 * /

初始条件:图 G 存在,v 是 G 中某个顶点。

操作结果:删除 G 中顶点 v 及其相关的弧。

InsertArc(&G, v, w)　　　　　/ * 在图 G 中增添一条从顶点 v 到顶点 w 的边或弧 * /

初始条件:图 G 存在,v 和 w 是 G 中两个顶点。

操作结果:在 G 中增加弧 $\langle v, w \rangle$,若 G 是无向的,则还增加对称弧 $\langle w, v \rangle$。

DeleteArc(&G, v, w)　　　　　/ * 在图 G 中删除一条从顶点 v 到顶点 w 的边或弧 * /

初始条件:图 G 存在,v 和 w 是 G 中两个顶点。

操作结果:在 G 中删除弧 $\langle v, w \rangle$,若 G 是无向的,则还删除弧 $\langle w, v \rangle$。

DFSTraverse(G, Visit())　　　/ * 在图 G 中,从顶点 v 出发深度优先遍历图 G * /

初始条件:图 G 存在,Visit 是顶点的应用函数。

操作结果:对图进行深度优先遍历,在遍历过程中对每个顶点调用函数 Visit 一次且仅一次,一旦 Visit()失败,则操作失败。

BFSTraverse(G, Visit())　　　/ * 在图 G 中,从顶点 v 出发广度优先遍历图 G * /

初始条件:图 G 存在,Visit 是顶点的应用函数。

操作结果:对图进行广度优先遍历,在遍历过程中对每个顶点调用函数 Visit 一次且仅一次,一旦 Visit()失败,则操作失败。

} ADT Graph

7.3　图的存储结构

图是一种结构复杂的数据结构,表现在不仅各个顶点的度可以千差万别,而且顶点之间的逻辑关系也错综复杂。从图的定义可知,一个图的信息包括两部分,即图中顶点的信息以及描述顶点之间关系的边或者弧的信息。因此无论采用什么方法建立图的存储结构,都要完整、准确地反映这两方面的信息。

7.3.1　邻接矩阵

邻接矩阵是用一个一维数组存储图中顶点的信息,用一个二维数组(矩阵)表示图中各顶点之间的邻接关系的一种图的存储方法。

邻接矩阵(Adjacency Matrix)可定义如下:

图 $G=(V, E)$ 有 n 个确定的顶点,即 $V=\{v_0, v_1, \cdots, v_{n-1}\}$,则表示 G 中各顶点相邻关系为一个 $n \times n$ 的矩阵,矩阵的元素为:

$$A[i][j]=\begin{cases} 1 & 若(v_i, v_j)或\langle v_i, v_j \rangle 是 E(G)中的边 \\ 0 & 若(v_i, v_j)或\langle v_i, v_j \rangle 不是 E(G)中的边 \end{cases}$$

若 G 是网图,则邻接矩阵可定义为:

$$A[i][j]=\begin{cases} w_{ij} & 若(v_i,v_j)或\langle v_i,v_j\rangle是 E(G)中的边 \\ 0\ 或\ \infty & 若(v_i,v_j)或\langle v_i,v_j\rangle不是 E(G)中的边 \end{cases}$$ 其中,w_{ij} 表示边

(v_i,v_j)或$\langle v_i,v_j\rangle$上的权值;∞表示一个计算机允许的、大于所有边上权值的数。

图 G_1 和 G_2 的邻接矩阵如图 7.6 所示。

	A	B	C	D	入度	出度			A	B	C	D	度
A	0	1	1	0	1	2		A	0	1	1	1	3
B	0	0	0	0	1	0		B	1	0	0	0	1
C	0	0	0	1	1	1		C	1	0	0	1	2
D	1	0	0	0	1	1		D	1	0	1	0	1

图 7.6　G_1 和 G_2 的邻接矩阵

图的邻接矩阵表示法有如下特点:

(1) 无向图的邻接矩阵一定是一个对称矩阵。因此,在具体存放邻接矩阵时只需存放上(或下)三角矩阵的元素即可。

(2) 对于无向图,邻接矩阵的第 i 行(或第 i 列)非零元素(或非∞元素)的个数正好是第 i 个顶点的度 $TD(v_i)$。

(3) 对于有向图,邻接矩阵的第 i 行(或第 i 列)非零元素(或非∞元素)的个数正好是第 i 个顶点的出度 $OD(v_i)$(或入度 $ID(v_i)$)。

(4) 用邻接矩阵方法存储图,很容易确定图中任意两个顶点之间是否有边相连。

图的邻接矩阵可用语言描述如下:

```
//- - - - - - - - - - - - - - - - 图的邻接矩阵存储表示- - - - - - - - - - - - - - - - - - -
# define   INFINITY             INT_MAX
# define   MAX_VERTEX_NUM   20
typedef   enum {DG, DN, UDG, UDN} GraphKind;
typedef   struct ArcCell   {
    VRType         adj;      /* 顶点关系类型 */
    InfoType       * info;      /* 弧相关信息指针 */
}ArcCell, AdjMatrix[MAX_VERTEX_NUM][MAX_VERTEX_NUM];
typedef struct   {
    VertexType   vexs[MAX_VERTEX_NUM];   /* 顶点向量 */
    AdjMatrix    arcs;                    /* 邻接矩阵 */
    int          vexnum, arcnum;         /* 顶点数和弧数 */
    GraphKind   kind;                    /* 图的类型 */
}MGraph;
```

无向网的创建算法可描述如下:

```
Status CreateUDN(MGraph &G)   {
scanf(&G. vexnum, &G. arcnum, &Incinfo);
    for(i=0;i<G. vexnum;i++)    scanf(&G. vexs[i]);
```

```
for(i=0;i<G.vexnum;i++)
    for(j=0;j<G.vexnum;j++)
        G.arcs[i][j]={INFINITY, NULL};
    for(k=0;k<G.arcnum;k++){
    scanf(&v1, &v2, &w);
    i=LocateVex(G, v1);   j=LocateVex(G, v2);
    G.arcs[i][j].adj=w;
    if (IncInfo)   Input( * G.arcs[i][j].info);
    G.arcs[j][i]=G.arcs[i][j];
    }
    return OK;
}
```

算法 7.1

7.3.2 邻接表

邻接表（Adjacency List）是图的顺序存储与链式存储相结合的存储方法。

对于图 G 中的每个顶点 v_i，将所有邻接于 v_i 的顶点 v_j 链成一个单链表，这个单链表就称为顶点 v_i 的邻接表，再将所有顶点的邻接表表头放到数组中，构成了图的邻接表。

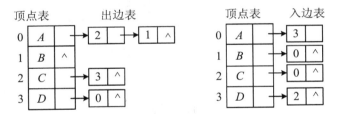

图 7.7 G_1 的邻接表和逆邻接表

邻接表中每个表结点均有三个域，其一是邻接点域（adjvex），用以存放与 v_i 相邻接的顶点 v_j 的序号；其二是链域（nextarc），用来将邻接表的所有表结点链在一起；其三是数据域（info），存储和边或弧相关的信息。

为每个顶点 v_i 的邻接表设置一个具有两个域的表头结点：一个是顶点域（vertex），用来存放顶点 v_i 的信息；另一个是指针域（link），用于存入指向 v_i 的邻接表中第一个表结点的头指针。

所有顶点的邻接表表头组成的一维数组称之为顶点表。如果把无向图中顶点的邻接表称之为边表的话，如图 7.8 所示，则有向图中以某顶点为弧尾的邻接表可以称之为出边表，

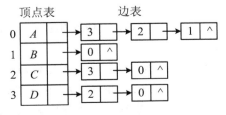

图 7.8 G_2 的邻接表

如图 7.7 左图所示,而以某顶点为弧头的邻接表可以称之为入边表,如图 7.7 右图所示。如果把由图的顶点表和出边表的组合称之为的图的邻接表的话,则由图的顶点表和入边表的组合可称之为的图的逆邻接表。

图的邻接表可用语言描述如下:

```
//- - - - - - - - - - - - - 图的邻接表存储表示- - - - - - - - - - - - - - -
＃define MAX_VERTEX_NUM     20
typedef struct ArcNode{
    int             adjvex;          / * 弧所指向的顶点在顶点表中的位置 * /
    struct ArcNode  * nextarc;       / * 指向下一条弧的指针 * /
    InfoType        * info;          / * 该弧相关信息的指针 * /
}ArcNode;

typedef struct VNode{
    VertexType      data;            / * 顶点信息 * /
    ArcNode         * firstarc;      / * 指向边表头结点的指针 * /
}VNode,   AdjList[MAX_VERTEX_NUM];

typedef struct {
    AdjList         vertices;        / * 顶点表 * /
    int             vexnum,  arcnum; / * 顶点数和弧数 * /
    int             kind;            / * 图的种类 * /
} ALGraph;
```

7.4　图 的 遍 历

图的遍历是从某个顶点出发,沿着某条搜索路径对图中所有顶点各作一次访问。图的遍历比树的遍历复杂得多,其复杂性体现在以下几个方面:

（1）在图结构中,没有一个“自然”的首结点,图中任意一个顶点都可作为第一个被访问的结点。

（2）若给定的图是连通图,则从图中任一顶点出发顺着边可以访问到该图的所有顶点。而在非连通图中,从一个顶点出发,只能够访问它所在的连通分量上的所有顶点。因此,还需考虑如何选取下一个出发点以访问图中其余的连通分量。

（3）在图结构中,任一顶点都可能和其余顶点相邻接,如果有回路存在,那么一个顶点被访问之后,有可能沿回路又回到该顶点。

（4）在图结构中,一个顶点可以和其他多个顶点相连,当这样的顶点访问过后,存在如何选取下一个要访问的顶点的问题。

为了避免重复访问同一个顶点,必须记住每个顶点是否被访问过。为此,可设置一个访问标志数组,即布尔向量 visited[n],它的初值为 False,一旦访问了顶点 v_i,便将 visited[i-1]置为 TRUE。下面主要对图的两种最重要的遍历算法:深度优先搜索（Depth-First-Search)和广度优先搜索（Breadth-First-Search)进行讨论。

7.4.1　深度优先搜索(Depth-First-Search:DFS)

图的深度优先搜索(DFS)类似于树的前序遍历。假设给定图 G 的初态是所有顶点均未访问过,在 G 中任选一顶点 v_i 为初始出发点,则深度优先搜索可定义如下:

首先,访问出发点 v_i,并将其标记为已访问过,然后,依次从 v_i 出发搜索 v_i 的每一个邻接点 v_j,若 v_j 未曾访问过,则以 v_j 为新的出发点继续进行深度优先搜索。

DFS 的特点是尽可能先对纵深方向进行搜索,故称之为深度优先搜索。

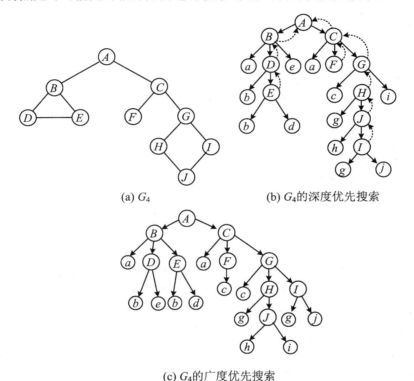

(a) G_4　　　　　　　　(b) G_4的深度优先搜索

(c) G_4的广度优先搜索

图 7.9　G_4 及深度优先搜索和广度优先搜索

如对图 7.9 (a) G_4,从 A 出发、按 DFS 算法进行深度优先搜索的过程如图 7.9 (b)所示,得到的深度优先遍历序列为:A、B、D、E、C、F、G、H、J、I。

深度优先搜索可形式化描述如下:

设 x 是刚访问过的顶点,按深度优先搜索方法,下一步将选择一条从 x 出发的未检测过的边(x,y)。若发现顶点 y 已被访问过,则重新选择另一条从 x 出发的未检测过的边。若发现顶点 y 未曾访问过,则沿此边从 x 到达 y,访问 y 并将其标记为已访问过,然后从 y 开始搜索,直到搜索完从 y 出发的所有路径,才回溯到顶点 x,然后再选择一条从 x 出发的未检测过的边。上述过程直至从 x 出发的所有的边都已检测过为止。若 x 不是初始出发点,则回溯到在 x 之前被访问过的顶点;若 x 是初始出发点,则搜索过程结束。这时图 G 中所有和初始出发点有路径相通的顶点都已被访问过。若 G 是连通图,则从初始出发点开始的整个搜索过程结束,也就意味着完成了对图 G 的遍历。

图的 DFS 算法可描述如下：
```
/ * 深度优先遍历图 G * /
Boolean visited[MAX];
Status ( * VisitFunc)(int v);
void DFSTraverse(Graph G，Status ( * Visit)(int v))  {
    VisitFunc＝Visit;
    for (v＝0；v＜G. vexnum；v＋＋)     visited[v]＝FALSE;
    for (v＝0；v＜G. vexnum；v＋＋)
     if (! visited[v])   DFS(G，v);
} / * DFSTravese * /


/ * 从第 v 个顶点出发递归地深度优先遍历图 G * /
void DFS(Graph G，int v )   {
visited[v]＝TRUE;
VisitFunc(v);
    for ( w＝FirstAdjVex(G，v)；w＞＝0；w＝NextAdjVex(G，v，w) )
        if (! visited[w])   DFS(G，w);
}
```
算法 7.2

如果图以邻接表存储的话，则算法 7.2 中的 DFS()函数可写为如下的形式：
```
/ * 以 Vi 为出发点对邻接表存储的图 G 进行 DFS 搜索 * /
void DFSAL(ALGraph G，int i)  {
    visited[i]＝TRUE;
    VisitFunc(i)                / * printf("visit vertex：%c\n", G. vertices[i]. data) * /
    ArcNode * p＝G. vertices[i]. firstarc;
    while(p)   {
        if ( ! visited[p—>adjvex])   DFSAL(G，p—>adjvex);
        p＝p—>next;
    }
} //DFSAL
```
算法 7.3

7.4.2 广度优先搜索(Breadth-First-Search：BFS)

图的广度优先搜索(BFS)类似于树的层次遍历。BFS 可定义如下：首先访问出发点 v_i，然后依次访问 v_i 的所有邻接点 w_1、w_2、…、w_t，接着再依次访问与 w_1、w_2、…、w_t 邻接的所有未曾访问过的顶点，依此类推，直至图中所有和初始出发点 v_i 有路径相通的顶点都已访问到为止，此时，从 v_i 开始的搜索过程结束，若 G 是连通图则遍历完成。若 G 不连通，则另选一个未曾访问的顶点为出发点重复上述过程，直至所有顶点都被访问为止。

BFS 的特点是尽可能先对横向进行搜索，故称之为广度优先搜索。广度优先搜索在对图进行遍历的过程中以 v_i 为起始点,由近至远,依次访问和 v_i 有路径相通且路径长度为 1、2、…的顶点,先访问的顶点其邻接点亦先被访问。

如对图 7.9(a) G_4,从 A 出发、按 BFS 算法进行广度优先搜索的过程如图 7.9(c)所示,得到的广度优先遍历序列为:A、B、C、D、E、F、G、H、I、J。

广度优先搜索可形式化地描述如下:设 x 和 y 是两个相继被访问过的顶点,若当前是以 x 为出发点进行搜索,则在访问 x 的所有未曾访问过的邻接点之后,紧接着是以 y 为出发点进行横向搜索,并对搜索到的 y 的邻接点中尚未被访问的顶点进行访问。在遍历的过程中,为了顺次访问路径长度为 2、3、…的顶点,需附设队列以存储已被访问的路径长度为 1、2、…的顶点。

使用辅助队列 Q 和访问标志数组 visited,图的 BFS 算法可描述如下:

```
/* 广度优先非递归遍历图 G */
Boolean visited[MAX];
void  BFSTraverse(Graph G, Status( * Visit)(int v))  {
    for (v=0; v<G. vexnum; ++v)  visited[v]=FALSE;
    InitQueue(Q);
    for (v=0; v<G. vexnum; v++)
      if (! visited[v])  {
        visited[u]=TRUE;  visit(u);  EnQueue(Q,v);
        while (! QueueEmpty(Q))    {
          DeQueue(Q,u);
          for(w=FistAdjVex(G,u); w>=0; w=NextAdjVex(G,u,w))
            if (! visited[w])
            { visited[u]=TRUE;  visit(u);  EnQueue(Q,w);  }
        } /* while
      } /* if
} /* BFSTraverse
```

算法 7.4

如果图以邻接矩阵存储,则算法 7.4 可写为如下的形式:

```
/* 广度优先遍历以邻接矩阵存储的图 G */
Boolean visited[MAX];
Status ( * VisitFunc)(int v);
void BFSTraverseAL(MGraph G, Status( * Visit)(int v))    {
    VisitFunc=Visit;
    for (i=0; i<G. vexnum; i++)  visited[i]=FALSE;
    for (i=0; i<G. vexnum; i++)  if (! visited[i])  BFSM(G, i);
} /* BFSTraverseAL


void BFSM(MGraph G, int k) {
    InitQueue(&Q);
    visited[k]=TRUE;
```

```
    VisitFunc(k);                         /* printf("visit vertex:V%c\n", G->vexs[k]);
    EnQueue(&Q, k);
    while (! QueueEmpty(Q))  {
        i=DeQueue(Q);
        for (j=0; j<G.vexnum; j++)              /* 依次搜索 Vi 的邻接点 Vj */
          if (G.arcs[i][j]==1 && ! visited[j])  {
              visited[j]=TRUE;
              VisitFunc(j);                       /* printf("visit vertex:V%c\n",G.vexs[j]);
              EnQueue(Q, j);
          }
    }
} /* BFSM
```
算法 7.5

需要注意的是,无论是深度优先搜索还是广度优先搜索,在逻辑结构上遍历的时候,其遍历序列不是唯一的,但在存储结构上遍历的时候,算法决定了遍历序列是唯一的。

7.5　最小生成树

在本书中关于图的应用我们主要讨论:求连通网的最小生成树,对有向无环图进行拓扑排序,求带权有向图的最短路径,这些问题的解决都或多或少地利用了图的遍历算法。

7.5.1　无向图的连通分量和生成树

在对无向图进行遍历时,对于连通图,仅需从图中任一顶点出发,进行深度优先搜索或广度优先搜索,便可访问到图中所有顶点;对非连通图,则需从多个顶点出发进行搜索,而每一次从一个新的起始点出发进行搜索过程中得到的顶点访问序列恰为其各个连通分量中的顶点集。

要想判定一个无向图是否为连通图,或有几个连通分量,就可设一个计数变量 count,初始时取值为 0,在算法 7.4 的第二个 for 循环中,每调用一次 DFS,就给 count 增 1。这样,当整个算法结束时,依据 count 的值,就可确定图的连通性了。

所有顶点均由边连接在一起,但不存在回路的图叫生成树。此处"生成"二字的含义就是顶点张成了图的空间,因此应包含所有的顶点,而"树"的含义此处取其连通的意思,也有不存在回路的意思。非连通图每个连通分量的生成树一起组成非连通图的生成森林。

一个图可以有许多棵不同的生成树,所有生成树具有以下共同特点:

① 生成树的顶点个数与图的顶点个数相同;

② 生成树是图的极小连通子图;

③ 一个有 n 个顶点的连通图的生成树有 $n-1$ 条边;

④ 在生成树中再加一条边必然形成回路;

⑤ 生成树中任意两个顶点间的路径是唯一的;

⑥ 含 n 个顶点 $n-1$ 条边的图不一定是生成树。

下面我们直接给出生成非连通图的深度优先生成森林的算法,因为算法中的注释对算法作出了比较清晰的说明,所以对算法的思想、过程、形式化不作讨论。

```
/* 建立无向图 G 的深度优先生成森林的孩子兄弟链表 T */
Void   DFSForest(Graph G, CSTree &T) {
    T=NULL;
    for ( v=0; v<G. vexnum; ++v)   visited[v]=FALSE;
    for ( v=0; v<G. vexnum; ++v)
      if (! visited[v]) {
          p=(CSTree)malloc(sizeof(CSNode));
          *p={ GetVex(G, v), NULL, NULL };
          if (! T) T=p;
          else   q—>nextsibling=p;
          q=p;
          DFSTree(G, v, p);
      }
} /* DFSForest


/* 从第 v 个顶点出发深度优先遍历图 G,建立以 T 为根的生成树 */
void   DFSTree(Graph G, int v, CSTree &T)   {
    visited[v]= TRUE;
    first=TRUE;
    for (w=FisrtAdjVex(G, v); w>=0; w=NextAdjVex(G, v, w))
      if (! visitec[w]) {
          p=(CSTree)malloc(sizeof(CSNode));
          *p={ GetVex(G, w), NULL, NULL };
          if (first)   { T—>lchild=p;   first=FALSE;   }
          else { q—>nextsibling=p; }
          q=p;
          DFSTree(G, w, q);
      }
} /* DFSTree
```

算法 7. 6

7.5.2 最小生成树

图的生成树不是唯一的。使用不同的遍历图的方法,可以得到不同的生成树;从不同的顶点出发进行遍历,也可能得到不同的生成树。

对于连通网络 $G=(V,E)$,边是带权的,因而 G 的生成树的各边也是带权的。生成树各边的权值总和称为生成树的权。在一个连通网 G 的所有生成树中,权最小的生成树称为 G 的最小代价生成树 (Minimum Cost Spanning Tree),简称最小生成树 MST (Minimun Spanning Tree)。

构造最小生成树有如下准则:

① 必须只使用该网络中的边来构造最小生成树；

② 必须使用且仅使用 $n-1$ 条边来联结网络中的 n 个顶点；

③ 不能使用产生回路的边。

对于这三条准则我们可以这样来理解：网络中现有的边本身就代表了一种候选方案，网络中没有的边或许根本就是不可能的，或者是不方便的、不合理的；连通 n 个顶点最少得 $n-1$ 条，在追求最小权值和的目标下，只要使用 $n-1$ 条边即可；有只有 $n-1$ 条边的情况下，如果有回路，必然有某个地方缺少了边 ，就会造成不连通。

最小生成树有如下性质（MST 性质）：

设 $G=(V,E)$ 是一个连通网络，U 是顶点集 V 的一个真子集。若 (u,v) 是 G 中所有的一个端点在 U（即 $u\in U$）里、另一个端点不在 U（即 $v\in V-U$ 里）的边中，具有最小权值的一条边，则一定存在 G 的一棵最小生成树包含此边 (u,v)。

证明（反证法）：

假设 G 的任何一棵最小生成树中都不含边 (u,v)。

设 T 是 G 的一棵最小生成树，但不包含边 (u,v)。

由于 T 是树，且是连通的，因此有一条从 u 到 v 的路径，且该路径上必有一条连接两个顶点集 U 和 $V-U$ 的边 (u',v')，其中 $u'\in U,v'\in V-U$，否则 u 和 v 不连通。当把边 (u,v) 加入树 T 时，得到一个含有边 (u,v) 的回路。删去边 (u',v')，上述回路即被消除，由此得到另一棵生成树 T'，T' 和 T 的区别仅在于用边 (u,v) 取代了 T 中的边 (u',v')。因为 (u,v) 的权 $<(u',v')$ 的权，故 T' 的权 $<T$ 的权，因此，T' 不但是 G 的生成树、包含边 (u,v)，而且其权值比 T 的权值还要小，这与假设矛盾！

7.5.3 Prim 算法

Prim 算法属于一种贪心算法，其基本思想是：首先从 v 中任取一个顶点 u_0，将生成树 T 置为仅有一个结点 u_0 的树，即置 $U=\{u_0\}$；然后只要 U 是 V 的真子集，就在所有那些其一个端点 u 已在 T（即 $u\in U$）、另一个端点 v 还未在 T（即 $v\in V-U$）的边中，找一条最短（即权最小）的边 (u,v)，并把该条边 (u,v) 和其不在 T 中的顶点 v，分别并入 T 的边集 TE 和顶点集 U；如此进行下去，每次往生成树里并入一个顶点和一条边，直到把所有顶点都包括进生成树 T 为止。此时，必有 $U=V$，TE 中有 $n-1$ 条边。

这个算法实际上就是不断地按照 MST 性质来选择边，因而 MST 性质保证了上述过程求得的 $T=(U,TE)$ 是 G 的一棵最小生成树。

进一步我们可以将上述算法思想作如下形式化的描述：

令 w_{uv} 表示顶点 u 与顶点 v 边上的权值。

Step_1：$U=\{u_0\}$, $TE=\{\}$;

Step_2：while ($U\neq V$) do

$\qquad\qquad (u_i,v_j)=\min\{ w_{uv}; u\in U, v\in V-U \}$

$\qquad\qquad U=U+\{v_j\}$

$\qquad\qquad TE=TE+\{(u_i,v_j)\}$

为了提高算法效率，便于某次从 U 与 $V-U$ 之间的边集中求得权值最小的边，充分利用前次的工作成果，我们设计一个辅助数组来记录从顶点集 U 到 $V-U$ 的具有最小代价的边，每个顶点（$v\in V-U$）在辅助数组中存在一个分量 closedge[v]，它包括两个域 adjvex 和 lowcost,其中,adjvex 存储 U 中相应的顶点,lowcost 存储该边上的权。

```
struct   {
        VertexType   adjvex;
        CostType     lowcost;
} closedge[MAX_VERTEX_NUM];
```

无疑,closedge[v]. lowcost ＝ Min ﹛ cost(u,v)　│u∈U, v∈V－U ﹜

下面我们举一个例子来说明用 Prim 算法构造最小生成树的过程,如图 7.10 所示。

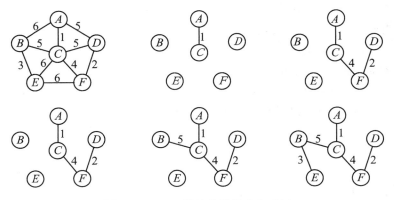

图 7.10　Prim 算法构造最小生成树

相应的辅助数组的变化用表 7.1 描述如下：

表 7.1　辅助数组

closedge　　i	1	2	3	4	5	U	$V-U$	k
Adjvex	A	A	A			A	B,C,D,E,F	2
lowcost	6	1	5	∞	∞			
Adjvex	C		A	C	C	A,C	$B,,D,E,F$	5
lowcost	5	0	5	6	4			
Adjvex	C		F	C		A,C,F	B,D,E	3
lowcost	5	0	2	6	0			
Adjvex	C			C		A,C,F,D	B,E	1
lowcost	5	0	0	6	0			
Adjvex				B		A,C,F,D,B	E	4
lowcost	0	0	0	3	0			
Adjvex						A,C,F,D,B,E		
lowcost	0	0	0	0	0			

按照 Prim 算法的形式化描述,结合辅助数组,我们得到 Prim 算法如下所示：

```
/ * 建立 n 个顶点的邻接矩阵存储的网图的最小生成树 T * /
/ * 从第 u 个顶点出发;输出 T 的各边 * /
void MiniSpanTree_Prim (MGraph G, VertexType u)  {
    k＝LocateVex(G, u);
    for (i＝0; i<G. vexnun; i++)
        if (i! ＝k) closedge[i]={u, G. arcs[k][i]. adj};
    closedge[k]. lowcost＝0;
    for (i＝1; i<G. vexnum; i++)      {
        k＝minimum(closedge)
        printf (closedge[k]. adjvex, G. vexs[k]);
        closedge[k]. lowcost＝0;
        for (j＝0; j<G,vexnum; j++)
            if (G. arcs[k][j]. adj<closedge[j]. lowcost)
                closedge[j]={ G. vex[k], G. arcs[k][j]. adj };
    }
}
/ * 求权值最小的边的依附顶点 * /
int   minimum(closedge) {
    mincost＝MAXCOST;   / * MAXCOST 为一个极大的常量值 * /
    j＝1; k＝1;
    while (j<n)   {
        if (closedge[j]. lowcost! ＝0 && closedge[j]. lowcost < mincost )
        {
            mincost＝closedge[j]. lowcost;
            k＝j;
        }
        j++;
    }
    return k;
}
```

算法 7.7

可以分析得出 Prim 算法的时间复杂度为 $O(n^2)$,适合于求边稠密的网的最小生成树。

7.5.4 Kruskal 算法

Kruskal 算法也是一种贪心算法,它按照网中边的权值递增的顺序构造最小生成树。其基本思想是:设无向连通网为 $G=(V,E)$,令 G 的最小生成树为 T,其初态为 $T=(V,\{\})$,即开始时,最小生成树 T 由图 G 中的 n 个顶点构成,顶点之间没有一条边,这样 T 中各顶点各自构成一个连通分量;然后,按照边的权值由小到大的顺序,考察 G 的边集 E 中的各条边。若被考察的边的两个顶点属于 T 的两个不同的连通分量,则将此边作为最小生成树的边加入到 T 中,同时把两个连通分量连接为一个连通分量;若被考察边的两个顶点属于同一个连通分量,则舍去此边,以免造成回路;如此下去,当 T 中的连通分量个数为 1 时,此连通分量便为 G 的一棵最小生成树。

简言之:按照网中边的权值由小到大的顺序,不断选取当前未被选取的边集中权值最小的且连接两个连通分量的边,重复此过程,直到选取了 $n-1$ 条边为止。

下面我们对上例的图来说明按照 Kruskal 算法构造最小生成树的过程,如图 7.11 所示。

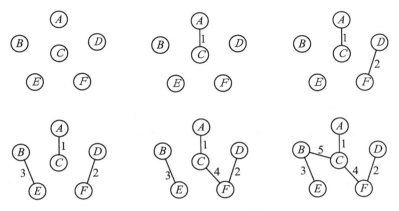

图 7.11　Kruskal 算法构造最小生成树

对 Kruskal 算法的描述本文略去,但不难分析得出它的时间复杂度为 $O(eloge)$,适合于求边稀疏的网的最小生成树。

对比两种算法构造最小生成树的过程,可以看出如果 Prim 算法可以称之为生长法的话,则 Kruskal 算法可以称之为连片法。

最小生成树的生成算法不仅能解决交通网与通信网的设计,还有广播路由与多点播送路由的选择,以及解决透明网桥循环连接的问题。

7.6　拓 扑 排 序

7.6.1　有向无环图

一个恰有一个顶点的入度为 0 ,其余顶点的入度均为 1 的有向图称为有向树。

一个无环的有向图称为有向无环图 DAG(Directed Acyclic Graph)。

有向树、DAG 及有向图的区别如图 7.12 所示。

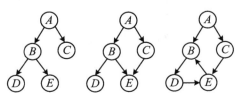

图 7.12　有向树、DAG、有向图

DAG 是描述含有公共子式的表达式的有效工具。

先来看表达式的二叉树表示法:若表达式为数或简单变量,则相应二叉树中仅有一个根结点,其数据域存放该表达式信息;若表达式＝(第一个操作数)(运算符)(第二个操作数),则相应的二叉树中以左子树表示第一个操作数,右子树表示第二个操作数,根结点的数据域存放运算符(若为一元运算符,则左子树为空)。操作数本身又为表达式。

例:$(a+b*(c+d))*((c+d)*e)$ 用有向树表示如图 7.13 所示。

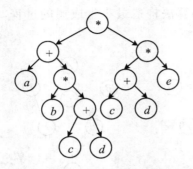
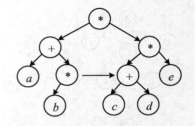

图 7.13　表达式的有向树表示　　　　　图 7.14　表达式的 DAG 表示

若用有向无环图表示含有公共子式的表达式,则可以节省存储空间,如图 7.14 所示。

有向图无环也可以描述一个工程或系统的进行过程,这个过程与图的对应关系如下:

工程或系统的进行过程	有向无环图
活动(子工程)	顶点/有向边
约束(次序关系)	有向边/顶点

这时的两类问题及与图的关系如下:

工程问题	有向无环图
工程能否顺利进行	拓扑排序
工程完成所必须的最短时间	求关键路径

下面仅谈谈拓扑排序问题。

7.6.2　AOV 网(Activity on Vertex Network)

通常把计划、施工过程、生产流程、程序流程等都当成一个工程,所有的工程或者某种流程可以分为若干个小的工程或阶段,这些小的工程或阶段就称为活动。这些活动完成时,整个工程也就完成了。

在一个有向图中,若用顶点表示活动,有向边表示活动间的先后关系,称该有向图叫做顶点表示活动的网络,简称为 AOV 网(Activity on Vertex Network)。

在 AOV 网中,若 $\langle i, j \rangle$ 是图中的弧,表示 i 活动应先于 j 活动开始,即 i 活动必须完成后,j 活动才可以开始,则称顶点 i 是顶点 j 的直接前驱,顶点 j 是顶点 i 的直接后继。

若从顶点 i 到顶点 j 之间存在一条有向路径,称顶点 i 是顶点 j 的前驱,或者称顶点 j 是顶点 i 的后继。

例如计算机专业的课程设置及其关系可以用一个有向图来表示,顶点表示课程,有向边就表示了先修后修的关系。

为了保证工程得以顺利完成,必须保证 AOV 网中不出现回路;否则,意味着某项活动以自身作为能否开展的先决条件,这在逻辑上是错误的。在 AOV 网中,若不存在回路,则所有活动可排成一个线性序列,使得每个活动的所有前驱活动都排在该活动的前面,这就意味着工程可以完成。

7.6.3 拓扑排序

有向图 $G=(V,E)$，V 中的顶点的线性序列 $(v_{i1},v_{i2},\cdots,v_{in})$ 如果满足条件：若在 G 中从顶点 v_i 到 v_j 有一条路经，则在序列中顶点 v_i 必在顶点 v_j 之前，则称该序列为 G 的一个拓扑序列。

构造有向图的一个拓扑序列的过程称为拓扑排序。

若集合 A 中的二元关系 R 是自反的、非对称的和传递的，则 R 是 A 上的偏序关系。

若 R 是集合 A 上的一个偏序关系，如果对每个 a、$b \in A$ 必有 aRb 或 bRa，则 R 是 A 上的全序关系。

偏序意味着集合中仅部分元素之间有序，而全序则意味着全体元素之间均有序，这种区别可以从两者的有向图表示中清楚地看出来，如图 7.15 所示。

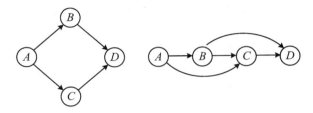

图 7.15 偏序和全序的有向图表示

拓扑排序就是由某个集合上的一个偏序得到该集合上的一个全序的操作。

若把集合 A 看成一项大的工程必须完成的一批活动，则 aRb 意味着活动 a 必须在活动 b 之前完成。活动之间的这种前驱与后继的关系具有传递性。任何活动 i 不能以它自己作为自己的前驱或后继，这叫做反自反性。

AOV 网所代表的一项工程中活动的集合显然是一个偏序集合。测试 AOV 网是否具有回路（即是否是一个有向无环图）的方法，就是在 AOV 网的偏序集合下构造一个拓扑序列，如果能构造这样的拓扑序列，则说明该 AOV 网没有回路，这时的拓扑序列是 AOV 网中所有活动的一个全序集合。

拓扑序列具有以下性质：

① AOV 网中，若顶点 i 优先于顶点 j，则在拓扑序列中顶点 i 仍然优先于顶点 j；

② 对于网中原来没有优先关系的顶点与顶点，在拓扑序列中也建立一个先后关系，或者顶点 i 优先于顶点 j，或者顶点 j 优先于 i。

拓扑序列的实际意义是：如果按照拓扑序列中的顶点次序进行每一项活动，就能够保证在开始每一项活动时，他的所有前驱活动均已完成，从而使整个工程顺序执行。对于任何一项工程中各个活动的安排，必须按拓扑有序序列中的顺序进行才是可行的。

拓扑排序可以按重复如下步骤进行：

① 在 AOV 网中选一个没有前驱的顶点且输出之；

② 从 AOV 网中删除该顶点和所有以它为尾的弧。

下面我们以一个 AOV 网及构造其拓扑序列的例子来说明拓扑排序的过程，如图 7.16 所示。

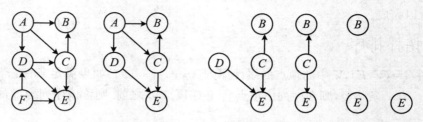

图 7.16　AOV 网及其拓扑排序的过程

7.6.4　拓扑排序算法

对 AOV 网进行拓扑排序的算法可形式化地描述如下:

① 从 AOV 网中选择一个没有前驱的顶点(该顶点的入度为 0)并且输出它;

② 从网中删去该顶点,并且删去从该顶点发出的全部有向边;

③ 重复上述两步,直到剩余的网中不再存在没有前驱的顶点为止。

算法结果有两种:

① 网中全部顶点都被输出,网中不存在有向回路;

② 网中顶点未被全部输出,剩余的顶点均有前驱顶点,网中存在有向回路。

下面我们直接给出拓扑排序算法 7.12。

输入:图 G 的邻接表

输出:G 的拓扑序列

返回值:Ok——无回路,序列包含全部顶点;ERROR—有回路,序列只包含部分顶点

```
Status TopolicalSort(ALGraph G) {
    FindInDegree(G, indegree);   /* indegree 数组存放各顶点入度 */
    InitStack(S);
    for (i=0; i<G. vexnum; ++i)
        if (! indegree[i]) Push(S, i);
    count=0;
    while(! StackEmpty(S) {
        Pop(S, i);  printf(i, G. vertices[i]. data);  ++count;
        for (p=G. vertices[i]. firstarc; p; p=p->nextarc)  {
            k=p->adjvex;
            if (! (--indegree[k])) Push(S, k);
        } /* for
    } /* while
    if (count < G. vexnum)  return  ERROR;
    else  return  OK;
}
```

算法 7.8

7.7 最 短 路 径

交通网络中常常提出这样的问题:从甲地到乙地之间是否有公路连通? 在有多条通路的情况下,哪一条路最短? 交通网络可用带权图来表示,顶点表示城市,边表示两个城市有路连通,边上权值可表示两城市之间的距离、交通费或途中所花费的时间等,则上述交通网络中的问题就建模为求两个顶点之间的最短路径的问题。另外,互联网的路由选择问题也可以类似地建模为求两个顶点之间的最短路径。

要注意的是,求两个顶点之间的最短路径,不是指路径上边数之和最少,而是指路径上各边的权值之和最小。若两个顶点之间没有边,则认为两个顶点无通路,但有可能有间接通路(从其他顶点达到)。我们把路径上的开始顶点称为源点,路径上的最后一个顶点称为终点。

7.7.1 从某个源点到其余各顶点的最短路径

单源点的最短路径问题:给定带权有向图 $G=(V,E)$ 和源点 $v \in V$,求从 v 到 G 中其余各顶点的最短路径。

对图 7.17 所示的带权有向网,我们可以按照穷举法求出从源点 A 到其余各顶点的最短路径如表 7.2 所示。

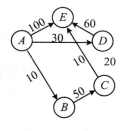

图 7.17 有向网

表 7.2 最短路线表

源点	终点	最短路径	路径长度
A	B	(A, B)	10
	C	(A, D, C)	50
	D	(A, D)	30
	E	(A, D, C, E)	60

迪杰斯特拉(Dijkstra)提出了按路径长度递增的次序产生最短路径的算法。其基本思想是:设置两个顶点的集合 S 和 $T=V-S$,集合 S 中存放已找到最短路径的顶点,集合 T 存放当前还未找到最短路径的顶点。初始状态时,集合 S 中只包含源点 v_0,然后不断从集合 T 中选取到顶点 v_0 路径长度最短的顶点 u 加入到集合 S 中,集合 S 每加入一个新的顶点 u,都要修改顶点 v_0 到集合 T 中剩余顶点的最短路径长度值,集合 T 中各顶点新的最短路径长度值为原来的最短路径长度值与顶点 u 的最短路径长度值加上 u 到该顶点的路径长度值中的较小值。此过程不断重复,直到集合 T 的顶点全部加入到 S 中为止。

Dijkstra 算法的正确性可以用反证法加以证明,本文略去。

为方便求解,引进一个辅助向量 D,它的每个分量 $D[i]$ 表示当前所找到的从始点 v_0 到每个终点 v_i 的最短路径的长度。它的初态为:若从 v_0 到 v_i 有弧,则 $D[i]$ 为弧上的权值;否则置 $D[i]$ 为∞。显然,长度为:

$$D[j]=Min\{D[i] \mid v_i \in V\}$$

的路径就是从 v_0 出发的长度最短的一条最短路径。此路径为 $\langle v_0, v_j \rangle$。

那么,下一条长度次短的最短是哪一条呢? 假设该次短路径的终点是 v_k,则可想而知,这条路径或者是 $\langle v_0, v_k \rangle$,或者是 $\langle v_0, v_j, v_k \rangle$。它的长度或者是从 v_0 到 v_k 的弧上的权值,或者是 $D[j]$ 和从 v_j 到 v_k 的弧上的权值之和。

在一般情况下,下一条长度次短的最短路径的长度必是:

$$D[j] = \text{Min}\{D[i] \mid v_i \in V - S\}$$

其中,$D[i]$ 是或者弧 (v_0, v_i) 上的权值,或者是 $D[k]$ ($v_k \in S$) 和弧 (v_k, v_i) 上的权值之和。

Dijkstra 算法可形式化地描述如下:

(1) 假设用带权的邻接矩阵来表示带权有向图,arcs$[i][j]$ 表示弧 $\langle v_i, v_j \rangle$ 上的权值。若 $\langle v_i, v_j \rangle$ 不存在,则置 arcs$[i][j]$ 为 ∞(在计算机上可用允许的最大值代替)。S 为已找到从 v_0 出发的最短路径的终点的集合,它的初始状态为空集。那么,从 v_0 出发到图上其余各顶点(终点)v_i 可能达到最短路径长度的初值为:

$$D[i] = \text{arcs}[\text{LocateVex}(G, v)][i] \quad v_i \in V$$

(2) 选择 v_j,使得 $D[j] = \text{Min}\{D[i] \mid v_i \in V - S\}$

v_j 就是当前求得的一条从 v 出发的最短路径的终点。令

$$S = S \cup \{j\}$$

(3) 修改从 v 出发到集合 $V-S$ 上任一顶点 v_k 可达的最短路径长度。如果 $D[j] + \text{arcs}[j][k] < D[k]$,则修改 $D[k]$ 为

$$D[k] = D[j] + \text{arcs}[j][k]$$

(4) 重复操作(2)、(3)共 $n-1$ 次。由此求得从 v 到图上其余各顶点的最短路径是依路径长度递增的序列。

【例 7-1】 如图 7.17 所示的有向网图,从顶点 A 出发到达其余各个顶点的最短路径的求解过程如表 7.3 所示。

表 7.3 从 A 到各终点的 D 值和最短路径的求解过程

终点	$i=1$	$i=2$	$i=3$	$i=4$
B	10 (A,B)			
C	∞	60 (A,B,C)	50 (A,D,C)	
D	30 (A,D)	30 (A,D)		
E	100 (A,E)	100 (A,E)	90 (A,D,E)	60 (A,D,C,E)
V_j	B	D	C	E
S	$\{A,B\}$	$\{A,B,D\}$	$\{A,B,D,C\}$	$\{A,B,D,C,E\}$

Dijkstra 算法描述如下:

```
/* Dijkstra   Algorithm */
```

```
void ShortestPath_DIJ(Mgraph G，int v0，PathMatrix &p，ShortPathTable &D)　{
    for (v=0；v<G. vexnum；++v)　{
        fianl[v]=FALSE；D[v]=G. arcs[v0][v]；
        for (w=0；w<G. vexnum；++w)　P[v][w]=FALSE；
        if (D[v]<INFINITY)　{ P[v][v0]=TRUE；P[v][v]=TRUE；}
    }
    D[v0]=0；final[v0]=TRUE；
    for(i=1；i<G. vexnum；++i)　{
        min=INFINITY；
        for (w=0；w<G. vexnum；++w)
            if (! final[w])　if (D[w]<min)　{ v=w；　min=D[w]；}
        final[v]=TRUE；
        for (w=0；w>G. vexnum；++w)
            if (! final[w] && (min+G. arcs[v][w]<D[w]))　{
                D[w]=min+G. arcs[v][w]；
                P[w]=P[v]；　P[w][w]=TRUE；
            }/ * if
    }/ * for
} / * ShortestPath_DIJ
```

算法 7.9

7.7.2　每一对顶点之间的最短路径

　　所有一对顶点之间的最短路径是指:对于给定的有向网 $G=(V,E)$,要对 G 中任意一对顶点有序对 V、$W(V \neq W)$,找出 V 到 W 的最短距离和 W 到 V 的最短距离。

　　解决此问题的一个有效方法是:轮流以每一个顶点为源点,重复执行迪杰斯特拉算法 n 次,即可求得每一对顶点之间的最短路径,总的时间复杂度为 $O(n^3)$。

　　弗洛伊德(Floyd)算法形式简单,它从图的带权邻接矩阵 arcs[n][n] 出发,其基本思想是:设置一个 $N \times N$ 的矩阵 $D(k)$,其中除对角线的元素都等于 0 外,其他元素 $D(k)[i][j]$ 表示顶点 i 到顶点 j 的路径长度,K 表示运算步骤。开始时,以任意两个顶点之间的有向边的权值作为路径长度,没有有向边时,路径长度为 ∞,当 $K=-1$ 时,$D(-1)[i][j]=$ arcs[i][j],以后逐步尝试在原路径中加入其他顶点作为中间顶点,如果增加中间顶点后,得到的路径比原来的路径长度减少了,则以此新路径代替原路径,修改矩阵元素。

　　具体做法为:第一步,让所有边上加入中间顶点 0,取 $D[i][j]$ 与 $D[i][0]+D[0][j]$ 中较小的值作 $D[i][j]$ 的值,完成后得到 $D(0)$,第二步,让所有边上加入中间顶点 1,取 $D[i][j]$ 与 $D[i][1]+D[1][j]$ 中较小的值,完成后得到 $D(1)$…,如此进行下去,当第 N 步完成后,得到 $D(n-1)$,$D(n-1)$ 即为所求结果,$D(n-1)[i][j]$ 表示顶点 i 到顶点 j 的最短距离。

　　假设求从顶点 v_i 到 v_j 的最短路径。如果从 v_i 到 v_j 有弧,则从 v_i 到 v_j 存在一条长度为 arcs[i][j] 的路径,该路径不一定是最短路径,尚需进行 n 次试探。

　　首先考虑路径 (v_i, v_0, v_j) 是否存在(即判别弧 (v_i, v_0) 和 (v_0, v_j) 是否存在)。如果存在,

则比较 (v_i,v_j) 和 (v_i,v_0,v_j) 的路径长度取长度较短者为从 v_i 到 v_j 的中间顶点的序号不大于 0 的最短路径。

假如在路径上再增加一个顶点 v_1，也就是说，如果 $(v_i,\cdots,v_1)$ 和 $(v_1,\cdots,v_j)$ 分别是当前找到的中间顶点的序号不大于 0 的最短路径，那么 $(v_i,\cdots,v_1,\cdots,v_j)$ 就有可能是从 v_i 到 v_j 的中间顶点的序号不大于 1 的最短路径。将它和已经得到的从 v_i 到 v_j 中间顶点序号不大于 0 的最短路径相比较，从中选出中间顶点的序号不大于 1 的最短路径之后，再增加一个顶点 v_2，继续进行试探。依次类推。

在一般情况下，若 $(v_i,\cdots,v_k)$ 和 $(v_k,\cdots,v_j)$ 分别是从 v_i 到 v_k 和从 v_k 到 v_j 的中间顶点的序号不大于 $k-1$ 的最短路径，则将 $(v_i,\cdots,v_k,\cdots,v_j)$ 和已经得到的从 v_i 到 v_j 且中间顶点序号不大于 $k-1$ 的最短路径相比较，其长度较短者便是从 v_i 到 v_j 的中间顶点的序号不大于 k 的最短路径。这样，在经过 n 次比较后，最后求得的必是从 v_i 到 v_j 的最短路径。

Floyd 算法可形式化地描述如下：

$D(-1)[i][j]=G.\text{arcs}[i][j]$

$D(k)[i][j]=\text{Min}\{D(k-1)[i][j], D(k-1)[i][k]+D(k-1)[k][j]\} \quad 0\leqslant k\leqslant n-1$

最后，我们得到 Floyd 算法描述如下：

/ ＊ 用 Floyd 算法求有向网 G 中各对顶点 v 和 w 之间的最短路径 P[v][w] 及其带权长度 D[v][w] ＊ /

```
void ShortestPath_Floyd (Mgraph G , PathMatrix &P[ ] , DistancMatrix &D)  {
  for (v=0; v<G. vexnum; ++v)
    for (w=0; w<G,vexnum; ++w)  {
      D[v][w]=G. arcs[v][w];
      for (u=0; u<G,vexnum; ++u)  P[v][w][u]=FALSE;
      if(D[v][w]<INFINITY)  {  P[v][w][v]=TRUE;  P[v][w][w]=TRUE;  }
    }/ ＊ for
  for (u=0; u<G. vexnum; ++u)
    for (v=0; v<G.vexnum; ++v)
      for (w=0; w<G. vexnum; ++w)
        if (D[v][u]+D[u][w]<D[v][w])  {
          D[v][w]=D[v][u]+D[u][w];
          for (i=0; i<G. vexnum; ++i)  P[v][w][i]=P[v][u][i] || P[u][w][i];
        }
} / ＊ ShortestPath_Floyd
```

算法 7.10

7.8　知识点总结

7.8.1　名词术语

图（Graph）：由两个集合 V 和 E 组成，记为 $G=(V,E)$，其中 v 是顶点的有穷非空集合，E 是 V 中顶点偶对（称为边）的有穷集。通常，也将图 G 的顶点集和边集分别记为 $V(G)$ 和

$E(G)$。$E(G)$可以是空集,若 $E(G)$ 为空,则图 G 只有顶点而没有边,称为空图。

有向图(Digraph):若图 G 中的每条边都是有方向的,则称 G 为有向图。

无向图(Undigraph):若图 G 中的每条边都是没有方向的,则称 G 为无向图。

无向完全图(Undirected Complete Graph):恰好有 $n(n-1)/2$ 条边的无向图称为无向完全图。

有向完全图(Directed Complete Graph):恰有 $n(n-1)$ 条边的有向图称为有向完全图。

网络(Network):若将图的每条边都赋上一个权,则称这种带权图为网络。

子图(Subgraph):设 $G=(V,E)$ 是一个图,若 V' 是 V 的子集,E' 是 E 的子集,且 E' 中的边所关联的顶点均在 v' 中,则 $G'=(V',E')$ 也是一个图,并称其为 G 的子图。

邻接点(Adjacent):若 (v_i,v_j) 是一条无向边,则称顶点 v_i 和 v_j 互为邻接点。

度(Degree):无向图中顶点 v 的度是关联于该顶点的边的数目。

入度(Indegree):若 G 为有向图,则把以顶点 v 为终点的边的数目,称为 v 的入度,记为 $\text{ID}(v)$。

出度(Outdegree):把以顶点 v 为始点的边的数目,称为 v 的出度,记为 $\text{OD}(v)$。

路径(Path):在无向图 G 中,若存在一个顶点序列 $v_p,v_{i1},v_{i2}\cdots,v_{in},v_q$,使得 (v_p,v_{il}),(v_{i1},v_{i2}),$\cdots$,(v_{in},v_q) 均属于 $E(G)$,则称顶点 v_p 到 v_q 存在一条路径。

路径长度:该路径上边的数目。

简单路径:若一条路径上除了 v_p 和 v_q 可以相同外,其余顶点均不相同,则称此路径为一条简单路径。

简单回路或简单环(Cycle):起点和终点相同 $(v_p=v_q)$ 的简单路径称为简单回路或简单环。

连通:在无向图 G 中,若从顶点 v_i 到顶点 v_j 有路径(当然从 v_j 到 v_i 也一定有路径),则称 v_i 和 v_j 是连通的。

连通图(Connected Graph):若 $V(G)$ 中任意两个不同的顶点 v_i 和 v_j 都连通(即有路径),则称 G 为连通图。

连通分量(Connected Component):无向图 G 的极大连通子图称为 G 的连通分量。

强连通图:在有向图 G 中,若对于 $V(G)$ 中任意两个不同的顶点 v_i 和 v_j,都存在从 v_i 到 v_j 以及从 v_j 到 v_i 的路径,则称 G 是强连通图。

强连通分量:有向图 G 的极大强连通子图称为 G 的强连通分量。

有根图:在一个有向图中,若存在一个顶点 v,从该顶点有路径可以到达图中其它所有顶点,则称此有向图为有根图,v 称作图的根。

生成树(Spanning Tree):连通图 G 的一个子图如果是一棵包含 G 的所有顶点的树,则该子图称为 G 的生成树。

最小生成树(Minimun Spanning Tree):权最小的生成树称为 G 的最小生成树。

7.8.2　三种逻辑结构的对比

线性结构:结点之间的关系是线性关系,除开始结点和终端结点外,每个结点只有一个直接前驱和直接后继。

树形结构:结点之间的关系实质上是层次关系,同层上的每个结点可以和下一层的零个或多个结点(即孩子)相关,但只能和上一层的一个结点(即双亲)相关(根结点除外)。

图形结构:对结点(图中常称为顶点)的前驱和后继个数都是不加限制的,即结点之间的关系是任意的。图中任意两个结点之间都可能相关。

7.8.3　邻接矩阵和邻接表的对比

1. 存储(表示)方面

一个图的邻接矩阵表示是唯一的,但其邻接表表示不唯一。邻接表表示中,各边表结点的链接次序取决于建立邻接表的算法以及边的输入次序。

在邻接表(或逆邻接表)表示中,每个边表对应于邻接矩阵的一行(或一列),边表中结点个数等于一行(或一列)中非零元素的个数。

对于一个具有 n 个顶点 e 条边的图 G,若 G 是无向图,则它的邻接表表示中有 n 个顶点表结点和 $2e$ 个边表结点;若 G 是有向图,则它的邻接表表示或逆邻接表表示中均有 n 个顶点表结点和 e 个边表结点。邻接表或逆邻接表表示的空间复杂度为 $S(n,e)=O(n+e)$。

若图中边的数目远远小于 n^2 (即 $e \ll n^2$),此类图称作稀疏图(Sparse Graph),这时用邻接表表示比用邻接矩阵表示节省存储空间;若 e 接近于 n^2 (无向图 e 接近于 $n(n-1)/2$,有向图 e 接近于 $n(n-1)$),此类图称作稠密图(Dense Graph),考虑到邻接表中要附加链域,则应取邻接矩阵表示法为宜。

2. 运算(操作)方面

在邻接矩阵表示中,很容易判定 (v_i,v_j) 或 $\langle v_i,v_j \rangle$ 是否是图的一条边,只要判定矩阵中的第 i 行第 j 列上的那个元素是否为零即可;但是在邻接表表示中,需扫描第 i 个边表,最坏情况下要耗费 $O(n)$ 时间。

在邻接矩阵中求边的数目 e,必须检测整个矩阵,所耗费的时间是 $O(n^2)$,与 e 的大小无关;而在邻接表表示中,只要对每个边表的结点个数计数即可求得 e,所耗费的时间是 $O(e+n)$。因此,当 $e \ll n^2$ 时,采用邻接表表示更节省时间。

在无向图中求顶点的度,邻接矩阵及邻接表两种存储结构都容易做到:邻接矩阵中第 i 行(或第 i 列)上非零元素的个数即为顶点 v_i 的度;在邻接表表示中,顶点 v_i 的度则是第 i 个边表中的结点个数。

在有向图中求顶点的度,采用邻接矩阵表示比邻接表表示更方便。

邻接矩阵中的第 i 行上非零元素的个数是顶点 v_i 的出度 $OD(v_i)$,第 i 列上非零元素的个数是顶点 v_i 的入度 $ID(v_i)$,顶点 v_i 的度即是二者之和。

在邻接表表示中,第 i 个边表(即出边表)上的结点个数是顶点 v_i 的出度,求 v_i 的入度较困难,需遍历各顶点的边表。若有向图采用逆邻接表表示,则求顶点的入度容易,而求顶点出度较难。

7.9　单　元　自　测

一、单项选择题

1. 图中有关路径的定义是_____。

　　A. 由顶点和相邻顶点序偶构成的边所形成的序列

　　B. 由不同顶点所形成的序列

　　C. 由不同边所形成的序列

　　D. 上述定义都不是

2. 设无向图的顶点个数为 n,则该图最多有_____条边。

　　A. $n-1$　　　　　B. $n(n-1)/2$　　　　C. $n(n+1)/2$　　　　D. 0

3. 一个 n 个顶点的连通无向图,其边的个数至少为_____。

　　A. $n-1$　　　　　B. n　　　　　　　　C. $n+1$　　　　　　D. $n\log n$

4. 要连通具有 n 个顶点的有向图,至少需要_____条边。

　　A. $n-1$　　　　　B. n　　　　　　　　C. $n+1$　　　　　　D. $2n$

5. 一个有 n 个结点的图,最多有_____个连通分量。

　　A. 0　　　　　　　B. 1　　　　　　　　　C. $n-1$　　　　　　D. n

6. 在一个有向图中,所有顶点的入度之和等于所有顶点出度之和的_____倍。

　　A. 1/2　　　　　　B. 2　　　　　　　　　C. 1　　　　　　　　D. 4

7. 用有向无环图描述表达式 $(A+B)*((A+B)/A)$,至少需要顶点的数目为_____。

　　A. 5　　　　　　　B. 6　　　　　　　　　C. 8　　　　　　　　D. 9

8. 用 DFS 遍历一个无环有向图,并在 DFS 算法退栈返回时打印相应的顶点,则输出的顶点序列是_____。

　　A. 逆拓扑有序　　B. 拓扑有序　　　　　C. 无序的　　　　　　D. 不确定

9. 下面结构中最适于表示稀疏无向图的是_____。

　　A. 邻接矩阵　　　B. 逆邻接表　　　　　C. 邻接多重表　　　　D. 十字链表

10. 从邻接阵矩 $A=\begin{bmatrix}0&1&0\\1&0&0\\0&1&0\end{bmatrix}$ 可以看出,该图共有_____。

　　A. 9　　　　　　　B. 3　　　　　　　　　C. 6　　　　　　　　D. 1

11. 当一个有 N 个顶点的有向图用邻接矩阵 A 表示时,顶点的 V_i 的出度是_____。

　　A. $\displaystyle\sum_{i=1}^{n} A[i,j]$　　　　　　　　　　　B. $\displaystyle\sum_{j=1}^{n} A[i,j]$

　　C. $\displaystyle\sum_{i=1}^{n} A[j,i]$　　　　　　　　　　　D. $\displaystyle\sum_{i=1}^{n} A[i,j]+\sum_{j=1}^{n} A[j,i]$

12. 下列说法不正确的是_____。

　　A. 图的遍历是从给定的源点出发每一个顶点仅被访问一次

　　B. 遍历的基本算法有两种:深度遍历和广度遍历

　　C. 图的深度遍历不适用于有向图

　　D. 图的深度遍历是一个递归过程

13. 无向图 $G=(V,E)$,其中:$V=\{a,b,c,d,e,f\}$,$E=\{(a,b),(a,e),(a,c),(b,e),(c,f),(f,d),(e,d)\}$,对该图进行深度优先遍历,得到的顶点序列正确的是_____。

　　A. a,b,e,c,d,f　B. a,c,f,e,b,d　　　C. a,e,b,c,f,d　　　D. a,e,d,f,c,b

14. 下面哪一方法可以判断出一个有向图是否有环(回路)_____。

　　A. 深度优先遍历　B. 广度优先遍历　　　C. 求最短路径　　　　D. 求关键路径

15. 在图采用邻接表存储时,求最小生成树的 Prim 算法的时间复杂度为_____。

　　A. $O(n)$　　　　　B. $O(n+e)$　　　　　C. $O(n^2)$　　　　　D. $O(n^3)$

16. 下面是求连通网的最小生成树的 Prim 算法:集合 VT,ET 分别放顶点和边,初始为

_____。

    A. VT,ET 为空 　　　　　　　　　　B. VT 为所有顶点,ET 为空

    C. VT 为网中任意一点,ET 为空 　　　　D. VT 为空,ET 为网中所有边

  17. 下面是求连通网的最小生成树的 Prim 算法:集合 VT,ET 分别放顶点和边,初始为 VT 为网中任意一点,ET 为空,下面步骤重复 $n-1$ 次:a:_____;b:顶点 j 加入 VT,(i,j) 加入 ET;最后:ET 中为最小生成树。

    A. 选 i 属于 VT,j 不属于 VT,且 (i,j) 上的权最小

    B. 选 i 属于 VT,j 不属于 VT,且 (i,j) 上的权最大

    C. 选 i 不属于 VT,j 不属于 VT,且 (i,j) 上的权最小

    D. 选 i 不属于 VT,j 不属于 VT,且 (i,j) 上的权最大

  18. (1) 求从指定源点到其余各顶点的迪杰斯特拉(Dijkstra)最短路径算法中弧上权不能为负的原因是在实际应用中无意义。

  (2) 利用 Dijkstra 求每一对不同顶点之间的最短路径的算法时间是 $O(n^3)$（图用邻接矩阵表示）。

  (3) Floyd 求每对不同顶点对的算法中允许弧上的权为负,但不能有权和为负的回路。上面不正确的是_____。

    A. (1),(2),(3) 　B. (1) 　　　　　　C. (1),(3) 　　　　　　D. (2),(3)

  19. 当各边上的权值_____时,BFS算法可用来解决单源最短路径问题。

    A. 均相等 　　　　B. 均互不相等 　　　C. 不一定相等 　　　D. 可能相等

  20. 已知有向图 $G=(V,E)$,其中 $V=\{v_1,v_2,v_3,v_4,v_5,v_6,v_7\}$,$E=\{\langle v_1,v_2\rangle$, $\langle v_1,v_3\rangle,\langle v_1,v_4\rangle,\langle v_2,v_5\rangle,\langle v_3,v_5\rangle,\langle v_3,v_6\rangle,\langle v_4,v_6\rangle,\langle v_5,v_7\rangle,\langle v_6,v_7\rangle\}$,$G$ 的拓扑序列是 _____。

    A. $v_1,v_3,v_4,v_6,v_2,v_5,v_7$ 　　　　　B. $v_1,v_3,v_2,v_6,v_4,v_5,v_7$

    C. $v_1,v_3,v_4,v_5,v_2,v_6,v_7$ 　　　　　D. $v_1,v_2,v_5,v_3,v_4,v_6,v_7$

  21. 在有向图 G 的拓扑序列中,若顶点 v_i 在顶点 v_j 之前,则下列情形不可能出现的是 _____。

    A. G 中有弧 $\langle v_i,v_j\rangle$ 　　　　　　B. G 中有一条从 v_i 到 v_j 的路径

    C. G 中没有弧 $\langle v_i,v_j\rangle$ 　　　　　D. G 中有一条从 v_j 到 v_i 的路径

  22. 关键路径是事件结点网络中_____。

    A. 从源点到汇点的最长路径 　　　　　B. 从源点到汇点的最短路径

    C. 最长回路 　　　　　　　　　　　　D. 最短回路

  23. 下面关于求关键路径的说法不正确的是_____。

    A. 求关键路径是以拓扑排序为基础的

    B. 一个事件的最早开始时间同以该事件为尾的弧的活动最早开始时间相同

    C. 一个事件的最迟开始时间为以该事件为尾的弧的活动最迟开始时间与该活动的持续时间的差

    D. 关键活动一定位于关键路径上

  24. 下列关于 AOE 网的叙述中,不正确的是_____。

    A. 关键活动不按期完成就会影响整个工程的完成时间

    B. 任何一个关键活动提前完成,那么整个工程将会提前完成

　　C. 所有的关键活动提前完成,那么整个工程将会提前完成

　　D. 某些关键活动提前完成,那么整个工程将会提前完成

25. 下面关于工程计划的 AOE 网的叙述中不正确的是＿＿＿＿＿＿。

　　A. 关键活动不按期完成就会影响整个工程的完成时间

　　B. 任何一个关键活动提前完成,那么整个工程将会提前完成

　　C. 所有的键活动都提前完成,那么整个工程将会提前完成

　　D. 某些关键活动若提前完成,那么整个工程将会提前完成

二、填空题

1. 具有 n 个顶点的无向完全图,边的总数为＿＿＿＿＿＿条,具有 n 个顶点的有向完全图,边的总数为＿＿＿＿＿＿条。

2. 一个连通图的生成树是一个＿＿＿＿＿＿连通子图,n 个结点的连通图的生成树有＿＿＿＿＿＿条边。

3. 邻接表和十字链表适合于存储＿＿＿＿＿＿图,邻接多重表适合于存储＿＿＿＿＿＿图。

4. DFS 和 BFS 遍历分别采用＿＿＿＿＿＿和队列的数据结构来暂存顶点,当要求连通图的生成树的高度最小,应采用的遍历方法是 BFS。

5. 已知一个有向图的邻接矩阵表示,计算第 i 个结点的入度的方法是＿＿＿＿＿＿;已知一个无向图的邻接矩阵表示,计算第 i 个结点的度的方法是＿＿＿＿＿＿。

6. 设无向图中顶点数为 n,则图 G 至少有＿＿＿＿＿＿条边。设无向图中顶点数为 n,则图 G 至多有＿＿＿＿＿＿条边。设有向图中顶点数为 n,则图 G 至少有＿＿＿＿＿＿条边。

7. 图的存储结构主要有两种,分别是＿＿＿＿＿＿和邻接表。

8. 已知无向图 G 的顶点数为 n,边数为 e,其邻接表表示的空间复杂度为＿＿＿＿＿＿。

9. 有向图 G 用邻接矩阵 $A[n][n]$ 存储,其第 i 行的所有元素之和等于顶点的＿＿＿＿＿＿。

10. 图的深度优先遍历类似于树的＿＿＿＿＿＿遍历,图的广度优先遍历类似于树的＿＿＿＿＿＿遍历。

11. 对于含有 n 个顶点 e 条边的连通图,利用 Prim 算法求最小生成树的时间复杂度为＿＿＿＿＿＿;对于含有 n 个顶点 e 条边的连通图,利用 Kruskal 算法求最小生成树的时间复杂度为＿＿＿＿＿＿。

12. 如果一个有向图不存在＿＿＿＿＿＿,则该图的全部顶点可以排成一个拓扑排序。

13. 若一个有向图的邻接矩阵中对角线以下元素均为零,则该图的拓扑排序＿＿＿＿＿＿。

14. 在一个有向图的拓扑序列中,若顶点 a 在顶点 b 之前,则该图中必定有＿＿＿＿＿＿。

15. 判断一个无向图是一棵树的条件是＿＿＿＿＿＿。

16. N 个顶点的连通图的生成树含有＿＿＿＿＿＿条边。构造 n 个结点的强连通图,至少有＿＿＿＿＿＿条弧。N 个顶点的连通图用邻接矩阵表示时,该矩阵至少有＿＿＿＿＿＿个非零元素。

17. 对于一个具有 n 个顶点 e 条边的无向图的邻接表的表示,则表头向量大小为＿＿＿＿＿＿。邻接表的边结点个数为＿＿＿＿＿＿。

18. Breath-First Search 遍历图的时间复杂度＿＿＿＿＿＿;Depth-First Search 遍历图的时间复杂度＿＿＿＿＿＿,。

19. 已知一无向图 $G=(V,E)$,其中 $V=\{a,b,c,d,e\}$ $E=\{(a,b),(a,d),(a,c),(d,c),(b,e)\}$现用某一种图遍历方法从顶点 a 开始遍历图,得到的序列为 $abecd$,则采用的是＿＿＿＿＿＿遍历方法。

20. 一无向图 $G(V,E)$，其中 $V(G)=\{1,2,3,4,5,6,7\}$，$E(G)=\{(1,2),(1,3),(2,4),(2,5),(3,6),(3,7),(6,7)(5,1)\}$，对该图从顶点 3 开始进行遍历，去掉遍历中未走过的边，得一生成树 $G'(V,E')$，$V(G')=V(G)$，$E(G')=\{(1,3),(3,6),(7,3),(1,2),(1,5),(2,4)\}$，则采用的遍历方法是_____。

21. 为了实现图的广度优先搜索，除了一个标志数组标志已访问的图的结点外，还需_____存放被访问的结点以实现遍历。

22. 构造连通网最小生成树的两个典型算法是_____。

23. 求图的最小生成树有两种算法，_____算法适合于求稀疏图的最小生成树。

24. Prim(普里姆)算法适用于求_____的网的最小生成树。

25. 克鲁斯卡尔算法的时间复杂度为_____。

26. 有一个用于 n 个顶点连通带权无向图的算法描述如下：

(1) 设集合 T_1 与 T_2，初始均为空。

(2) 在连通图上任选一点加入 T_1。

(3) 以下步骤重复 $n-1$ 次：①在 i 属于 T_1，j 不属于 T_1 的边中选最小权的边；②该边加入 T_2。上述算法完成后，T_2 中共有_____条边。

27. Dijkstra 最短路径算法从源点到其余各顶点的最短路径的路径长度按_____次序依次产生。

28. 求从某源点到其余各顶点的 Dijkstra 算法在图的顶点数为 10，用邻接矩阵表示图时计算时间约为 10ms，则在图的顶点数为 40，计算时间约为_____ms。

29. 有向图 $G=(V,E)$，其中 $V(G)=\{0,1,2,3,4,5\}$，用 $\langle a,b,d\rangle$ 三元组表示弧 $\langle a,b\rangle$ 及弧上的权 d。$E(G)$ 为 $\{\langle 0,5,100\rangle,\langle 0,2,10\rangle\langle 1,2,5\rangle\langle 0,4,30\rangle\langle 4,5,60\rangle\langle 3,5,10\rangle\langle 2,3,50\rangle\langle 4,3,20\rangle\}$，则从源点 0 到顶点 3 的最短路径长度是_____。如果该图去掉有向弧看成无向图则对应的最小生成树的边权之和为_____。

30. AOV 网中，结点表示_____，边表示_____；AOE 网中，结点表示_____，边表示_____。

三、操作及算法实现

1. 对 n 个顶点的无向图和有向图，采用邻接矩阵和邻接表表示时，如何判别下列有关问题？

(1) 图中有多少条边？

(2) 任意两个顶点 i 和 j 是否有边相连？

(3) 任意一个顶点的度是多少？

2. 图 7.16 所示是一个无向带权图，请分别按 Prim 算法和 Kruskal 算法求最小生成树。

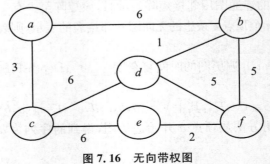

图 7.16 无向带权图

3. 请以 V_0 为源点,给出用 DFS 搜索图 7.11 得到的逆拓扑序列。

4. 已知有向图有 n 个顶点,请写算法,根据用户输入的偶对建立该有向图的邻接表。即接受用户输入的 $\langle v_i, v_j \rangle$(以其中之一为 0 标志结束),对于每条这样的边,申请一个结点,并插入到的单链表中,如此反复,直到将图中所有边处理完毕。提示:先产生邻接表的 n 个头结点(其结点数值域从 1 到 n)。

5. 已知无向图采用邻接表存储方式,试写出删除边 (i, j) 的算法。

第8章 查　　找

【学习概要】

前几章学习了基本的数据结构部分,包括线性表、树、图等数据结构,并讨论了这些数据结构的存储映象,以及定义在其上的相应运算。从本章开始,将进入介绍数据结构中的应用数据结构部分——查找和排序。

查找和排序是计算机科学中重要的研究课题,在非数值运算问题中,数据存储量一般很大,为了在大量信息中找到某些值,就需要用到查找技术,如果能对相关数据进行排序,则可大大提高效率,据统计查找和排序的数据处理量几乎占到总处理量的80%以上,故查找和排序的效率直接影响到算法的优劣,因而查找和排序是重要的基本技术。本文针对数据的不同组织形式讨论几种常用的查找方法。

8.1　查找案例导入

每个班级的学生成绩都放在一个学生列表中。怎么在学生列表中查找学号是060200054的学生记录?或查找数据结构成绩为90的学生?

8.2　查找的基本概念

在正式介绍查找算法之前,首先说明几个与查找有关的基本概念。

数据元素:是由若干数据项构成的数据单位,是某一问题中作为整体进行考虑和处理的基本单位。例如学生张三,老师李某等。

列表:由同一类型的数据元素(或记录)构成的集合称为列表。例如学生列表、教师列表等。列表可利用任意数据结构实现。

关键字:数据元素的某个数据项的值称为关键字,关键字可以标识列表中的一个或一组数据元素。如果一个关键字可以唯一标识列表中的一个数据元素,则称其为主关键字,而不能唯一标识一个数据元素的关键字称为次关键字。当数据元素仅有一个数据项时,数据元素的值就是关键字。例如学生列表中,每个学生的学号都是唯一的,因此学号就是主关键字;而学生的性别只有男和女,若根据性别标识学生,则可将学生分成两类:男生和女生,因此性别只能是次关键字。

查找:根据给定的关键字值,在特定的列表中确定一个其关键字与给定值相同的数据元素,并返回该数据元素在列表中的位置就称为查找。若能找到相应的数据元素,则称查找是成功的,此时应返回该数据元素的位置;若整个查找表检测完,还没找到,则称查找是失败的,此时应返回空地址及失败信息。

对待查找列表进行的操作有如下四种:① 查询某个"特定的"数据元素是否在待查找列表中;② 检索某个"特定的"数据元素的各种属性;③ 当查找失败时,在待查找列表中插入一个数据元素;④ 当查找成功时,从待查找列表中删除数据元素。

可根据对待查找列表所执行的基本操作的不同,可将查找分为两类:静态查找表和动态查找表。

在静态查找表中仅仅对查找表进行查询和检索操作,不进行插入和删除操作,即不能改变查找表。

在动态查找表中,有时在查询之后,还需要将"查询"结果为"不在查找表中"的数据元素插入到待查找列表中;或者,从待查找列表中删除其"查询"结果为"在查找表中"的数据元素。

平均查找长度:为确定数据元素在列表中的具体位置,需和给定值进行比较的关键字个数的期望值,称为查找算法在查找成功时的平均查找长度。对于长度为 n 的列表,查找成功时的平均查找长度为:

$$\text{ASL} = P_1 C_1 + P_2 C_2 + \cdots + P_n C_n = \sum_{i=1}^{n} P_i C_i$$

其中 P_i 为查找列表中第 i 个数据元素的概率,C_i 为找到列表中第 i 个数据元素时,已经进行过的关键字比较次数。由于查找算法的基本运算是关键字之间的比较操作,所以可用平均查找长度来衡量查找算法的性能。

查找的基本方法可以分为两大类,即比较式查找方法和基于函数的查找方法。其中比较式查找方法又可以分为基于线性表的查找方法和基于树的查找方法,而基于函数的查找方法又称为 Hash 查找法。

8.3 基于线性表的查找方法

基于线性表的查找方法中,查找表是数据元素的线性表,可以是采用顺序存储机构的顺序表或是采用链式存储结构的链表。基于线性表的查找方法可分为顺序查找法、二分查找法和分块查找法。

8.3.1 顺序查找法

顺序查找法是最基本的查找方法。顺序查找法的查找方法是,从查找表的一端开始,用所给关键字与线性表中每个数据元素的关键字逐个比较,直到成功或失败。若找到,查找成功,并给出数据元素在查找表中的位置;若查找失败,给出失败信息。下面给出顺序结构有关数据类型的定义:

```
#define MAXSIZE 20
typedef struct
{
    KeyType key;
    OtherType other_data;
} RecordType;
typedef struct
{
    RecordType    r[MAXSIZE+1];    /* r[0]为工作单元 */
```

```
    int length;
} SeqList;
```

基于顺序结构的算法如下：

```
int SeqSearch(SeqList L，  KeyType  k)
```

/ * 在顺序表 l 中顺序查找其关键字等于 k 的元素,若找到,则函数值为该元素在表中的位置,否则为 0 * /

```
{
    L. r[0]. key＝k;
    int i＝L. length;
    while (L. r[i]. key! ＝k)
      i－－;
    return  i;
}
```

算法 8.1 设置监视哨的顺序查找法

其中 L. r[0] 称为监视哨,可以起到防止越界的作用。不用监视哨的算法如下：

```
int SeqSearch(SeqList  L,  KeyType k)
```

/ * 不用监视哨法,在顺序表中查找关键字等于 k 的元素 * /

```
{
    L. r[0]. key＝k;
    int   i＝L. length;
    while (i＞＝1&&L. r[i]. key! ＝k)
      i－－;
    if (i＞＝1)
      return  i;
    else
      return  0;
}
```

算法 8.2 不设置监视哨的顺序查找法

其中,循环条件 $i \geqslant 1$ 判断查找是否越界。若利用监视哨可省去这个条件,从而提高查找效率。

下面用平均查找长度来分析一下顺序查找算法的性能。假设列表长度为 n,那么查找第 i 个数据元素时需进行 $n-i+1$ 次比较,即 $C_i = n-i+1$。又假设查找每个数据元素的概率相等,即 $P_i = 1/n$,则顺序查找算法的平均查找长度为：

$$\text{ASL} = \sum_{i=1}^{n} P_i C_i = \frac{1}{n} \sum_{i=1}^{n} (n-i+1) = \frac{n+1}{2}$$

查找不成功时,关键字的比较次数总是 $n+1$ 次,算法中的基本操作就是关键字的比较操作,因此顺序查找法的时间复杂度为 $O(n)$。

许多情况下,查找表中数据元素的查找概率是不相等的。为了提高查找效率,查找表需依据查找概率越高,比较次数越少;查找概率越低,比较次数就较多的原则来存储数据元素。

顺序查找法的缺点是当 n 很大时,平均查找长度较大,效率低;优点是对表中数据元素的存储没有要求。另外,对于线性链表,只能进行顺序查找。

8.3.2 二分查找法

二分查找法又称为折半查找法,这种方法要求严格:① 待查找的列表必须是按关键字大小有序排列的;② 待查找的列表必须采用顺序存储结构,即待查找的列表必须是顺序表。在下面的讨论中,假设有序表是递增有序的。

二分查找法的基本过程是:

将列表中间位置记录的关键字与查找关键字 k 比较,如果两者相等,则查找成功并返回该位置。

否则利用中间位置记录将列表分成前、后两个子表。如果中间位置记录的关键字大于查找关键字,则后一个子表所有记录的关键字都大于 k,因此若表中存在关键字等于 k 的记录,则该记录必在前一子表,因此进一步查找前一子表。

否则关键字等于 k 的记录有可能在后一个子表,这时进一步查找后一子表。

重复以上过程,直到找到满足条件的记录,此时查找成功;或直到子表不存在为止,此时查找不成功,返回 -1。

例如有序表按关键字递增的顺序排列如下:{2,8,10,15,33,40,51,63,70,88,95}。图 8.1 给出了用二分查找法查找 8 的具体过程,图 8.2 给出了用二分查找法查找 58 的过程。当 high<low 时,表示不存在这样的子表空间,查找失败。

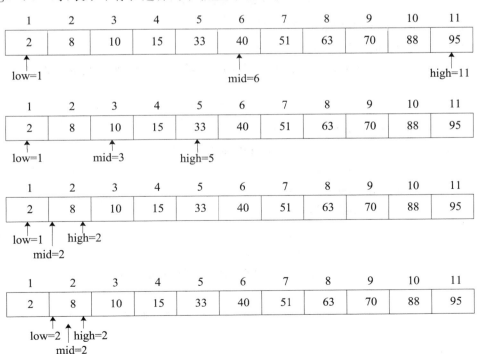

图 8.1 用二分查找法查找 8 的过程

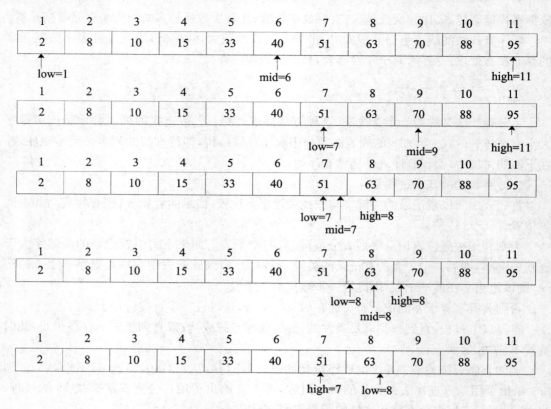

图 8.2　用二分查找法查找 58 的过程

算法 8.3 给出了二分查找法的算法描述。

int BinSrch(SeqList　L，　KeyType k)

/ ∗ 在有序表 l 中二分查找其关键字等于 k 的元素，若找到，则函数值为该元素在表中的位置 ∗ /

```
{
    int  mid,low=1 ,high=L. length;
    while  ( low<=high)  / ∗ low>high 则查找失败 ∗ /
    {
      mid=(low+high) / 2;
      if (k= =L. r[mid]. key)
        return  mid;  / ∗ 查找成功返回 ∗ /
      else  if (k<L. r[mid]. key)
        high=mid−1;  / ∗ 未找到,则继续在前半区间进行查找 ∗ /
      else
        low=mid+1;  / ∗ 未找到,继续在后半区间进行查找 ∗ /
    }
    return  (−1);
}
```

算法 8.3 二分查找法

从二分查找法的查找过程看,以查找表的中间位置上的记录为比较对象,并以该记录将查找表分割为两个子表,对定位到的子表继续这种操作。在此可以将中间位置上的记录作为根结点,前一个子表作为左子树,后一个子表作为右子树。所以,对查找表中每个数据元素的查找过程,可用二叉树来描述,称这个描述查找过程的二叉树为描述二叉树的判定树或比较树。

例如,具有 12 个记录的有序表可用图 8.3 所示的判定树来表示。图中圆内的数字表示当前与关键字 k 比较的记录,线段内的数字表示要查找的子表。

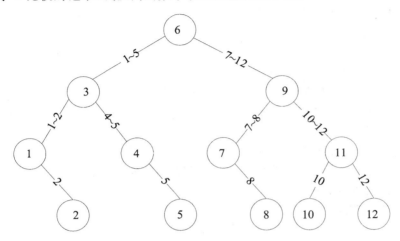

图 8.3　12 个记录的判定树

从图 8.3 可知,在具有 12 个记录的有序表中,若查找的记录是表中第 6 个记录,则需要进行比较一次;若要查找的记录是第 3 个记录或第 9 个记录,则需要进行比较两次;若要查找的记录是第 1、4、7、11 个记录,则需要进行比较三次;若要查找的记录是第 2、5、8、10、12 个记录,则需要进行四次比较。因此,成功的二分查找过程正好是走了一条从判定树的根结点到被查记录的路径,该记录在判定树中的层数即为关键字的比较次数。假设每个记录的查找概率相等,则从图 8.3 所示的判定树可知,长度为 12 的有序表进行二分查找的平均查找长度为:

$$ASL = (1 + 2 \times 2 + 3 \times 4 + 4 \times 5) = 37/12$$

下面用平均查找长度来分析二分查找算法的性能。

判定树中每一结点对应查找表中一个记录,根结点对应当前区间的中间记录,左子树对应前一子表,右子树对应后一子表。显然,找到有序表中任一记录的过程,对应判定树中从根结点到与该记录相应的结点的路径,而所做比较的次数恰为该结点在判定树上的层次数。因此,二分查找成功时,关键字比较次数最多不超过判定树的深度。

由于判定树的叶结点所在层次之差最多为 1,故 n 个结点的判定树的深度与 n 个结点的完全二叉树的深度相等,均为 $\lceil \log_2 n \rceil + 1$。这样,二分查找成功时,关键字比较次数最多不超过 $\lceil \log_2 n \rceil + 1$。相应地,二分查找失败时的过程对应判定树中从根结点到某个含空指针的结点的路径,因此,二分查找成功时,关键字比较次数最多也不超过判定树的深度 $\lceil \log_2 n \rceil + 1$。

为便于讨论,假定表的长度 $n = 2^h - 1$,则相应判定树必为深度是 h 的满二叉树,$h = \log_2(n+1)$。又假设每个记录的查找概率相等为 $1/n$,则二分查找成功时的平均查找长

度为:

$$ASL = \sum_{i=1}^{n} P_i C_i = \frac{1}{n}(1 \times 2^0 + 2 \times 2^1 + \cdots k \times 2^{k-1})$$

$$= \frac{n+1}{n}\log_2(n+1) - 1 \approx \log_2(n+1) - 1$$

所以二分查找法的时间复杂度为 $O(\log_2 n)$。二分查找法的优点是比较次数少,查找速度快,平均性能好;其缺点是要求待查表为有序表,且插入删除困难。因此,二分查找法适用于不经常变动而查找频繁的有序列表。

8.3.3　分块查找法

分块查找法又称为索引顺序查找法,是对顺序查找法的一种改进,其性能介于顺序查找法和二分查找法之间,要求将列表组织成以下索引顺序结构:

首先将列表分成若干个子表(块)。一般情况下,块的长度均匀,最后一块可以不满。每个块中,元素任意排列,即块内无序,但块与块之间有序。

其次构造一个索引表。其中每个索引项对应一个块并记录每块的起始位置,和每块中的最大关键字(或最小关键字)。索引表按关键字有序排列。

索引表的数据类型定义如下:

```
# define MAXSIZE 20
typedef struct
{
    KeyType key;  /* KeyType 为关键字的数据类型 */
    int pos;  /* pos 指向对应块的起始下标 */
}IndexList;
typedef IndexList Index[MAXSIZE];
```

图 8.4 所示为一个索引顺序表。其中包括 4 个块,每个块中有 5 个记录。第一个块的起始地址为 0,块内最大关键字为 14;第二个块的起始地址为 5,块内最大关键字为 36;第三个块的起始地址为 10,块内最大关键字为 58;第四个块的起始地址为 15,块内最大关键字为 68。

分块查找的基本过程如下:

(1) 首先,用待查关键字 k 与索引表中的关键字进行比较,以确定待查记录在哪一个块中。此过程可采用顺序查找法或二分查找法进行。

(2) 然后采用顺序查找法,在相应块内查找关键字为 k 的数据元素。

例如,在上述索引顺序表中查找 50,首先,将 50 与索引表中的关键字进行比较,因为 $36 < 50 \leqslant 58$,所以 50 有可能在第三个块中,进一步在第三个块中顺序查找,最后在 12 号单元中找到 50。

若要查找 28,同理首先查找 28 所在的块,因为 $14 < 28 \leqslant 36$,所以 28 有可能在第二个块中,进一步在第二个块中顺序查找,因该块中查找不成功,故在表中不存在关键字为 28 的记录。

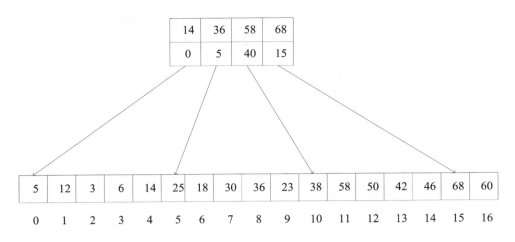

图 8.4　分块查找法的索引存储示意图

算法 8.4 给出了采用二分查找索引表的分块查找法的算法描述:

int IndexSearch(Index indexL,SeqList　L,int m,int b,KeyType k)

/＊m 为索引表的长度,b 为每块中的记录个数＊/

{

　int low＝0,high＝m－1;

　int mid,i;

　while(low＜＝high)　　/＊在索引表中用二分查找法＊/

　{

　　mid＝(low＋high)/2;

　　if(indexL[mid]. key＞＝k)

　　　high＝mid－1;

　　else

　　　low＝mid＋1;

　}

　/＊应在索引表的 high＋1 块中,在该块用顺序查找＊/

　i＝indexL[high＋1]. pos;

　while(i＜indexL[high＋1]. pos＋b &＆ L. r[i]. key! ＝k)

　　i＋＋;

　 if(i＜indexL[high＋1]. pos＋b)

　　return i;

　else

　　return －1;

}

算法 8.4 二分查找索引表的分块查找法

　　分块查找的平均查找长度由两部分构成,即查找索引表时的平均查找长度为 L_B,以及在相应块内进行顺序查找的平均查找长度 L_W。则 $\mathrm{ASL}_{BW}＝\mathrm{ASL}_B＋\mathrm{ASL}_W$。

　　假定将长度为 n 的表分成 m 块,且每块含 t 个元素,则 $m＝n/t$。又假定表中每个元素的查找概率相等,则每个索引项的查找概率为 $1/m$,块中每个元素的查找概率为 $1/t$。若用顺序查找法确定待查元素所在的块,则有:

$$\text{ASL}_B = \frac{1}{m}\sum_{i=1}^{m} i = \frac{m+1}{2}$$

$$\text{ASL}_W = \frac{1}{t}\sum_{j=1}^{t} j = \frac{t+1}{2}$$

$$\text{ASL}_{BW} = \text{ASL}_B + \text{ASL}_W$$

$$= \frac{m+1}{2} + \frac{t+1}{2} = \frac{1}{2}(m + \frac{t+n}{m}) + 1$$

可见平均查找长度不仅与查找表的总长度 n 有关,而且和所在块的长度 m 有关。当表长 n 确定时,m 取 $\sqrt{n}$ 时,$\text{ASL} = \sqrt{n} + 1$ 达到最小值。此时,分块查找法的时间复杂度为 $O(\sqrt{n})$。

例如当表长为 120 时,则每个块的长度为 11 时,查找成功时的平均查找长度达到最小值,大约为 12。

若用二分查找法确定待查元素所在的块,则有:

$$\text{ASL}_B = \log_2(m+1) - 1$$

$$\text{ASL}_{BW} = \text{ASL}_B + \text{ASL}_W$$

$$= \log_2(m+1) - 1 + \frac{t+1}{2} \approx \log_2(m+1) + \frac{n}{m}$$

8.4　基于树的查找方法

基于树的查找法又称为树表查找法,是将待查表组织成特定树的形式并在树结构上实现查找的方法,主要包括二叉排序树、平衡二叉排序树和 B 树等。

8.4.1　二叉排序树

二叉排序树又称为二叉查找树,它是一种特殊结构的二叉树,其定义为:二叉树排序树或者是一棵空树,或者是具有下列性质的二叉树:

(1) 若它的左子树非空,则左子树上所有结点的值均小于根结点的值;

(2) 若它的右子树非空,则右子树上所有结点的值均大于根结点的值;

(3) 它的左右子树也分别为二叉排序树。

二叉排序树的定义是一个递归定义。由定义可以得出二叉排序树的一个重要性质:中序遍历一棵二叉排序树时可以得到一个递增的序列。如图 8.5 所示的二叉树就是一棵二叉排序树,若中序遍历图 8.5 的二叉排序树,则可得到一个递增有序序列为:1,2,3,4,5,6,7,8,9,10,11,12。

在下面讨论二叉排序树的操作中,使用二叉链表作为存储结构存储二叉排序树,其结点结构说明如下:

```
typedef struct   node
{
    KeyType   key ;   / * 关键字的值 * /
```

```
    struct node * lchild, * rchild;    / * 左右孩子 * /
}BSTNode, * BSTree;
```

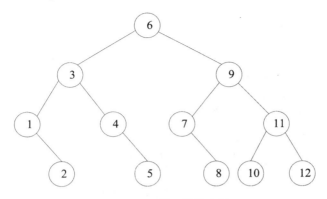

图 8.5 一棵二叉排序树

1. 二叉排序树的查找

因为二叉排序树可看作是一个有序表,所以在二叉排序树上进行查找与二分查找类似,也是一个逐步缩小查找范围的过程。根据其定义可知,二叉排序树的查找过程如下:

(1) 若查找树为空,则查找失败。

(2) 若查找树非空,将待查关键字 k 与根结点关键字 key 进行比较。

(3) 若相等:则查找成功,查找过程结束,返回根结点地址。

(4) 当待查关键字 k 小于根结点关键字,则在左子树上继续查找,转(1)。

(5) 当待查关键字 k 大于根结点关键字,则在右子树上继续查找,转(2)。

显然,这是一个递归过程。查找过程可用如下递归算法 8.5 实现:

```
BSTree    SearchBST(BSTree bst, KeyType k)
/ * 在根指针 bst 所指二叉排序树中,递归查找某关键字等于 k 的数据元素,若查找成
功,返回指向该元素结点指针,否则返回空指针 * /
{
    if (! bst)
        return NULL;
    else if (k==bst-> key)
        return bst;/ * 查找成功 * /
    else   if (k < bst-> key)
            return SearchBST(bst->lchild, k);    / * 在左子树继续查找 * /
    else
            return SearchBST(bst->rchild, k);    / * 在右子树继续查找 * /
}
```

算法 8.5 二叉排序树查找的递归算法

根据二叉排序树的定义,二叉排序树查找的递归算法可以用循环方式直接实现。二叉排序树的非递归查找过程如下:

```
BSTree    SearchBST(BSTree bst, KeyType k)
/ * 在根指针 bst 所指二叉排序树 bst 上,查找关键字等于 k 的结点,若查找成功,返
```

回指向该元素结点指针，否则返回空指针＊/

```
{
    BSTree q;
    q＝bst;
    while(q)
    {
        if (k＝＝q－>key)
            return q;  /＊查找成功＊/
        if (k < q－> key)
            q＝q－>lchild;  /＊在左子树中查找＊/
        else
            q＝q－>rchild;  /＊在右子树中查找＊/
    }
    return NULL;/＊查找失败＊/
}  /＊SearchBST＊/
```

算法 8.6 二叉排序树非递归查找算法

因为递归查找算法比非递归查找算法效率较低，且难于理解，一般情况下，我们采用非递归查找算法查找二叉排序树中的结点。例如若在图 8.5 中查找数据元素 7。首先将 7 与根结点 6 比较，7 比 6 大，所以在 6 的右子树上继续查找；然后将 7 与右子树的根结点 9 比较，7 比 9 小，所以在 9 的左子树上继续查找；再将 7 与左子树的根结点 7 比较，相等，故查找成功，返回该结点。

若在图 8.5 中查找数据元素 4.5。首先将 3.5 与根结点 6 比较，3.5 比 6 小，所以在 6 的左子树上继续查找；然后将 3.5 与左子树的根结点 3 比较，3.5 比 3 大，所以在 3 的右子树上继续查找；再将 3.5 与右子树的根结点 4 比较，3.5 比 4 小，所以在 4 的左子树上继续查找；再将 3.5 与左子树的根结点比较，4 的左子树为空，故查找失败，返回空值。

2. 二叉排序树的插入和生成

已知一个关键字值为 k 的结点 s，若将其插入到二叉排序树中，需要保证插入后仍符合二叉排序树的定义。插入过程可以用下面的方法进行：

（1）若二叉排序树是空树，则 k 成为二叉树排序树的根结点。

（2）若二叉排序树非空，则将 k 与二叉排序树的根结点进行比较。如果 k 的值等于根结点的值，待插入结点已存在，则停止插入；如果 k 的值小于根结点的值，则将 key 插入左子树；如果 key 的值大于根结点的值，则将 key 插入右子树。算法 8.8 描述了相应的递归算法：

```
void InsertBST(BSTree &bst, KeyType k)
/＊若在二叉排序树中不存在关键字等于 k 的元素，插入该元素＊/
{
    BiTree s;
    if (bst＝＝NULL)  /＊递归结束条件＊/
    {
        s＝(BSTree)malloc(sizeof(BSTNode));  /＊申请新的结点 s＊/
```

```
                s－＞key＝k;
                s－＞lchild＝NULL;
                s－＞rchild＝NULL;
                bst＝s;
        }
    else  if (k＝＝(＊bst)－＞key)
            return;
    else  if (k＜(＊bst)－＞key)
            InsertBST(&((＊bst)－＞lchild), key);   /＊将 s 插入左子树＊/
    else  if (k＞(＊bst)－＞key)
                InsertBST(&((＊bst)－＞rchild), key); /＊将 s 插入右子树＊/


}
```

算法 8.7　二叉排序树的插入

从算法 8.7 可以看出,当前指针首先指向根结点,每个结点插入时都需要从根结点开始比较,若比根结点的关键字 key 小,当前指针移动到左子树,否则当前指针移动到右子树。再从左子树的根结点或右子树的根结点,继续上述过程,直到当前指针为空。再创建一个新结点,当前指针指向这个新结点,这样便将这个结点插入到当前二叉排序树中了。可见二叉排序树的插入,都需要构造一个叶子结点,将其插到二叉排序树的合适位置,以保证二叉排序树性质不变。插入时不需要移动元素。

假若给定一个元素序列,我们可以利用上述算法创建一棵二叉排序树。首先,将二叉树序树初始化为一棵空树,然后逐个读入元素,每读入一个元素,就建立一个新的结点插入到当前已生成的二叉排序树中,即调用上述二叉排序树的插入算法将新结点插入。算法 8.8 描述了生成二叉排序树的算法:

```
void  CreateBST(BSTree  &bst)
/＊从键盘输入元素的值,创建相应的二叉排序树＊/
{
    KeyType key;
    bst＝NULL;
    scanf("%d", &key);
    while (key!＝ENDKEY)    /＊EDNKEY 为自定义常量＊/
    {
        InsertBST(bst, key);
        scanf("%d", &key);
    }
}
```

算法 8.8 创建二叉排序树

例如,设关键字的输入顺序为:39,25,36,44,11,8,95,按上述算法生成的二叉排序树的过程如图 8.6 所示。

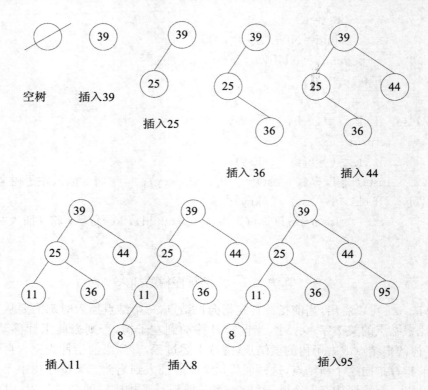

图 8.6　二叉排序树的生成过程

3. 二叉排序树的删除

从二叉排序树中删除一个结点,不能把以该结点为根的子树都删去,只能删除该结点,并且保证删除后所得的二叉树仍然是一棵二叉排序树。也就是说,在二叉排序树中删去一个结点相当于删去有序序列中的一个结点。

删除操作首先要查找,已确定被删结点是否在二叉排序树中。若不在,则不做任何操作;否则,假设要删除的结点为 p,结点 p 的双亲结点为 f,并假设结点 p 是结点 f 的左孩子(右孩子的情况类似)。下面分四种情况讨论:

(1) 若结点 p 为叶子结点,这是最简单的情况,可直接将其删除。

例如在图 8.6 中的二叉排序树中要删除结点 8 时,如图 8.7 所示,直接删除即可。

(2) 若结点 p 只有左子树,则只需将结点 f 指向 p 的指针改为指向 p 的左子树。

例如在图 8.6 中的二叉排序树中要删除结点 11(p 结点)时,如图 8.8 所示,p 是 f 的左孩子,因此只需要将 f 的左指针指向 p 的左子树。

(3) 若结点 p 只有右子树,则只需将结点 f 指向 p 的指针改为指向 p 的右子树。

例如在图 8.6 中的二叉排序树中要删除结点 44(p 结点)时,如图 8.9 所示,p 是 f 的右孩子,因此只需要将 f 的右指针指向 p 的右子树。

(4) 若结点 p 既有左子树,又有右子树,此时删除结点 p 有两种处理方法:

第一种方法:首先从结点 p 的左子树中选择结点值最大的结点 s(s 即为 p 的左子树中最右端的结点,s 有可能有左子树,但右子树一定是空子树),然后用结点 s 的值替换结点 p 的值,最后将结点 s 的双亲结点 q 的指针改为指向 s 的左子树即可。

例如在图 8.10 中的二叉排序树中要删除结点 39(p 结点)时,首先找到结点 p 的左子树

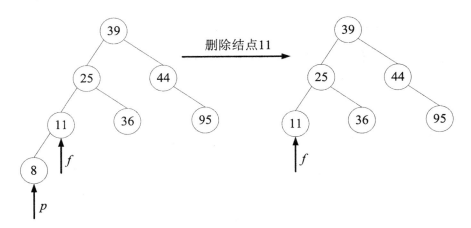

图 8.7 删除叶子结点

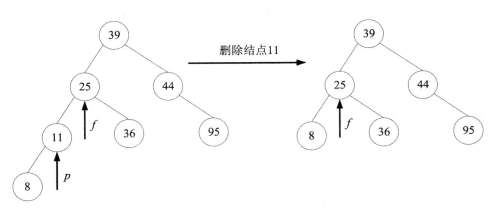

图 8.8 删除结点 p，p 结点只有左子树

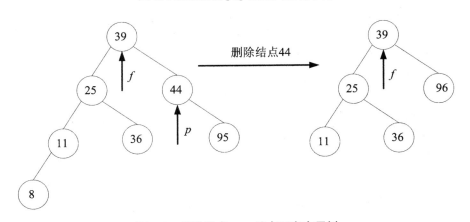

图 8.9 删除结点 p，p 结点只有右子树

的最右端结点 36(s 结点)，然后用结点 s 的值 36 替换结点 p 的值 39，最后将结点 s 的双亲结点 q 的指针指向 s 的左子树。

第二种方法：首先从结点 p 的左子树中选择结点值最大的结点 s，然后将结点 s 的右指针指向结点 p 的右子树，最后用结点 p 的左孩子 q 取代结点 p 的位置成为结点 f 的一个孩子结点(即结点 f 指向 p 的指针改为指向 p 的左子树 q)。

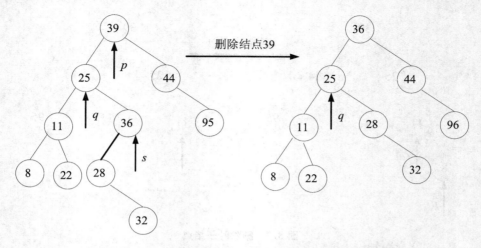

图 8.10 方法一删除结点 p,p 结点既有左子树又有右子树

例如在图 8.11 中的二叉排序树中要删除结点 25(p 结点)时,首先找到结点 p 的左子树的最右端结点 22(s 结点),然后将结点 s 的右指针指向结点 p 的右子树,最后用结点 p 的左孩子 q 取代结点 p 的位置成为结点 f 的一个孩子结点,即 f 的左指针指向 q。

综上所述,可以得到在二叉排序树中删去一个结点的算法 8.9,当结点 p 既有左子树又有右子树时采用第一种方法。

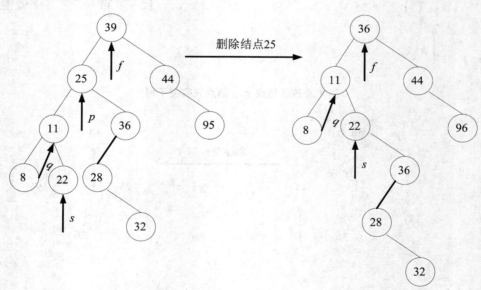

图 8.11 方法二删除结点 p,p 结点既有左子树又有右子树

```
BSTNode  *  DelBST(BSTree bt, KeyType  k)
/*在二叉排序树 t 中删去关键字为 k 的结点*/
{
    BSTNode  *p, *f, *s, *q;
    p=bt;f=NULL;
    while(p && p->key! =k)  /*查找关键字为 k 的待删结点 p 及双亲结点 q*/
```

```
    {
        f＝p；
        if(p－＞key＞k)
            p＝p－＞lchild；
        else
            p＝p－＞rchild；
    }
    if(p＝＝NULL)
        return t；　/＊若找不到,返回原来的二叉排序树＊/
    if(p－＞lchild＝＝NULL)　/＊p 无左子树,包含了 p 是叶子结点的情况＊/
    {
        if(f＝＝NULL)
            t＝p－＞rchild；　/＊待删除结点 p 是原二叉排序树的根结点＊/
        else if(f－＞lchild＝＝p)　/＊p 是 f 的左孩子＊/
            f－＞lchild＝p－＞rchild；/＊将 p 的右子树链到 f 的左链上＊/
        else　/＊p 是 f 的右孩子＊/
            f－＞rchild＝p－＞rchild ；　/＊将 p 的右子树链到 f 的右链上＊/
        free(p)；/＊释放被删除的结点 p,若 p 为叶子结点,则 p－＞rchild＝NULL 此
时 f 的左指针或右指针指向空指针＊/
    }
    else　/＊p 有左子树＊/
    {
        q＝p；s＝p－＞lchild；
        while(s－＞rchild)　/＊查找 p 的左子树中最右端结点 s,q 是 s 的双亲结点＊/
        {
            q＝s；s＝s－＞rchild；
        }
        /＊将 q 的指针指向 s 的左子树＊/
        if(q＝＝p)
            q－＞lchild＝s－＞lchild ；
        else
            q－＞rchild＝s－＞lchild；
        p－＞key＝s－＞key；　/＊将 s 的值赋给 p＊/
        free(s)；
    }
    return t；
} /＊DelBST＊/
```

算法 8.9 二叉排序树中删除结点

4. 二叉排序树的查找性能

显然,在二叉排序树上进行查找,若查找成功,则是从根结点出发走了一条从根结点到

待查结点的路径。若查找不成功，则是从根结点出发走了一条从根到某个叶子结点的路径。因此，二叉排序树的查找与二分查找过程类似，在二叉排序树中查找一个记录时，其比较次数不超过树的深度。但是，对长度为 n 的表而言，无论其排列顺序如何，二分查找对应的判定树是唯一的，而含有 n 个结点的二叉排序树却是不唯一的。所以对于含有同样关键字序列的一组结点，结点插入的先后次序不同，所构成的二叉排序树的形态和深度不同。而二叉排序树的平均查找长度 ASL 与二叉排序树的形态有关，二叉排序树的各分支越均衡，树的深度浅，其平均查找长度 ASL 越小。例如，图 8.12 为两棵二叉排序树，它们对应同一元素集合，但先后顺序不同，分别是：$(39,25,36,44,11,8,95)$ 和 $(11,25,36,39,44,95)$。假设每个元素的查找概率相等，则它们的平均查找长度分别是：

$$\mathrm{ASL} = 1/7(1+2+2+3+3+3+4) = 18/7$$
$$\mathrm{ASL} = 1/7(1+2+3+4+5+6+7) = 4$$

综上所述，在二叉排序树上进行查找时的平均查找长度和二叉排序树的形态有关。在最坏情况下，二叉排序树是通过把一个有序表的 n 个结点一次插入生成的，由此得到二叉排序树蜕化为一棵深度为 n 的单支树，它的平均查找长度和顺序查找法相同，也是 $(n+1)/2$，时间复杂度为 $O(n)$。在最好情况下，二叉排序树的形态与二分查找法的判定树相似，此时它的平均查找长度大约是 $O(\log_2 n)$。若考虑把 n 个结点，按各种可能的次序插入到二叉排序树中，则有 $n!$ 棵二叉排序树（其中有的形态相同），可以证明，对这些二叉排序树进行平均，得到的平均查找长度仍然是 $O(\log_2 n)$。

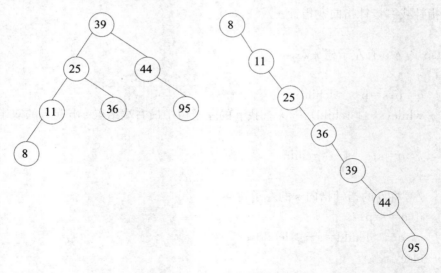

图 8.12　二叉查找树的不同形态

就平均性能而言，二叉排序树上的查找和二分查找法相差不大，并且二叉排序树上的插入和删除结点十分方便，无需移动大量结点。因此，对于需要经常做插入、删除、查找运算的表，宜采用二叉排序树结构。由此，二叉排序树也常常被称为二叉查找树。

8.4.2　平衡二叉排序树

在二叉排序树上实现插入、删除和查找等基本操作的平均时间复杂度均为 $O(\log_2 n)$，但在最坏情况下，这些基本操作的时间复杂度会增至 $O(n)$。研究发现，时间复杂度的增加主要是由于二叉排序树失去了平衡,左右子树的深度相差较大导致的。为了提高各种基本操作的效率,降低时间复杂度,人们研究了许多种动态平衡的方法,使得往树中插入或删除记录时,通过调整树的形态来保持树的平衡,使之既保持二叉排序树的性质,又保证树的左右子树的深度相差不大,这就是本节介绍的平衡二叉排序树。

一棵平衡二叉排序树或者是空树,或者是具有下列性质的二叉排序树:

(1) 左子树与右子树的高度之差的绝对值小于等于 1。

(2) 左子树和右子树也是平衡二叉排序树。

引入平衡二叉排序树的目的,是为了提高查找效率,其平均查找长度为 $O(\log_2 n)$。在下面的描述中,需要用到结点的平衡因子(balance factor)的概念,平衡因子的定义为:结点的左子树深度与右子树深度之差。显然,对一棵平衡二叉排序树而言,其所有结点的平衡因子只能是 -1、0、或 1,否则不是平衡二叉排序树。因此平衡二叉排序树又可定义为所有结点的平衡因子的绝对值小于等于 1 的二叉排序树。

图 8.13 是平衡二叉树和不平衡二叉树的例子。图 8.13 中结点旁标注的数字为该结点的平衡因子。图 8.13(a)中给出了一棵平衡二叉排序树,因为图中所有结点的平衡因子的绝对值都小于 1;图 8.13(b)中是一棵不平衡的二叉排序树,因为图中结点 36 的平衡因子为 2,结点 44 的平衡因子为 -2。

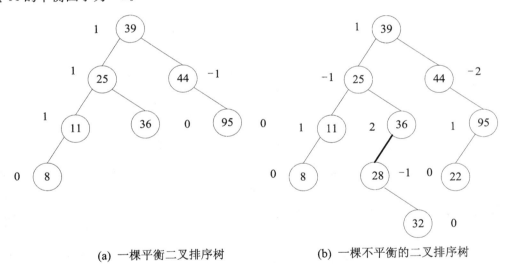

(a) 一棵平衡二叉排序树　　　　(b) 一棵不平衡的二叉排序树

图 8.13　平衡二叉排序树与不平衡的二叉排序树

在本文中使用二叉链表作为存储结构存储平衡二叉排序树,其结点结构说明如下:

```
typedef struct   node
{
     KeyType   key ;  / * 关键字的值 * /
     struct node  * lchild, * rchild;   / * 左右孩子 * /
int bf;  / * 平衡因子 * /
     }AVLTNode, * AVLTree;
```

在平衡二叉树上插入一个新结点后,可能破坏平衡二叉排序树的平衡性。因为平衡因子为 0 的祖先不可能失衡,一般情况下,从新插入结点开始向上,遇到的第一个其平衡因子不等于 0 的祖先结点（插入结点前的平衡因子为 1 或 −1）为第一个可能失衡的结点，如果失衡（插入结点后失去平衡，此时平衡因子变为 2 或 −2，），则应调整以该失衡结点为根的子树。当失去平衡的子树被调整为平衡子树后，原有的其他所有不平衡子树不需要调整，整个二叉排序树又变成一棵平衡二叉排序树。失去平衡的子树是指以离插入结点最近，且平衡因子绝对值大于 1 的结点作为根的子树。假设用 A 表示失去平衡的子树的根结点，则失衡类型及相应的调整方法可归纳为以下四种：

1. RR 型

在结点 A 的右孩子（设为 B 结点）的右子树插入新结点 S 后导致失衡，使得 A 结点的平衡因子由 −1 变为 −2 而导致结点 A 失衡。如图 8.14(a) 所示。由 A 和 B 的平衡因子容易推知，B_L、B_R 以及 A_L 深度相同，即 A 的右子树结点较多，为恢复平衡并保持二叉排序树特性，应将部分结点移到左边，即将子树 A 左旋，此时 A 不能再次作为子树的根结点。可将 A 改为 B 的左子树，B 原来的左子树 B_L，改为 A 的右子树，如图 8.14(b) 所示。这种调整方法相当于以 B 为轴，对 A 做了一次逆时针旋转。

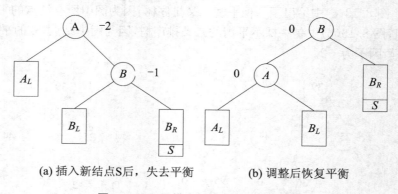

(a) 插入新结点S后，失去平衡　　　　　(b) 调整后恢复平衡

图 8.14　二叉排序树的 RR 型平衡旋转

已知一棵平衡二叉排序树如图 8.15(a) 所示。在 A 的右子树 B 的右子树上插入 98 后，导致失衡，如图 8.15(b) 所示。为恢复平衡并保持二叉排序树特性，可将 A 改为 B 的左子树，B 原来的左子树，改为 A 的右子树，如图 8.15(c) 所示。这相当于以 B 为轴，对 A 做了一次顺时针旋转。

在一般二叉排序树的结点中增加一个存放平衡因子的域 bf，就可以用来表示平衡二叉排序树。RR 型失衡的特点是：$A->bf=-2$，$B->bf=-1$。相应调整操作可用如下语句完成：

```
B=A->rchild;
A->rchild=B->lchild;
B->lchild=A;
A->bf=0;   B->bf=0;
```

最后，将调整后二叉树的根结点 B“接到”原 A 处。令 A 原来的父指针为 FA，如果 FA 非空，则用 B 代替 A 做 FA 的左子树或右子树；否则，原来 A 就是根结点，此时应令根指针 t 指向 B：

```
if (FA==NULL)   t=B;
else  if  (A==FA->Lchild)   FA->Lchild=B;
```

else　　　FA—>rchild＝B;
RR 型旋转的算法描述如下:
void RR(AVLTree &t,AVLTNode ＊FA,AVLTNode ＊A)
{
　　AVLTNode ＊B;
　　B＝A—>rchild;
　　A—>rchild＝B—>lchild;
　　B—>lchild＝A;
　　A—>bf＝0;
　　B—>bf＝0;
　　if (FA＝＝NULL)
　　　　t＝B;
　　else　if　(A＝ ＝FA—>Lchild)
　　　　FA—>Lchild＝B;
　　else
　　　　FA—>rchild＝B;
}

算法 8.10 RR 型旋转算法

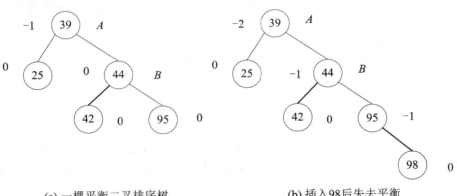

(a) 一棵平衡二叉排序树　　　　　　　　(b) 插入98后失去平衡

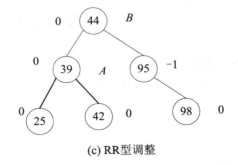

(c) RR型调整

图 8.15　RR 型调整的例子

2. LL 型

在结点 A 的左孩子（设为结点 B）的左子树插入新结点 S 后，A 的平衡因子由 1 变为 2，导致结点 A 失衡，如图 8.16(a) 所示。由 A 和 B 的平衡因子容易推知，B_L、B_R 以及 A_R 深度相同，即 A 的左子树结点较多，为恢复平衡并保持二叉排序树特性，应将部分结点移到右边，即将子树 A 右旋，此时 A 不能再次作为子树的根结点。可将 A 改为 B 的右孩子，B 原来的右子树 B_R，改为 A 的左子树，如图 8.16(b) 所示。这种调整方法相当于以 B 为轴，对 A 做了一次顺时针旋转。

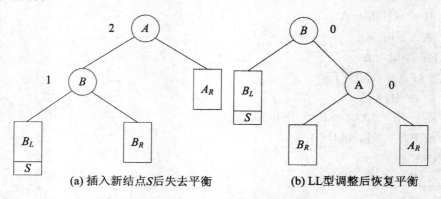

(a) 插入新结点 S 后失去平衡　　　　(b) LL型调整后恢复平衡

图 8.16　二叉排序树的 LL 型平衡旋转

因此，LL 型失衡的特点是：$A->bf=2$，$B->bf=1$。相应调整操作可用如下语句完成：

B=A->Lchild;
A->Lchild=B->rchild;
B->rchild=A;
A->bf=0;
B->bf=0;

最后，将调整后二叉树的根结点 B "接到"原 A 处。令 A 原来的父指针为 FA，如果 FA 非空，则用 B 代替 A 做 FA 的左子或右子；否则原来 A 就是根结点，此时应令根指针 t 指向 B：

if　(FA= =NULL)　t=B;
else　if　(A= =FA->lchild)　FA->lchild=B;
else　FA->rchild=B;

LL 型旋转的算法描述如下：

```
void LL(AVLTree &t,AVLTNode * A,AVLTNode * FA)
{
    AVLTNode  * B;
    B=A->lchild;
    A->lchild=B->rchild;
    B->rchild=A;
    A->bf=0;
    B->bf=0;
```

```
    if (FA= =NULL)
      t=B
    else   if (A= =FA->lchild)
      FA->lchild=B;
        else
          FA->rchild=B;

}
```

算法 8.11 LL 旋转算法

已知一棵平衡二叉排序树如图 8.17(a)所示。在 A 的左子树的左子树上插入 15 后,导致失衡,如图 8.17(b)所示。为恢复平衡并保持二叉排序树特性,可将 A 改为 B 的右子树, B 原来的右子树,改为 A 的左子树,如图 8.17(c)所示。这相当于以 B 为轴,对 A 做了一次顺时针旋转。

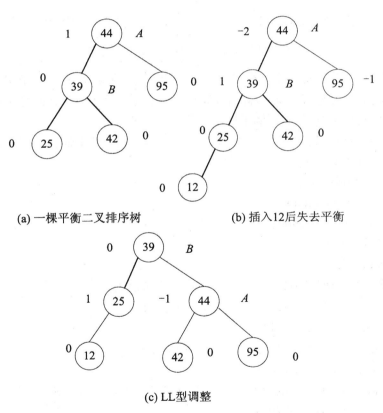

(a) 一棵平衡二叉排序树　　　　　(b) 插入12后失去平衡

(c) LL型调整

图 8.17　二叉排序树的 LL 型平衡旋转

3. LR 型

在结点 A 的左孩子(设为结点 B)的右子树插入新结点 S 后,A 的平衡因子由 1 变为 2,导致结点 A 失衡,如图 8.18(a)所示。图中假设在 C_L 下插入 S,如果是在 C_R 下插入 S,对树的调整方法相同,只是调整后 A、B 的平衡因子不同。由 A、B、C 的平衡因子容易推知,C_L 与 C_R 深度相同,B_L 与 A_R 深度相同,且 B_L、A_R 的深度比 C_L、C_R 的深度大 1。A 的左子树结点较多,为恢复平衡并保持二叉排序树特性,应将部分结点移到右边,即将子树 A 右旋,此时 A

不能再次作为子树的根结点。可首先将 B 改为 C 的左孩子,而 C 原来的左子树 C_L,改为 B 的右子树;然后将 A 改为 C 的右孩子,C 原来的右子树 C_R,改为 A 的左子树,如图 8.18(b) 所示。这种方法相当于对 B 做了一次逆时针旋转,对 A 做了一次顺时针旋转。

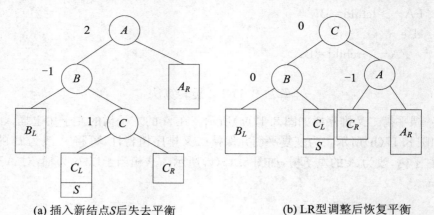

(a) 插入新结点 S 后失去平衡   (b) LR 型调整后恢复平衡

图 8.18 二叉排序树的 LR 型平衡旋转

上面提到了在 C_L 下插入 S 和在 C_R 下插入 S 的两种情况,还有一种情况是 B 的右子树为空,C 本身就是插入的新结点 S,此时,C_L、C_R、B_L、A_R 均为空。在这种情况下,对树的调整方法仍然相同,只是调整后 A、B 的平衡因子均为 0。

LR 型失衡的特点是:A—>bf=2,B—>bf=−1。相应调整操作可用如下语句完成:

B=A—>lchild;
C=B—>Rchild;
B—>rchild=C—>lchild;
A—>lchild=C—>rchild;
C—>lchild=B;
C—>rchild=A;

然后针对上述三种不同情况,修改 A、B、C 的平衡因子:

if (S—>key <C—>key)   /* 在 C_L 下插入 S */
{   A—>bf=−1; B—>bf=0 ; C—>bf=0;}
if (S—>key >C—>key)   /* 在 C_R 下插入 S   */
{   A—>bf=0; B—>bf=1 ; C—>bf=0;}
if (S—>key ==C—>key)   /* C 本身就是插入的新结点 S */
{   A—>bf=0; B—>bf=0 ;}

最后,将调整后的二叉树的根结点 C "接到"原 A 处。令 A 原来的父指针为 FA,如果 FA 非空,则用 C 代替 A 做 FA 的左子或右子;否则,原来 A 就是根结点,此时应令根指针 t 指向 C:

if(FA= =NULL)
    t=C;
else   if(A==FA—>lchild)
    FA—>lchild=C;

```
else
    FA—>rchild=C;
```

LR 旋转算法描述如下:

```
void LR(AVLTree &t,AVLTNode * FA,AVLTNode * A)
{
    AVLTNode * B, * C;
    B=A—>lchild;
    C=B—>rchild;
    B—>rchild=C—>lchild;
    A—>lchild=C—>rchild;
    C—>lchild=B;
    C—>rchild=A;
    if (S—>key <C—>key)
    {
        A—>bf=—1;
        B—>bf=0;
        C—>bf=0;
    }
    else if (S—>key >C—>key)
    {
        A—>bf=0;
        B—>bf=1;
        C—>bf=0;
    }
    else
    {
        A—>bf=0;
        B—>bf=0;
    }
    if  (FA==NULL)
        t=C;
    else  if (A==FA—>lchild)
        FA—>lchild=C;
    else
        FA—>rchild=C;
}
```

算法 8.12 LR 型旋转算法

已知一棵平衡二叉排序树如图 8.19(a)所示。在 A 的左子树 B 的右子树上插入 45 后,导致失衡,如图 8.19(b)所示。为恢复平衡并保持二叉排序树特性,可首先将 B 改为 C 的左子,而 C 原来的左子树,改为 B 的右子树;然后将 A 改为 C 的右子树,C 原来的右子树,改为

A 的左子树,如图 8.19(c)所示。这相当于对 B 做了一次逆时针旋转,对 A 做了一次顺时针旋转。

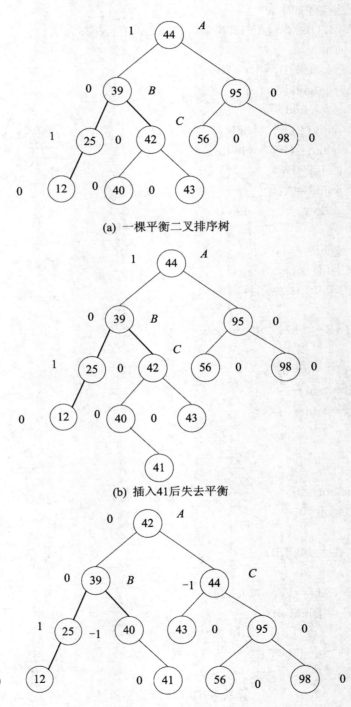

(a) 一棵平衡二叉排序树

(b) 插入41后失去平衡

(c) LR型调整

图 8.19　二叉排序树的 LR 型平衡旋转

4. RL 型

RL 型与 LR 型对称。在结点 A 的右孩子(设为结点 B)的左子树插入新结点 S 后,A 的平衡因子由 -1 变为 -2,导致结点 A 失衡,如图 8.20(a)所示。图中假设在 C_R 下插入 S,如果是在 C_L 下插入 S,对树的调整方法相同,只是调整后 A、B 的平衡因子不同。由 A、B、C 的平衡因子容易推知,C_L 与 C_R 深度相同,A_L 与 B_R 深度相同,且 A_L、B_R 的深度比 C_L、C_R 的深度大 1。A 的右子树结点较多,为恢复平衡并保持二叉排序树特性,应将部分结点移到左边,即将子树 A 左旋,此时 A 不能再次作为子树的根结点。可首先将 B 改为 C 的右孩子,而 C 原来的右子树 C_R,改为 B 的左子树;然后将 A 改为 C 的左孩子,C 原来的左子树 C_L,改为 A 的右子树,如图 8.20(b)所示。这种调整方法相当于对 B 做了一次顺时针旋转,对 A 做了一次逆时针旋转。

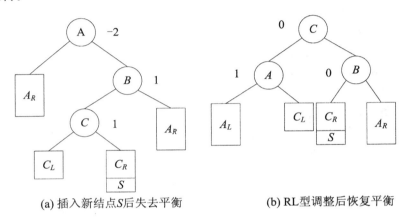

(a) 插入新结点 S 后失去平衡   (b) RL 型调整后恢复平衡

图 8.20 二叉排序树的 RL 型平衡旋转

上面提到了在 C_L 下插入 S 和在 C_R 下插入 S 的两种情况,还有一种情况是 B 的左子树为空,C 本身就是插入的新结点 S,此时,C_L、C_R、A_L、B_R 均为空。在这种情况下,对树的调整方法仍然相同,只是调整后 A、B 的平衡因子均为 0。

RL 型失衡的特点是:A—>bf=-2,B—>bf=1。相应调整操作可用如下语句完成:

B=A—>rchild;

C=B—>lchild;

B—>lchild=C—>rchild;

A—>rchild=C—>lchild;

C—>lchild=A;

C—>rchild=B;

然后针对上述三种不同情况,修改 A、B、C 的平衡因子:

if (S—>key <C—>key)   /* 在 C_L 下插入 S */

{   A—>bf=0; B—>bf=-1 ; C—>bf=0;}

if (S—>key >C—>key)   /* 在 C_R 下插入 S */

{   A—>bf=1; B—>bf=0 ; C—>bf=0;}

   if (S—>key ==C—>key)   /* C 本身就是插入的新结点 S */

{   A—>bf=0; B—>bf=0 ;}

最后,将调整后的二叉树的根结点 C"接到"原 A 处。令 A 原来的父指针为 FA,如果

FA 非空,则用 C 代替 A 做 FA 的左子或右子;否则,原来 A 就是根结点,此时应令根指针 t 指向 C:

```
if  (FA==NULL)   t=C;
else  if  (A==FA->lchild)   FA->lchild=C;
else  FA->rchild=C;
```

RL 型旋转算法描述如下:

```
void(AVLTree &t,AVLTNode * FA,AVLTNode * A)
{
    AVLTNode * B, * C;
        B=A->rchild;
        C=B->lchild;
    B->lchild=C->rchild;
    A->rchild=C->lchild;
    C->lchild=A;
    C->rchild=B;
    if (S->key <C->key)
    {
      A->bf=0;
      B->bf=-1;
      C->bf=0;
    }
    else if (S->key >C->key)
    {
      A->bf=1;
      B->bf=0;
      C->bf=0;
    }
    else
    {
      A->bf=0;
      B->bf=0;
    }
    if (FA==NULL)
        t=C;
    else  if (A==FA->lchild)
        FA->lchild=C;
    else
        FA->rchild=C;
}
```

算法 8.13 LR 型旋转算法

已知一棵平衡二叉排序树如图 8.21(a)所示。在 A 的右子树的左子树上插入 55 后,导致失衡,如图 8.21(b)所示。为恢复平衡并保持二叉排序树特性,可首先将 B 改为 C 的右子,而 C 原来的右子,改为 B 的左子;然后将 A 改为 C 的左子,C 原来的左子,改为 A 的右子,如图 8.21(c)所示。这相当于先对 B 做了一次顺时针旋转,再对 A 做了一次逆时针旋转。

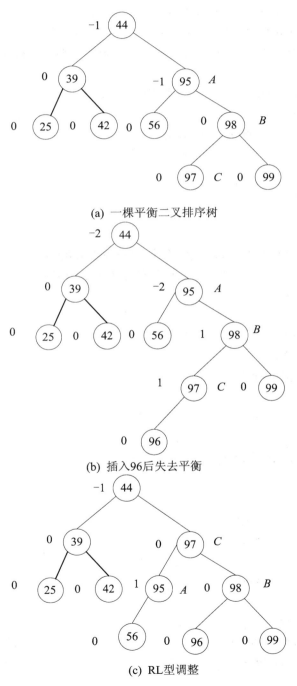

(a) 一棵平衡二叉排序树

(b) 插入96后失去平衡

(c) RL型调整

图 8.21　RL 型调整

综上所述,在一个平衡二叉排序树上插入一个新结点 S 时,主要包括以下三步:

(1) 查找应插位置,同时记录离插入位置最近的可能失衡结点 A(A 的平衡因子不等于 0)。

(2) 插入新结点 S,并修改从 A 到 S 路径上各结点的平衡因子。

(3) 根据 A、B 的平衡因子,判断是否失衡以及失衡类型,并做相应处理。

下面给出完整平衡二叉排序树的算法。

```
void  ins_AVLtree(AVLTree  &avlt ,  KeyType  K)
/ * 在平衡二叉树中插入元素 k,使之成为一棵新的平衡二叉排序树 * /
{
    S=(AVLTree)malloc(sizeof(AVLTNode));
     S—>key=k;
    S—>lchild=s—>rchild=NULL;
    S—>bf=0;
    if (avlt==NULL)
        avlt=S;
    else
    {
        / * 首先查找 S 的插入位置 FP,同时记录距 S 的插入位置最近且
        平衡因子不等于 0(等于-1 或 1)的结点 a,a 为可能的失衡结点 * /
        A= * avlt;
        fA=NULL;
        p= * avlt;
        fp=NULL;
        while  (p! =NULL)
        {
            if  (p—>bf! =0)
            {
                A=p; fA=fp;
            }
            fp=p;
        if  (K < p—>key)
            p=p—>lchild;
        else
            p=p—>rchild;
        }
         / * 插入 S * /
        if (K< fP—>key)
            fP—>lchild=S;
        else
            fP—>rchild=S;
```

```
/*确定结点 B,并修改 A 的平衡因子 */
if (K < A->key)
   {
      B=A->lchild;
      A->bf=A->bf+1;
   }
   else
   {
      B=A->rchild;
      A->bf=A->bf-1;
   }
/*修改 B 到 S 路径上各结点的平衡因子(原值均为 0) */
   p=B;
   while (p! =S)
   if (K < p->key)
   {
      p->bf=1;
      p=p->lchild;
   }
   else
   {
      p->bf=-1;
      p=p->rchild;
   }
/*判断失衡类型并做相应处理 */
   if (A->bf==-2 && B->bf==-1)        /* RR 型 */
   RR(avlt,FA,A);
   else if (A->bf==2 && B->bf==1)        /* LL 型 */
         LL(avlt,A,FA);
   else if (A->bf==2 && B->bf==-1)        /* LR 型 */
         LR(avlt,FA,A);
   else if (A->bf==-2 && B->bf==1)        /* RL 型 */
         RL(avlt,FA,A);
   }
}
```

算法 8.14 平衡二叉排序树的插入

8.4.3 B 树

前面讨论的二叉排序树和平衡二叉排序树都是用于内部查找的数据结构,它们适用于规模较小的文件,数据在内存里直接查找的。对于规模较大的存放在外存中的文件,上述方法就不适用。本节后面介绍的 B-树就是用于外部查找的数据结构。

1. B-树的定义及查找

在介绍 B-树之前，我们先介绍 m 路查找树的概念，m 路查找树又称为 m 叉排序树，这其实就是二叉排序树的推广。m 路查找树的定义如下：

一棵 m 路查找树，或者是一棵空树，或者是满足如下性质的树：

（1）结点最多有 m 棵子树，$m-1$ 个关键字，其结构如下：

图 8.22 m 路查找树的结点结构

其中 n 为该结点中关键字的个数，P_i 为指向子树根结点的指针，$0 \leqslant i \leqslant n$，$K_i$ 为关键字，$1 \leqslant i \leqslant n$。

（2）$K_i < K_{i+1}$，$1 \leqslant i \leqslant n-1$。

（3）子树 P_i 中的所有关键字均大于 K_i、小于 K_{i+1}，$1 \leqslant i \leqslant n-1$。

（4）子树 P_0 中的关键字均小于 K_1，而子树 P_n 中的所有关键字均大于 K_n。

（5）子树 P_i 也是 m 路查找树，$0 \leqslant i \leqslant n$。

从上述定义可以看出，对任一关键字 K_i 而言，P_{i-1} 相当于其"左子树"，P_i 相当于其"右子树"，$1 \leqslant i \leqslant n$。

图 8.23 所示为一棵 4 路查找树，其查找过程与二叉排序树的查找过程类似。如果要查找 38，首先找到根结点 A，因为 38 大于 28，因而找到结点 D，又因为 38 大于 30 小于 45，所以找到结点 E，最后在 E 中找到 38。

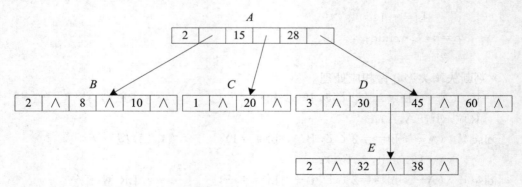

图 8.23   一棵 4 路查找树

接下来给出 B-树的定义。一棵 B-树是一棵平衡的 m 路查找树，它或者是空树，或者是满足如下性质的树：

（1）B-树首先是一棵 m 路查找树，因此 B-的结构如下：

n	P_0	K_1	P_1	K_2	P_2	$\cdots$	K_n	P_n

图 8.24   B-树的结点结构

其中 n 为关键字个数，P_i 为指向子树根结点的指针，$0 \leqslant i \leqslant n$，$K_i$ 为关键字，且 $K_i < K_{i+1}$，$1 \leqslant i \leqslant n$。子树 P_i 中的所有关键字均大于 K_i、小于 K_{i+1}，$1 \leqslant i \leqslant n-1$。子树 P_0 中

的关键字均小于 K_1，而子树 P_n 中的所有关键字均大于 K_n。

（2）树中每个结点最多有 m 棵子树，及至多有 $m-1$ 个关键字。

（3）若根结点不是叶子结点，则根结点至少有两棵子树。

（4）除根结点之外的所有非叶子结点至少有 $\lceil m/2 \rceil$ 棵子树。

（5）所有叶子结点出现在同一层上，即 B-树中所有结点的平衡因子都为 0。

图 8.24 所示为一棵 4 阶 B-树，其查找过程与 m 路查找树相同。例如，查找 18 的过程如下：首先找到根结点 A，因为 18>15，所以找到结点 C，又因为 18<20，所以找到结点 H，最后在结点 H 中找到 18。如果要查找 12，首先找到根结点 A，因为 12<15，所以找到结点 B，又因为 12>8，所以找到结点 E，最后在结点 E 中查找 12，查找不到，故查找失败。

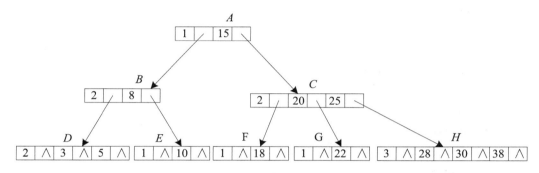

图 8.24　一棵 4 阶 B-树

B-树的结点结构说明如下：

```
#define   m   <阶数>
typedef      struct Mbtnode
{
    struct BTNode  * parent ;    /* 双亲结点指针 */
    struct BTNode * ptr[m+1] ;   /* 孩子结点指针数组 */
    int   keynum ;               /* 结点中的关键字个数 */
    KeyType   key[m] ;           /* 结点中的关键字数组 */
} BTNode, * BTree;
```

在 B-树中查找给定关键字的方法类似于二叉排序树上的查找，不同的是每个结点确定向下查找的路径不一定是二路的，而是 $n+1$ 路的。因为每个结点内的关键字是放在有序数组 key[n] 中，故每个结点内既可以用顺序查找法，也可以二分查找法。在 B-中查找关键字 k 的算法思想如下：

（1）若 $k=$ key[i]，查找成功。

（2）若 $k<$ key[1]，则沿着指针 ptr[0] 所指的子树继续查找。

（3）若 key[i]$<k<$key[$i+1$]，则沿着指针 ptr[i] 所指的子树继续查找。

（4）若 $k<$ key[n]，则沿着指针 ptr[n] 所指的子树继续查找。

B-树的查找算法如下：

```
int   Search_BTree (BTree  bt,  KeyType  k,  BTree &np,  int &pos)
```

/* 在根为 mbt 的 B-树中查找关键字 k，如果查找成功，则将所在结点地址放入 np，将结点内位置序号放入 pos，并返回 true；否则，将 k 应被插入的结点地址放入 np，将结点内应

插位置序号放入 pos,并返回 false * /

```
{
        BTNode * p = bt; * fp = NULL;
        int i,flag=0;
        while (p ! = NULL && ! found)
        {
          i = Search (p, k);
          if (i>0 && p—>key[i] = = k)
            found = 1;
          else
          {
            fp = p;
            p = p—>ptr[i];
          }
        }
        if( found= =1)
        {
            np = p;
            pos = i ;
            return 1 ;
        }
        else
        {
            np = fp;
            pos = i;
            return 0;
        }
}

int   Search (BTree   bt,   KeyType   key )
{
        int i = 0;
        while (i < bt—>keynum&& bt—>key[i] <= key )
          i ++;
        return  i; / * 返回小于等于 key 的最大关键字序号 ,为 0 时表示应到
最左分支找,越界时表示应到最右分支找 * /
}
```

算法 8.15　在 B-树中查找关键字为 k 的元素

2. B-树的插入生成

将关键字 k 插入到 B-树中后,需要保证所得到的树仍然是一棵 B-树。插入过程分两步

进行。

(1) 利用 B-树的查找算法找出该关键字的插入位置。注意 B-树的插入位置(插入结点)一定在叶子结点。

(2) 判断该结点是否有空位置,即判断该结点的关键字个数 n 是否满足 $n<m-1$。若该结点满足 $n<m-1$,说明该结点仍有空位置,直接把关键字 k 插入到该结点的合适位置上,即插入后关键字仍是有序的;若该结点有 $n=m-1$,说明该结点已没有空位置,需要把结点分裂成两个。分裂的方法如下:首先把关键字 k 先插入到该结点中,然后从中间位置将结点的关键字分成两部分。左边部分的关键字放在旧结点中,右边部分的关键字放在一个新结点中,中间位置的关键字插入到父亲结点中。如果此时父亲结点的关键字个数 $n=m$,则要按上述分裂方法继续分裂,直至这个过程传到根结点为止。

例如一棵 3 阶 B-树如图 8.25(a)所示,要求插入 52、20、49。

插入 52:首先查找应插位置,即结点 F 中 50 的后面,插入后如图 8.25(b)所示。

插入 20:直接插入后如图 8.25(c)所示,由于结点 C 的分支数变为 4,超出了 3 阶 B-树的最大分支数 3,需将结点 C 分裂为两个较小的结点。以中间关键字 14 为界,将 C 中关键字分为左、右两部分,左边部分仍在原结点 C 中,右边一部分放到新结点 C' 中,中间关键字 14 插到其父结点的合适位置,并令其右指针指向新结点 C',如图 8.25(d)所示。

插入 49:直接插入后如图 8.25(e)所示。F 结点应分裂,分裂后的结果如图 8.25(f)所示。50 插到其父结点 E 的 key{1}处,新结点 F' 的地址插到 e 的 ptr{1}处,e 中 ptr{0}不变,仍指向原结点 F。此时,E 仍需要分裂,继续分裂后的结果如图 8.25(g)所示。53 存到其父结点 A 的 key{2}处,ptr{2}指向新结点 E',ptr{1}仍指向原结点 E。

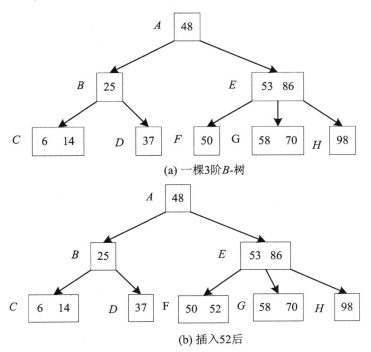

(a) 一棵3阶B-树

(b) 插入52后

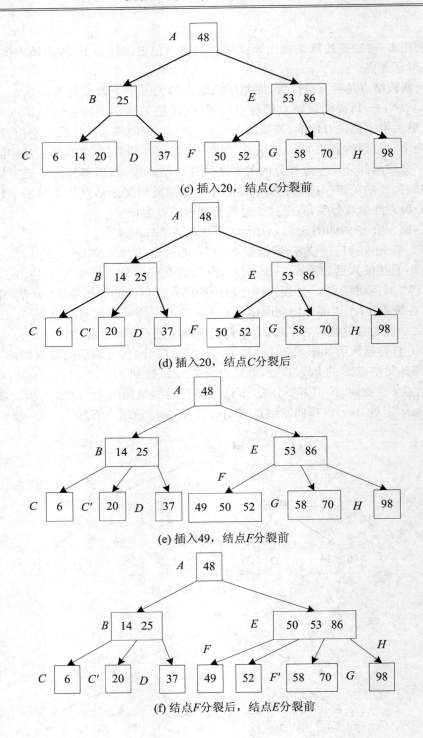

(c) 插入20，结点C分裂前

(d) 插入20，结点C分裂后

(e) 插入49，结点F分裂前

(f) 结点F分裂后，结点E分裂前

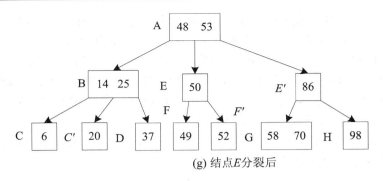

(g) 结点E分裂后

图 8.25　*B*-树的插入

我们可以利用 *B*-树的插入方法,从空树开始,逐个插入关键字,从而创建一棵 *B*-树。例如,已知关键字集合为 $\{1,2,6,7,11,4,8,13,10,5,17,9,16,20,3,12,14,18,19,5\}$,要求从空树开始,逐个插入关键字,创建一棵 5 阶 *B*-树。创建过程如图 8.26 所示。

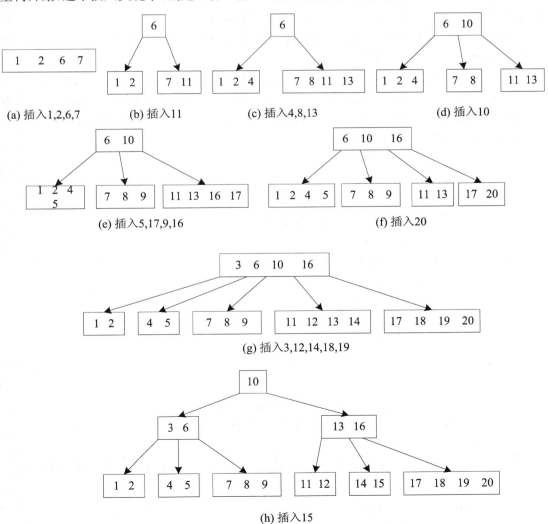

(a) 插入1,2,6,7　　(b) 插入11　　(c) 插入4,8,13　　(d) 插入10

(e) 插入5,17,9,16　　　　　(f) 插入20

(g) 插入3,12,14,18,19

(h) 插入15

图 8.26　逐个插入关键字,创建一棵 5 阶 *B*-树

　　由于 $m=5$,所以每个结点的关键字个数在 2 到 4 之间。初始情况下,1,2,6,7 作为根结点。在插入 11 有 1,2,6,7,11 这 5 个关键字,因此该结点要分裂,将中间位置的 6 上移形成新的根结点。在插入 10 后有 7,8,10,11,13 这 5 个关键字,该结点也要分裂,将中间位置的 10 上移到根结点。在插入 20 后有 11,13,16,17,20 这 5 个关键字,该结点也要分裂,将中间位置的 16 上移到根结点。同理在插入 3 和 15 后结点有 5 个关键字,都要进行分裂。

　　从上述 B-树的构造过程可得出以下结论:

　　(1) 由于 B-树是"从叶往根"长,而根对每个分支是公用的,所以不论根长到多"深",各分支的长度同步增长,因而各分支是"平衡"的。

　　(2) 生长的几种情况:

　　① 最底层某个结点增大,分支数不变,且各分支深度也不变。

　　② 从最下层开始,发生 1 次或连续分裂,但根结点未分裂,此时分支数增 1(最下层结点增 1),但原分支深度不变,新分支深度与原分支相同。

　　③ 从最下层开始,连续分裂,根结点也发生分裂,产生一个新的根结点,此时分支数仍增 1(最下层结点增 1),但新、旧分支均为原分支长度加 1。

　　(3) 根结点有两种情况:初始未分裂的根结点和由分裂形成的根结点。

　　下面给出 B-树插入的有关算法。

```
void  ins_BTree(BTree  &bt,  KeyType  k,  BTNode * q,  int  i)
/* 在 m 阶 B-树 t 中插入 k:如果 bt=NULL,则生成初始根(此时 q=NULL,i=0);否则 q 指向某个最下层非终端结点,k 应插在该结点中 q->key[i+1]处,插入后如果 q->keynum>m-1,则进行分裂处理 */
{
    if (bt= =NULL)
    {
      bt =(BTree)malloc(sizeof(BTNode));
      (bt)->keynum=1;
      (bt)->parent=NULL;
      (bt)->key[1]=k;
      (bt)->ptr[0]=NULL ;
      (bt)->ptr[1]=NULL ;
    }
    else
    {
      x=k;              /* 将 x 插到 q->key[i+1] 处 */
      ap=NULL;          /* 将 ap 插到 q->ptr[i+1] 处 */
      Finished=NULL       ;
      while (q! =NULL && ! finished)    /* q=NULL 表示已经分裂到根 */
      {
         Insert(q, i, x, ap);
         if (q->keynum<m)
         finished=TRUE    /* 不再分裂 */
```

```
      else
      {
        s=ceil((float)m/2);    /* s=「m/2」 */
        split(q,q1);         /* 分裂 */
        x=q->key[s];      ap=q1;
        q=q->parent;
        if (q! =NULL)
          i=search(q,x);          /* search( )的定义参见 B-树查找一节 */
      }
    }
    if (! finished)       /* 表示根结点要分裂,并产生新根 */
    {
      new_root=(BTree)malloc(sizeof(BTNode));
      new_root->keynum=1;  new_root->parent=NULL;
      new_root->key[1]=x;  new_root->ptr[0]=bt;
      new_root->ptr[1]=ap;bt=new_root;
    }
  }
}
```

　　　　　　算法 8.16　*B-树的插入算法*

```
void insert(BTree bp, int  pos, KeyType key,  BTree rp)
/* 在 bp->key[pos +1]处插上 key, 在 bp->ptr[pos+1]处插上 rp   */
{
    for (j=mbp->keynum ; j>=ipos +1 ; j--)
    {
        bp->key[j+1]=bp->key[j];
    bp->ptr[j+1]=bp->ptr[j];
    }
    bp->key[pos+1]=key;
    bp->ptr[pos+1]=rp;
    bp->keynum++;
}
```

　　　　　　算法 8.17　在 mbp->keyipos +1]处插上 key

```
void  split (BTree  oldp,    BTree  &newp)
{/* B-树的分裂过程 */
s=ceil((float)m/2);         /* s=「m/2」 */
  n=m-s;
  newp=(BTree)malloc(sizeof(BTNode));
  newp->keynum=n;
  newp->parent=oldp->parent;
```

```
newp->ptr[0]=oldp->ptr[s];
for (i=1 ; i<=n ; i++)
{
    newp->key[i]=oldp->key[s+i];
     newp->ptr[i]=oldp->ptr[s+i];
}
oldp->keynum=s-1;
}
```

算法 8.18　B-树的分裂算法

3. B-树的删除

B-树的删除过程与插入过程类似。要使删除后的结点中的关键字个数大于或等于 $\lceil m/2 \rceil-1$，将涉及结点的合并问题。在 B-树上删除关键字 k 的过程分两步完成：

(1) 利用 B-树的查找算法找出关键字 k 所在的结点。

(2) 在结点上删除关键字 k。这分成两种情况：一种是在叶子结点上删除关键字；另一种是在非叶子结点上删除关键字。

●在非叶子结点上删除关键字

在非叶子结点上删除关键字的过程如下：

假设要删除关键字 key[i]($1 \leq i < n$)，在删除该关键字后，以该结点 ptr[i] 所指子树的最小关键字 key[min] 来代替删除关键字 key[i] 所在的位置(key[min]在叶子结点上)，然后再以指针 ptr[i] 所指结点为根结点查找并删除 key[min](即在意 ptr[i] 所指结点为 B-树的根结点，以 key[min] 为要删除的关键字，然后再次调用 B-树上的删除算法)，这样就把在非叶子结点上删除关键字的问题转化成了在叶子结点上删除关键字 key[min]。

如图 8.27 所示为一棵 4 阶 B-树中删除 43，35 的过程。

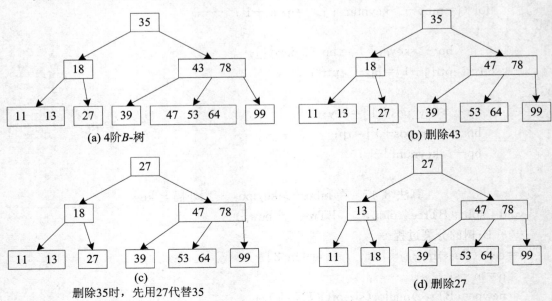

图 8.27　在非叶子结点中删除关键字

●在叶子结点上删除关键字

在 B-树的叶子结点上删除关键字分成以下三种情况：

① 若被删除结点的关键字个数大于 $\min(=\lfloor\frac{m-1}{2}\rfloor)$，说明删除该关键字后该结点扔满足 B-树的定义，直接删除该关键字即可。

② 若被删除结点的关键字个数等于 $\min(=\lfloor\frac{m-1}{2}\rfloor)$，说明删除该关键字后该结点将不满足 B-树的定义。此时若该结点的左兄弟结点(或右兄弟结点)中关键字个数大于 $\min$，则把该结点的左兄弟结点(或右兄弟结点)中最大(或最小)的关键字 S 上移到双亲结点中，同时把双亲结点中大于(或小于)上移关键字 S 的关键字 T 下移到删除关键字的结点中，这样删除关键字 k 后该结点以及它的左兄弟结点(或右兄弟结点)都仍满足 B-树的定义。

③ 若被删除结点的关键字个数等于 $\min(=\lfloor\frac{m-1}{2}\rfloor)$，且该结点的左兄弟结点和右兄弟结点(若存在的话)中关键字个数都等于 $\min$，这时需要把删除关键字的结点与其左兄弟结点(或右兄弟结点)以及双亲结点中分割二者的关键字合并成一个结点。如果使得双亲结点中关键字个数小于 $\min$，则对双亲结点左同样处理，可能直到对根结点左这样的处理使得整个树减少一层。

图 8.28 给出了在 B-树最下层结点中删除关键字的实例。图 8.28(a)所示为一棵 4 阶 B-树，要求删除 11、53、39、64、27。

删除 11 时，直接删除，如图 8.28(b)所示。

删除 53 时，直接删除，如图 8.28(c)所示。

第一种情况：当最下层结点中的关键字数 大于 $\lfloor\frac{m-1}{2}\rfloor$ 时 ，可直接删除。

删除 39 时，为保持其"中序有序"，可将父结点中 43 下移至 39 处，而将右兄弟中最左边的 47 上移至原 43 处，如图 8.28(d)所示。

第二种情况：当最下层待删关键字所在结点中关键字数目为最低要求 $\lfloor\frac{m-1}{2}\rfloor$ 时，如果其左(右)兄弟中关键字数目大于 $\lfloor\frac{m-1}{2}\rfloor$，则可采用上述"父子换位法"。

删除 64 后，为保持各分枝等长(平衡)，将删除 64 后的剩余信息及 78 合并入右兄弟，如图 8.28(e)所示。也可将删除 64 后的剩余信息及 47 与左兄弟合并。

第三种情况：当最下层待删结点及其左右兄弟中的关键字数目均为最低要求数目 $\lfloor\frac{m-1}{2}\rfloor$ 时，需要进行合合并处理，合并过程与插入时的分裂过程"互逆"，合并一次，分支数少 1，可能出现"连锁合并"，当合并到根时，各分支深度同时减 1。

删除 27 时，首先将剩余信息与父结点中的 18 并入左兄弟，并释放空结点，结果如图 8.28(f)所示。此时父结点也需要合并，将父结点中的剩余信息(指针 p_1)与祖父结点中的 35 并入 47 左端，释放空结点后的结果如图 8.28(g)所示。至此，祖父结点仍需要合并，但由于待合并结点的父指针为 NULL ，故停止合并，直接将根指针 BT 置为指针 p_2 的值，释放空结点后的结果如图 8.28(h)所示。

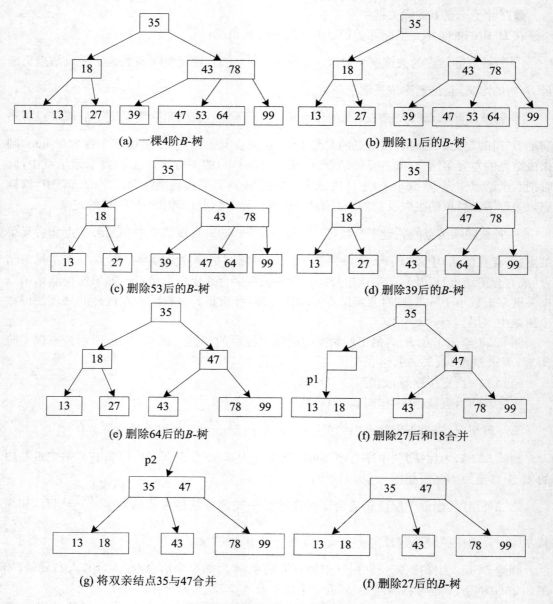

图 8.28　在叶子结点中删除关键字

8.5　基于函数的查找方法

基于函数的查找方法又称为哈希法、散列法、杂凑法以及关键字地址计算法等。用哈希法构造的表称为哈希表，哈希表是除顺序存储结构、链式存储结构和索引存储结构之外的又一种存储线性表的存储结构。这种方法的基本思想是：首先在元素的关键字 k 和元素的存储位置 p 之间建立一个对应关系 f，使得 $p=f(k)$，f 称为哈希函数。

创建哈希表时，把关键字为 k 的元素直接存入地址为 $f(k)$ 的单元；以后当查找关键字为 k 的元素时，再利用哈希函数计算出该元素的存储位置 $p=f(k)$，从而达到按关键字直接存取元素的目的。

当关键字集合很大时,关键字值不同的元素可能会映象到哈希表的同一地址上,对两个关键字 k_i 和 $k_j(i\neq j)$,有 $k_i\neq k_j$,但 $H(k)=H(k_j)$,这种现象称为冲突。通常把这种具有不同关键字而具有相同哈希地址的对象称为同义词,如 k_i 和 k_j 就为同义词。实际中,冲突是很难避免的,只能通过改进哈希函数的性能来减少冲突。

因此基于函数的查找方法主要包括以下两方面的内容:

(1) 如何构造哈希函数。

(2) 如何处理冲突。

8.5.1 哈希函数的构造方法

构造哈希函数的原则是:① 函数本身便于计算;② 计算出来的地址分布均匀,即对任一关键字 k,$f(k)$ 对应不同地址的概率相等,目的是尽可能减少冲突。

下面介绍构造哈希函数常用的五种方法。

1. 数字分析法

如果事先知道关键字集合,并且每个关键字的位数比哈希表的地址码位数多时,可以从关键字中选出分布较均匀的若干位,构成哈希地址。例如,有 80 个记录,关键字为 8 位十进制整数 $d_1d_2d_3\cdots d_7d_8$,如哈希表长取 100,则哈希表的地址空间为:00~99。假设经过分析,各关键字中 d_4 和 d_7 的取值分布较均匀,则哈希函数为:$H(key)=H(d_1d_2d_3\cdots d_7d_8)=d_4d_7$。例如,$H(81346532)=43$,$H(81301367)=06$。相反,假设经过分析,各关键字中 d_1 和 d_8 的取值分布极不均匀,d_1 都等于 5,d_8 都等于 2,此时,如果哈希函数为:$H(key)=H(d_1d_2d_3\cdots d_7d_8)=d_1d_8$,则所有关键字的地址码都是 52,显然不可取。

2. 平方取中法

当无法确定关键字中哪几位分布较均匀时,可以先求出关键字的平方值,然后按哈希表的大小,取平方值的中间几位作为哈希地址。这是因为:平方后中间几位和关键字中每一位都相关,故不同关键字会以较高的概率产生不同的哈希地址。

3. 分段叠加法

这种方法是按哈希表地址位数将关键字分成位数相等的几部分(最后一部分可以较短),然后将这几部分相加,舍弃最高进位后的结果就是该关键字的哈希地址。具体方法有折叠法与移位法。移位法是将分割后的每部分低位对齐相加,折叠法是从一端向另一端沿分割界来回折叠(奇数段为正序,偶数段为倒序),然后将各段相加。例如:$key=12360324711202065$,哈希表长度为 1000,则应把关键字分成 3 位一段,在此舍去最低的两位 65,分别进行移位叠加和折叠叠加,求得哈希地址为 105 和 907,如图 8.29 所示。

```
    1 2 3          1 2 3
    6 0 3          3 0 6
    2 4 7          2 4 7
    1 1 2          2 1 1
 + ) 0 2 0       + ) 0 2 0
  ─────────       ─────────
  1 1 0 5          9 0 7
  (a) 移位叠加      (b) 折叠叠加
```

图 8.29　分段叠加法求哈希地址

4. 直接定址法

直接定址法是取关键字的某个线性函数值为哈希地址,这类函数是一一对应函数,计算简单,不会产生冲突。但关键字分布不连续,将造成空间浪费,因此对于分布不连续的关键字集合不适用。

$$H(k) = a \times k + b \quad (a,b \text{ 为常数})$$

例如关键字集合为$\{100,500,300,400,900,600\}$,可选取哈希函数为

$$H(k) = k/100$$

则哈希地址分别为1、5、3、4、9、6。

5. 除留余数法

除留余数法的哈希函数为:

$H(k) = k \% p$,其中%为模p取余运算。

即取关键字除以p的余数作为哈希地址。使用除留余数法,p的选取很重要,若哈希表长为m,p一般选为小于等于m的最大素数。

例如,已知待散列元素为$(18,75,60,43,54,90,46)$,表长$m=10$,$p=7$,则有

$H(18)=18 \% 7=4$　　　$H(75)=75 \% 7=5$　　　$H(60)=60 \% 7=4$

$H(43)=43 \% 7=1$　　　$H(54)=54 \% 7=5$　　　$H(90)=90 \% 7=6$

$H(46)=46 \% 7=4$

此时冲突较多。为减少冲突,可取较大的m值和p值,如$m=p=13$,结果如下:

$H(18)=18 \% 13=5$　　　$H(75)=75 \% 13=10$　　　$H(60)=60 \% 13=8$

$H(43)=43 \% 13=4$　　　$H(54)=54 \% 13=2$　　　$H(90)=90 \% 13=12$

$H(46)=46 \% 13=7$

此时没有冲突,如图 8.30 所示。

0	1	2	3	4	5	6	7	8	9	10	11	12
		54		43	18		46	60		75		90

图 8.30　除留余数法的哈希表

在实际应用中,应根据具体情况,灵活采用不同的方法,并用实际数据测试它的性能,以便做出正确判定。通常应考虑以下五个因素:

① 计算哈希函数所需时间(简单);

② 关键字的长度;

③ 哈希表大小;

④ 关键字分布情况;

⑤ 记录查找频率。

8.5.2　处理冲突的方法

通过构造性能良好的哈希函数,可以减少冲突,但一般不可能完全避免冲突,所以解决冲突是基于函数查找法的另一个关键问题。在哈希表中,虽然冲突很难避免,但发生冲突的可能性却有大有小,这主要与哈希函数、处理冲突的方法以及哈希表的装填因子这三个因素有关。

若哈希函数选择得当,就可使哈希地址尽可能均匀地分布在哈希地址空间上,从而减少冲突的发生,否则若哈希函数选择不当,就可能使哈希地址集中于某些区域,从而加大冲突的发生。

处理冲突的好坏也将减少或增加发生冲突的可能性。

哈希表的装填因子 α 是指哈希表中元素个数与哈希表的长度的比值,其定义如下:

$$\alpha = 哈希表中元素个数 / 哈希表的长度$$

α 可描述哈希表的装满程度。显然,α 越小,发生冲突的可能性越小;而 α 越大,发生冲突的可能性也越大。因为 α 越小,哈希表中空闲地址空间的比例越大,所以待插入记录同已插入记录发生冲突的可能性越小;反之 α 越大,哈希表中空闲地址空间的比例越小,所以待插入记录同已插入记录发生冲突的可能性越大。那是不是 α 越小越好呢? 也不是。因为另一方面,α 越小,存储空间利用率越低;反之,α 越大,存储空间利用率越高。因此应既兼顾减少冲突的发生,又要兼顾提高存储空间的利用率。通常使最终的装填因子 α 控制在 0.6~0.9 的范围内。

下面介绍几种常用的解决冲突的方法。

1. 开放定址法

开放定址法也称再散列法,其基本思想是:当关键字 key 的哈希地址 $p = H(key)$ 出现冲突时,以 p 为基础,产生另一个哈希地址 p_1,如果 p_1 仍然冲突,再以 p 为基础,产生另一个哈希地址 p_2,…,直到找出一个不冲突的哈希地址 p_i,将相应元素存入其中。这种方法有一个通用的再散列函数形式:

$$H_i = (H(key) + d_i) \% m \quad i = 1, 2, \cdots, n$$

其中 $H(key)$ 为哈希函数,m 为表长,d_i 称为增量序列。增量序列的取值方式不同,相应的再散列方式也不同。主要有以下三种:

(1) 线性探测再散列

$$d_i = 1, 2, 3, \cdots, m-1$$

这种方法的特点是:冲突发生时,依次查看表中下一单元,直到找出一个空单元或查遍全表。

(2) 二次探测再散列

$$d_i = 1^2, -1^2, 2^2, -2^2, \cdots, k^2, -k^2 \quad (k \leqslant m/2)$$

这种方法的特点是:冲突发生时,则二次探测再散列的探测序列为:$d+1^2$、$d-1^2$、$d+2^2$、$d-2^2 \cdots$。即在表的左右进行跳跃式探测。优点是比较灵活,缺点是不能探测哈希表上的所有单元。

(3) 伪随机探测再散列

$$d_i = 伪随机数序列$$

具体实现时,应建立一个伪随机数发生器,(如 $i = (i + p) \% m$),并给定一个随机数做起点。

例如,已知哈希表长度 $m = 11$,哈希函数为:$H(key) = key \% 11$,则 $H(47) = 3$,$H(26) = 4$,$H(60) = 5$,假设下一个关键字为 69,则 $H(69) = 3$,与 47 冲突。如果用线性探测再散列处理冲突,下一个哈希地址为 $H_1 = (3+1) \% 11 = 4$,仍然冲突,再找下一个哈希地址为 $H_2 = (3+2) \% 11 = 5$,还是冲突,继续找下一个哈希地址为 $H_3 = (3+3) \% 11 = 6$,此时不再冲突,将 69 填入 5 号单元,如图 8.31(a)。如果用二次探测再散列处理冲突,下一个哈希

地址为 $H_1=(3+1^2)\%11=4$，仍然冲突，再找下一个哈希地址为 $H_2=(3-1^2)\%11=2$，此时不再冲突，将 69 填入 2 号单元，如图 8.31(b)。如果用伪随机探测再散列处理冲突，且伪随机数序列为：$2,5,9,\cdots$，则下一个哈希地址为 $H_1=(3+2)\%11=5$，仍然冲突，再找下一个哈希地址为 $H_2=(3+5)\%11=8$，此时不再冲突，将 69 填入 8 号单元，如图 8.31(c)。

(a) 用线性探测再散列处理冲突

(b) 用二次探测再散列处理冲突

(c) 用伪随机探测再散列处理冲突

图 8.31　开放地址法处理冲突

从上述例子可以看出，线性探测再散列容易产生"二次聚集"，即在处理同义词的冲突时又导致非同义词的冲突。例如，当表中 $i,i+1,i+2$ 三个单元已满时，下一个哈希地址为 i，或 $i+1$，或 $i+2$，或 $i+3$ 的元素，都将填入 $i+3$ 这同一个单元，而这四个元素并非同义词。线性探测再散列的优点是：只要哈希表不满，就一定能找到一个不冲突的哈希地址，而二次探测再散列和伪随机探测再散列则不一定。

2. 再哈希法

这种方法是同时构造多个不同的哈希函数：

$$H_i=H_1(key)\quad i=1,2,\cdots,k$$

当哈希地址 $H_i=H_1(key)$ 发生冲突时，再计算 $H_i=H_2(key)\cdots$，直到冲突不再产生。这种方法不易产生聚集，但增加了计算时间。

3. 链地址法

这种方法的基本思想是将所有哈希地址为 i 的元素构成一个称为同义词链的单链表，并将单链表的头指针存在哈希表的第 i 个单元中，因而查找、插入和删除主要在同义词链中进行。链地址法适用于经常进行插入和删除的情况。

与开放定址法相比，链地址法有如下优点：

（1）链地址法处理冲突简单，且无堆积现象，即非同义词绝不会发生冲突，因此查找平均长度较短。

（2）链地址法的空间是动态申请的，而开放定址法的空间是静态分配的，因此链地址法节约存储空间。

（3）链地址法删除操作易于实现，只要简单删除链表上的记录即可。

例如，已知一组关键字 $(16,74,60,43,54,90,46,31,29,88,77)$，哈希表长度为 13，哈希函数为：$H(key)=key\%13$，则用链地址法处理冲突的结果如图 8.32 所示。

4. 建立公共溢出区

这种方法的基本思想是：将哈希表分为基本表和溢出表两部分，凡是和基本表发生冲突

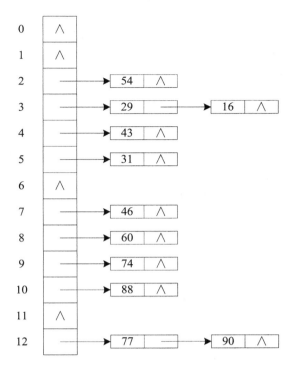

图 8.32 链地址法处理冲突时的哈希表

的元素,一律填入溢出表。

查找时,对给定值 key 通过哈希函数计算出哈希地址 d,然后与基本表的 d 单元比较,若相等,查找成功;否则,有可能产生冲突,到溢出表中进行查找。若溢出表中能查到,则查找成功,否则查找失败。

8.5.3　哈希表上的操作

哈希表上的主要操作有查找操作和插入操作。以下给出有关的数据类型说明。
```
♯define   m   100          /*定义哈希表的最大长度*/
♯define   NULLKEY  −1 /*定义空记录的关键字值*/
typedef   int   KeyType;  /*定义关键字类型*/
typedef   struct
{
        KeyType   key;
} RecordType ;
typedef   RecordType   HashTable[m] ;   /*哈希表*/
```
1. 查找

基于函数查找方法的查找过程与哈希表的建表过程是一致的。当查找关键字为 key 的元素时,首先计算 $p_0 = H(key)$。如果单元 p_0 为空,则所查元素不存在;如果单元 p_0 中元素的关键字为 key,则查找成功;否则按解决冲突的方法,找出下一个哈希地址 p_1,如果单元 p_1 为空,则所查元素不存在;如果单元 p_1 中元素的关键字为 key,则查找成功。否则按解决冲突的方法,找出下一个哈希地址 p_2,直至找到关键字为 key 的元素,直至找遍整个表,没有找到,则待查元素不存在。

下面以线性探测再散列为例,给出基于函数查找方法的查找算法:

```
int   HashSearch( HashTable   ht，  KeyType   key,int p)
{
    int p0＝key％p；
    if   (ht[p0]. key＝＝NULLKEY)
          return （－1）;
    else   if   (ht[p0]. key＝ ＝key)
          return （p0）;
    else    /＊用线性探测再散列解决冲突 ＊/、
{
              for (i＝1; i＜＝m－1;   i＋＋)
              {
                pi＝(p0＋i) ％ p;
                  if   (ht[pi ]. key＝＝NULLKEY)
                    return （－1）;
                  else if  (ht[pi]. key＝＝K)
                    return （pi）;
              }
               return （－1）;
          }
}
```

算法 8.19 哈希表的查找算法

2. 插入及建表

插入算法首先要调用查找算法,若在表中找到待插入的关键字,则插入失败;若在表中找到一个空闲地址空间,则将待插入的结点插入其中。插入算法如下:

```
void HashInsert(HashTable  ＆ht，  KeyType   key,int p)
{
    int i,p0;
    p0＝k％p;
    if(ht[p0]. key＝＝NULLKEY)
    {
        ht[p0]. key＝key;
    }
    else
    {
        i＝1;
        do
        {
            p0＝(p0＋1)％p;
```

```
            i++;
        }while(ht[p0]. key! =NULLKEY);
        ht[p0]. key=key;
    }
}
```

算法 8.20 哈希表的插入算法

建表时首先要将表中各结点的关键字清空,然后再调用插入算法将给定的关键字序列依次插入表中。算法如下:

```
voidHashCreate(HashTable  &ht,  KeyType  x[ ],int n,int m,int p)
/ * n 表示关键字个数,m 表示表长 * /
{
    int i;
    for(i=0;i<m;i++)
        ht[i]. key=NULLKEY;
    for(i=0;i<n;i++)
        HashInsert(ht,x[i],p);
}
```

算法 8.21 哈希表的建表算法

8.5.4 哈希法性能分析

基于函数的查找方法中影响关键字比较次数的因素有三个:哈希函数、处理冲突的方法以及哈希表的装填因子。假定哈希函数是均匀的,则影响平均查找长度的因素只剩下两个,处理冲突的方法以及 α。以下按处理冲突的不同方法分别列出相应的平均查找长度。

表 8.1 几种常见处理冲突方法的平均查找长度

处理冲突的方法	成功时的平均查找长度	失败时的平均查找长度
线性探测再散列	$\dfrac{1}{2}(1+\dfrac{1}{1-\alpha})$	$\dfrac{1}{2}(1+\dfrac{1}{(1-\alpha)^2})$
二次探测再散列	$-\dfrac{1}{\alpha}\ln(1-\alpha)$	$\dfrac{1}{1-\alpha}$
伪随机探测再散列	$-\dfrac{1}{\alpha}\ln(1-\alpha)$	$\dfrac{1}{1-\alpha}$
再哈希法	$-\dfrac{1}{\alpha}\ln(1-\alpha)$	$\dfrac{1}{1-\alpha}$
链地址法	$1+\dfrac{\alpha}{2}$	$\alpha+e^{-\alpha}$

综上所述:哈希表的平均查找长度是装填因子 α 的函数,而与待散列元素数目 n 无关。因此,无论元素数目 n 有多大,都能通过调整 α,使哈希表的平均查找长度较小。

此外,我们还可以通过计算的方法得出用基于函数的查找方法的平均查找长度。例如:已知一组关键字序列$(19,14,23,01,68,20,84,27,55,11,10,79)$按哈希函数$H(key)=key\%13$和线性探测处理冲突构造所得哈希表 ht$[0\cdots15]$,如图 8.33 所示。

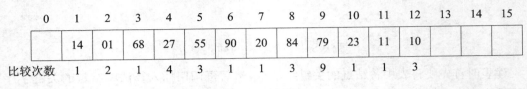

0	1	2	3	4	5	6	7	8	9	10	11	12	13	14	15
	14	01	68	27	55	90	20	84	79	23	11	10			
比较次数	1	2	1	4	1	1	3	1	3	1	1	3			

图 8.33　哈希表

查找 19 时,通过计算 $H(19)=6$,ht$[6].key$ 非空且值为 19 查找成功,则查找关键字 19,仅需要计算 1 次地址就可以找到。

查找 14 时,通过计算 $H(14)=1$,ht$[1].key$ 非空且值为 14 查找成功,则查找关键字 19,仅需要计算 1 次地址就可以找到。

查找 23 时,通过计算 $H(23)=10$,ht$[10].key$ 非空且值为 23 查找成功,则查找关键字 23 ,仅需要计算 1 次地址就可以找到。

同样,查找关键字 68,20,11,均需要计算一次地址就可以找到;

查找关键字 01 时,通过计算 $H(01)=1$,ht$[1].key$ 非空且值为 $14\neq01$,则找第一次冲突处理后的地址 $H_1=(1+1)\%13=2$,此时,ht$[2].key$ 非空且值为 01,查找成功因此查找关键字 01 时,需要计算 2 次地址才可以找到。

查找关键字 55 时,通过计算 $H(55)=3$,ht$[3].key$ 非空且值为 $68\neq55$,则找第一次冲突处理后的地址 $H_1=(3+1)\%13=4$,此时,ht$[4].key$ 非空且值为 $27\neq55$,则找第二次冲突后处理地址 $H_2=(3+2)\%13=5$,ht$[5].key$ 非空且值为 55 查找成功,因此查找关键字 27 时,需要计算 3 次地址才能找到,同理,查找关键字 10,84 均需要计算 3 次地址才能找到。

查找关键字 27 时,通过计算 $H(27)=1$,ht$[1].key$ 非空且值为 $14\neq27$,则找第一次冲突处理后的地址 $H_1=(1+1)\%13=2$,此时,ht$[2].key$ 非空且值为 $01\neq27$,则找第二次冲突后处理地址 $H_2=(1+2)\%13=3$,ht$[3].key$ 非空且值为 $68\neq27$,则找第三次冲突后处理地址 $H_3=(1+3)\%13=4$,ht$[4].key$ 非空且值为 27,查找成功,因此查找关键字 27 时,需要计算 4 次地址才可以找到。

根据上面的方法,查找关键字 79 时,通过计算 $H(79)=1$,ht$[1].key$ 非空且值为 $14\neq79$,则找第一次冲突处理后的地址 $H_1=(1+1)\%13=2$,此时,ht$[2].key$ 非空且值为 $01\neq79$,则找第二次冲突后处理地址 $H_2=(1+2)\%13=3$,ht$[3].key$ 非空且值为 $68\neq79$,则找第三次冲突后处理地址 $H_3=(1+3)\%13=4$,ht$[4].key$ 非空且值为 $27\neq79$,则找第四次冲突后处理地址 $H_4=(1+4)\%13=5$,ht$[5].key$ 非空且值为 $55\neq79$,则找第五次冲突后处理地址 $H_5=(1+5)\%13=6$,ht$[6].key$ 非空且值为 $19\neq79$ 则找第六次冲突后处理地址 $H_6=(1+6)\%13=7$,ht$[7].key$ 非空且值为 $20\neq79$,则找第七次冲突后处理地址 $H_7=(1+7)\%13=8$,ht$[8].key$ 非空且值为 $84\neq79$,则找第八次冲突后处理地址 $H_8=(1+8)\%13=9$,ht$[9].key$ 非空且值为 79,查找成功,因此查找关键字 79 时,需要计算 9 次地址才可以找到。

1. 手工计算等概率情况下查找成功的平均查找长度公式

手工计算等概率情况下查找成功的平均查找长度规则如下:

$$\text{ASL}_{\text{succ}} = \frac{1}{n} \sum_{i=1}^{n} C_i$$

其中 n 为表中元素的个数,C_i 为查找第 i 个元素时所需的比较次数,也等于插入第 i 个元素时所需的比较次数。

根据此公式,对如图 8.27 的哈希表,采用线性探测再散列法处理冲突,计算出在等概率查找的情况下其查找成功的平均查找长度为:

$$\text{ASL}_{\text{succ}} = \frac{1}{12}(1 \times 6 + 2 + 3 \times 3 + 4 + 9) = 2.5$$

为便于计算,在图 8.27 所示哈希表下方表示的是有冲突时的计算次数,如代表需要一次地址计算就可找到的关键字有 6 个,依此类推,即可得到计算结果。

同理根据此公式,对采用链地址法处理冲突的哈希表例图 8.26,计算出在等概率情况下其查找成功的平均查找长度为:

$$\text{ASL}_{\text{succ}} = \frac{1}{12}(1 \times 7 + 2 \times 4 + 3) = 1.5$$

2. 手工计算在等概率情况下查找不成功的平均查找长度公式

手工计算等概率情况下查找不成功的平均查找长度规则如下:

$$\text{ASL}_{\text{unsucc}} = \frac{1}{r} \sum_{i=1}^{r} C_i$$

其中 r 表示哈希函数的取值个数,C_i 为函数取值为 i 时确定查找不成功时比较次数。

据此计算公式,对如图 8.27 所示的哈希表,采用线性探测再散列法处理冲突。此时,哈希函数的取值为 0～12,取值个数共 13 个。哈希值为 0 时,因为 0 单元为空,所以查找不成功时只需要比较 1 次;哈希值为 1 时,查找不成功时要与 1～13 这 13 个单元都比较,所以需要比较 13 次;哈希值为 2 时,查找不成功时要与 2～13 这 12 个单元都比较,所以需要比较 12 次,其他类推。这样可计算出在等概率查找的情况下其查找不成功的平均查找长度为:

$$\text{ASL}_{\text{unsucc}} = \frac{1}{13}(1 + 13 + 12 + 11 + 10 + 9 + 8 + 7 + 6 + 5 + 4 + 3 + 2) = 7$$

同理据此公式,对采用链地址法处理冲突的哈希表例图 8.26,计算出在等概率情况下其查找不成功的平均查找长度为:

$$\text{ASL}_{\text{unsucc}} = \frac{1}{13}(1 \times 6 + 2 \times 3 + 3 \times 3 + 4) \approx 1.9$$

8.6   知识点总结

1. 理解查找的基本概念,分类,平均查找长度等。

2. 掌握线性表的各种查找方法,包括顺序查找法、二分查找法和分块查找法的基本思想、算法实现、查找效率等。

3. 熟练掌握二叉排序树的概念,各种操作的算法思想、算法实现及平均查找长度的计算。

4. 掌握平衡二叉排序树的概念,插入结点后的调整方法。

5. 掌握 B-树的概念,了解各种操作的实现。

6. 掌握基于函数的查找方法的算法思想,查找、建表操作的思想。熟练掌握哈希函数的构造方法、处理冲突的方法、手工计算在等概率情况下的平均查找长度。

8.7　单元自测

一、单项选择题

1. 利用逐点插入法建立序列(52,74,45,84,77,22,36,47,66,32)对应的二叉排序树以后,查找元素 36 要进行_____元素间的比较。

　　A. 4 次　　　　　B. 5 次　　　　　C. 7 次　　　　　D. 10 次

2. 对二叉排序树进行_____遍历,可以得到该二叉树所有结点构成的排序序列。

　　A. 前序　　　　　B. 中序　　　　　C. 后序　　　　　D. 按层次

3. 顺序查找法适合于存储结构为_____的线性表。

　　A. 散列存储　　　　　　　　　B. 顺序存储或链接存储
　　C. 压缩存储　　　　　　　　　D. 索引存储

4. 对线性表进行二分查找时,要求线性表必须_____。

　　A. 以顺序方式存储　　　　　　B. 以链接方式存储
　　C. 顺序方式,且结点按关键字有序排序D. 链接方式,且结点按关键字有序排序

5. 设散列表长 $m = 12$,散列函数 $H(\text{key}) = \text{key} \% 11$。表中已有 4 个结点,$addr(15)=4, addr(33)=5, addr(67)=6, addr(84)=7$,其余地址为空,若用二次探测法处理冲突,关键字为 60 的结点的地址是_____。

　　A. 8　　　　　B. 3　　　　　C. 5　　　　　D. 9

6. 采用顺序查找方法查找长度为 n 的线性表时,每个元素的平均查找长度为_____。

　　A. n　　　B. $(n+1)/2$　　　C. $n/2$　　　D. $(n-1)/2$

7. 采用二分查找方法查找长度为 n 的线性表时,每个元素的平均查找长度为_____。

　　A. $O(n^2)$　　　B. $O(\log n)$　　　C. $O(n)$　　　D. $O(\log_2 n)$

8. 有一个有序表为{10,13,19,22,32,43,45,62,75,77,82,85,99},当二分查找值为 82 的结点时,_____次比较后查找成功。

　　A. 1　　　　　B. 2　　　　　C. 4　　　　　D. 8

9. 有一个长度为 12 的有序表,按二分查找法对该表进行查找,在表内各元素等概率情况下查找成功所需的平均比较次数为_____。

　　A. 35/12　　　　B. 37/12　　　　C. 39/12　　　　D. 43/12

10. 采用分块查找时,若线性表中共有 324 个元素,查找每个元素的概率相同,假设采用顺序查找来确定结点所在的块时,每块应分_____个结点最佳。

　　A. 10　　　　　B. 18　　　　　C. 6　　　　　D. 324

11. 如果要求一个线性表既能较快地查找,又能适应动态变化的要求,可以采用_____查找方法。

　　A. 分块　　　　　B. 顺序　　　　　C. 二分　　　　　D. 散列

12. 若表中的记录顺序存放在一个一维数组中,在等概率情况下顺序查找的平均查找长度为_____。

　　A. $O(1)$　　　B. $O(\log_2 n)$　　　C. $O(n)$　　　D. $O(n^2)$

13. 设有一个长度为 100 的已排好序的表,用二分查找进行查找,若查找不成功,至少

比较_____次。

　　A. 9　　　　　　　B. 8　　　　　　　C. 7　　　　　　　D. 6

　　14. 在有 n 个结点的二叉排序树中查找一个元素时,最坏情况下的时间复杂度为_____。

　　A. $O(n)$　　　　　B. $O(n^3)$　　　　C. $O(\log_2 n)$　　　D. $O(n^2)$

　　15. 下列关于 m 阶 B-树的说法错误的是_____

　　A. 所有叶子都在同一层次上

　　B. 根结点至少有 2 棵子树

　　C. 非叶结点至少有 $m/2$ (m 为偶数)或 $m/2+1$(m 为奇数)棵子树

　　D. 当插入一个关键字引起 B-树结点分裂后,树会长高一层。

二、填空题

1. 在各种查找方法中,平均查找长度与结点个数 n 无关的查法方法是_____。

2. 二分查找的存储结构仅限于_____,且是_____。顺序存储结构,有序的

3. 在分块查找方法中,首先查找_____,然后再查找相应的_____。

4. 长度为 625 的表,采用分块查找法,每块的最佳长度是_____。

5. 在散列函数 $H(key)=key\%p$ 中,p 应取_____。

6. 假设在有序线性表 $A[1\cdots8]$ 上进行二分查找,则比较一次查找成功的结点数为_____,则比较二次查找成功的结点数为_____,则比较三次查找成功的结点数为_____,则比较四次查找成功的结点数为_____。

7. 已知一个有序表为(13,16,20,25,28,32,42,64,83,91,94,98),当二分查找值为 29 和 91 的元素时,分别需要_____次和_____次比较才能查找成功;若采用顺序查找时,分别需要_____次和_____次比较才能查找成功。

8. 从一棵二叉排序树中查找一个元素时,若元素的值小于根结点的值,则继续向_____查找,若元素的值大于根结点的值,则继续向_____查找。

9. 二叉排序树是一种_____查找表。

10. 哈希表既是一种存储方法,又是一种_____方法。

11. 处理冲突的两类主要方法是_____和_____。

12. 对于线性表(72,34,55,23,64,40,23,100)进行散列存储时,若选用 $H(key)=key\%11$ 作为散列函数,则散列地址为 1 的元素有_____个,散列地址为 7 的元素有_____个。

三、解答题

1. 用序列(47,88,45,39,71,58,101,10,66,34)建立一个排序二叉树,画出该树,求在等概率情况下查找成功的平均查找长度,并用中序遍历该二叉排序树。

2. 已知一组关键字为(85,26,38,8,27,132,68,95,87,23,70,63,147),散列函数为 $H(key)=key\%11$,采用链地址法处理冲突。设计出这种链表结构,并求该表平均查找长度。

3. 若对大小均为 n 的有序的顺序表和无序的顺序表分别进行查找,试在下列三种情况下分别讨论两者在等概率时的平均查找长度是否相同?

(1) 查找不成功,即表中没有关键字等于给定值 K 的记录。

(2) 查找成功,且表中只有一个关键字等于给定值 K 的记录。

(3) 查找成功,且表中有若干个关键字等于给定值 K 的记录,一次查找要求找出所有记录。

4. 画出对长度为 10 的有序表进行二分查找的判定树,并求其等概率时查找成功的平均查找长度。

5. 试推导含 12 个结点的平衡二叉树的最大深度并画出一棵这样的树。

6. 试从空树开始,画出按以下次序向 2～3 树,即 3 阶 B-树中插入关键码的建树过程: 20,30,50,52,60,68,70。如果此后删除 50 和 68,画出每一步执行后 2～3 树的状态。

7. 选取哈希函数 $H(key)=(3key)\%11$,用线性探测再散列法处理冲突。试在 0～10 的散列地址空间中,对关键字序列(22,41,53,46,30,13,01,67)构造哈希表,并求等概率情况下查找成功与不成功时的平均查找长度。

8. 试为下列关键字建立一个装载因子不小于 0.75 的哈希表,并计算你所构造的哈希表的平均查找长度。

(ZHAO, QIAN, SUN, LI, ZHOU, WU, ZHENG, WANG, CHANG, CHAO, YANG, JIN)

9. 已知长度为 12 的表:(Jan, Feb, Mar, Apr, May, June, July, Aug, Sep, Oct, Nov, Dec)。

(1) 试按表中元素的顺序依次插入一棵初始为空的二叉排序树,画出插入完成后的二叉排序树并求其等概率的情况下查找成功的平均查找长度。

(2) 若对表中元素先进行排序构成有序表,求在等概率的情况下对此有序表进行二分查找时查找成功的平均查找长度。

(3) 按表中元素的顺序依次构造一棵平衡二叉排序树,并求其等概率的情况下查找成功的平均查找长度。

10. 含有 9 个叶子结点的 3 阶 B-树中至少有多少个非叶子结点? 含有 10 个叶子结点的 3 阶 B-树中至少有多少个非叶子结点?

11. 写一时间复杂度为 $O(\log_2 n+m)$ 的算法,删除二叉排序树中所有关键字不小于 x 的结点,并释放结点空间。其中 n 为树中的结点个数,m 为被删除的结点个数。

12. 在平衡二叉排序树的每个结点中增加一个 lsize 域,其值为它的左子树中的结点数加 1。编写一时间复杂度为 $O(\log n)$ 的算法,确定数中第 k 个结点的位置。

第9章 排 序

【学习概要】

排序是一种常见的基本操作,不仅在很多情况下有单独使用的需求,而且也是很多其他操作比如查找的基础。排序不仅是一种经典的数据处理方法,而且在大数据的处理中依然是一个重要的阶段,甚至人们常常将其作为检验一种体系结构、一种存储方案、一种框架有效性的手段。

本章在内容方面主要学习排序的概念,各种排序方法的基本思想、排序过程、实现算法以及算法的时间复杂度和空间复杂度。

9.1 案 例 导 入

无论是人们的日常学习、工作、生活、甚至社会活动,还是国家的经济活动、乃至国际事务都会有对数据排序的要求。排名活动几乎散见于每一个人的身边,小到学校里学生科目成绩的排名,大到国家 GDP 的排名,中国现代的文化更是把排名用到了极致。

正是因为排序的重要性,不但像 Excel 这样办公软件把排序作为一个基本功能,而且现在的几乎每一个软件开发包,如 C++ 的 STL 都将其内置其中。

9.2 排序的基本概念

1. 排序的定义

排序是计算机内经常进行的一种操作,其目的是将一组"无序"的记录序列调整为"有序"的记录序列。

形式地,排序可以定义如下:将一个数据元素(或记录)的任意序列,重新排成一个按关键字有序的序列。

$$\{R_1, R_2, \cdots, R_n\} \longrightarrow \{R_{p1}, R_{p2}, \cdots, R_{pn}\}$$
$$\{K_1, K_2, \cdots, K_n\} \longrightarrow \{K_{p1} \leqslant K_{p2} \leqslant \cdots \leqslant K_{pn}\}$$

2. 排序的性质

设排序前元素序列为:$\cdots R_i \cdots R_j \cdots$ $(1 \leqslant i < n, 1 < j \leqslant n, i \neq j, i < j)$

有关系: $K_i = K_j$

排序后的序列为:$\cdots R_i \cdots R_j \cdots$,此时我们称排序方法是稳定的。

若排序后的序列为:$\cdots R_j \cdots R_i \cdots$,则称排序方法是不稳定的。

3. 排序的分类

按排序过程中涉及的存储器分为内部排序和外部排序。若整个排序过程中待排序记录完全存放在内存,不需要访问外存便能完成,则称此类排序为内部排序,它适合不太大的元素序列。若参加排序的记录数量很大,内存一次不能容纳全部记录,在排序过程中需对外存进行访问,则称此类排序为外部排序,它适合于海量数据的情况。

按排序依据的原则分为插入排序、交换排序、选择排序、归并排序和基数排序。

4. 排序过程中的两个基本操作

(1) 比较两个关键字的大小。

(2) 将记录从一个位置移动到另一个位置。

5. 记录的存储方式

记录的存储方式通常有三种:① 待排序的一组记录存放在地址连续的一组存储单元上;② 待排序的一组记录存放在静态链表中;③ 待排序的记录本身存储在地址连续的存储单元中,同时另设一个指示各个记录存储位置的地址向量。其中以第一种情况最为常见,是我们研究的重点。

另外,在排序过程中我们往往采取一种原地转换的排序算法,即排序后的数据依然存放在排序前的存储空间里。

6. 记录的数据类型描述

记录的存储方案如图 9.1 所示,数据类型描述如下:

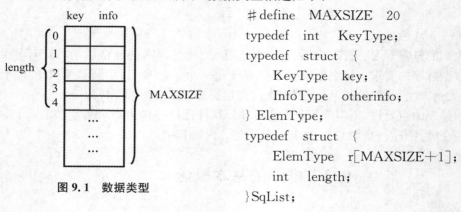

图 9.1　数据类型

```
#define  MAXSIZE  20
typedef  int  KeyType;
typedef  struct  {
    KeyType  key;
    InfoType  otherinfo;
} ElemType;
typedef  struct  {
    ElemType  r[MAXSIZE+1];
    int  length;
}SqList;
```

9.3　插入类排序

插入类排序方法是每步都将一个待排序的数据,按其关键字大小,插入到前面已经排好序的一组数据中的适当位置上,直到数据全部插入为止。它在插入中保证左子序列始终都是有序的,本质上插入排序的过程是一个逐步扩大数据的有序序列长度的过程。

9.3.1　直接插入排序

直接插入排序的基本思想是:从数组的第 2 号元素开始,顺序从数组中取出元素,并将该元素插入到其左端已排好序的数组的适当位置上。

直接插入排序的过程可描述如下:

第 1 趟,将初始序列中的记录 R_1 看作有序子序列,将 R_2 插入这个子序列中。若 R_2 的关键字小于 R_1 的关键字,则 R_2 插在 R_1 的前面,否则 R_2 插在 R_1 的后面。

第 2 趟,将 R_3 插入前面的两个记录的有序子序列中,得到 3 个记录的有序子序列;依此类推,继续进行下去,直到将 R_n 插入到前面的 $n-1$ 个记录的有序子序列中,最后得到 n 个记录的有序序列。

【**例 9-1**】　对序列(53,27,36,15,69,42)按直接插入排序方法进行排序。

待排元素序列：[53]　27　36　15　69　42

第一趟排序：　[27　53]　36　15　69　42

第二趟排序：　[27　36　53]　15　69　42

第三趟排序：　[15　27　36　53]　69　42

第四趟排序：　[15　27　36　53　69]　42

第五趟排序：　[15　27　36　42　53　69]

对于有 n 个元素的待排序列，插入操作要进行 $n-1$ 次。

在构造直接插入排序算法的时候，为了避免检测是否应插在 R_1 的前面，在 R_1 的前面设立记录 R_0，它既是中间变量，又是监视哨。由于 R_1 的前面有监视哨 R_0，因此不必每次判断下标 j 是否出界。

直接插入排序算法可形式化地描述如下：设 $(R_1,R_2,\cdots,R_{i-1})$ 是已排序的有序子序列，则插入 R_i 的步骤是：首先将 R_i 存放到 R_0 中；然后将 K_0 依次与 K_{i-1}，K_{i-2}，$\cdots$ 比较，若 $K_0<K_j(j=i-1,i-2,\cdots,1)$，则 R_j 后移一个位置，否则停止比较和移动；最后，将 R_0（即原来待插入的记录 R_i）移到 $j+1$ 的位置上。

【**例 9-2**】　对序列(49,38,65,97,76,13,27,49′)进行直接插入排序。

index	0	1	2	3	4	5	6	7	8
Init		[49]	38	65	97	76	13	27	49′
$i=2$	38	[38	49]	65	97	76	13	27	49′
$i=3$	65	[38	49	65]	97	76	13	27	49′
$i=4$	97	[38	49	65	97]	76	13	27	49′
$i=5$	76	[38	49	65	76	97]	13	27	49′
$i=6$	13	[13	38	49	65	76	97]	27	49′
$i=7$	27	[13	27	38	49	65	76	97]	49′
$i=8$	49′	[13	27	38	49	49′	65	76	97]

```
/ * 对顺序表 L 作直接插入排序 * /
void InsertSort (SqList  &L)  {
    for (i=2; i<=L. length; i++)
        if (LT(L. r[i]. key, L. r[i−1]. key)) {
            L. r[0]=L. r[i];
            for (j=i−1; LT(L. r[0]. key, L. r[j]. key); −−j)
                L. r[j+1]=L. r[j];
            L. r[j+1]=L. r[0];
        }
}
```

算法 9.1

对直接插入排序的复杂度分析如下：

空间效率：仅用了一个辅助单元。

时间效率：向有序表中逐个插入记录的操作，进行了 $n-1$ 趟，每趟操作分为比较关键字和移动记录，而比较的次数和移动记录的次数取决于待排序列按关键字的初始排列。

最好情况下:待排序列已按关键字有序,每趟操作只需 1 次比较。

$$总比较次数 = n-1 次$$

$$总移动次数=0 次$$

最坏情况下:第 j 趟操作,插入记录需要同前面的 j 个记录进行 j 次关键字比较,移动记录的次数为 $j+1$ 次。

$$总比较次数 = \sum_{j=2}^{n} j = \frac{1}{2}(n+1)(n-1)$$

$$总移动次数 = \sum_{j=2}^{n}(j+1) = \frac{1}{2}(n+4)(n-1)$$

平均情况下:第 j 趟操作,插入记录大约同前面的 $j/2$ 个记录进行关键码比较,移动记录的次数为 $j/2+1$ 次。

$$总比较次数 = \sum_{j=2}^{n} \frac{j}{2} = \frac{1}{4}(n+2)(n-1) \approx \frac{1}{4}n^2$$

$$总移动次数 = \sum_{j=2}^{n}\left(\frac{j}{2}+1\right) = \frac{1}{4}(n+1)+n-3/2 \approx \frac{1}{4}n^2$$

该算法的时间复杂度为 $O(n^2)$,适合于 n 较小的情况,是一个稳定的排序方法。

9.3.2 折半插入排序

在直接插入排序过程中,比较和移动是同时进行的,折半插入排序是一种比较和移动分离的插入排序方法,它在寻找插入位置时,不是逐个比较而是利用折半查找的原理寻找插入位置。

【例 9-3】 对第 6 个记录进行折半插入排序时寻找插入位置的过程。

```
[ 15      27      36      53      69]      42
 ↑low           ↑mid           ↑high
[ 15      27      36      53      69]      42
                        ↑low  ↑high
                        ↑mid
[ 15      27      36      53      69]      42
                 ↑high  ↑low
[ 15      27      36      42      53      69]
```

(high<low,查找结束,插入位置为 low 或 high+1)

```
/ * 对顺序表 L 作折半插入排序 * /
void BInsertSort(SqList    &L) {
    for (i=2; i<=L. length; ++i) {
        L. r[0]=L. r[i];            / * L. r[i]暂存 L. r[0] * /
        low=1;  high=i-1;
        While (low<=high)  {
            mid=(low+high)/2;
            if (LT(L. r[0]. key, L. r[mid]. key))
```

```
                    high=mid-1;
            else   low=mid+1;
        }
        for ( j=i-1; j>=high+1;--j )
            L. r[j+1]=L. r[j];
        L[high+1]=L[0];
    }
}
```

算法 9.2

折半插入排序减少了关键字的比较次数,但记录的移动次数不变,其时间复杂度与直接插入排序相同。

9.3.3 希尔排序

希尔排序(Shell's Method)又称"缩小增量排序"(Diminishing Increment Sort),是由 D. L. Shell 在 1959 年提出来的。它的依据是:直接插入排序在 n 很小时,或者待排序的记录按关键字基本有序时效率比较高。它的基本思想是:先取定一个小于 n 的整数 d_1 作为第一个增量,把序列的全部记录分成 d_1 个子序列,所有距离为 d_1 的倍数的记录放在同一个子序列中,在各子序列内进行直接插入排序;然后,取第二个增量 $d_2 < d_1$,重复上述分组和排序;直至所取的增量 $d_t = 1(d_t < d_{t-1} < \cdots < d_2 < d_1)$,即所有记录放在同一序列中进行直接插入排序为止。

【例 9-4】 待排序列(39,80,76,41,13,29,50,78,30,11,100,7,41',86)。
步长因子分别取 5、3、1,则排序过程如下:

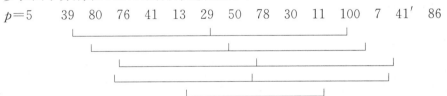

$p=5$　　39　80　76　41　13　29　50　78　30　11　100　7　41'　86

第一趟排序结果:29　7　41'　30　11　39　50　76　41　13　100　80　78　86
$p=3$　　29　7　41'　30　11　39　50　76　41　13　100　80　78　86

第二趟排序结果:13　7　39　29　11　41'　30　76　41　50　86　80　78　100
$p=1$　　13　7　39　29　11　41'　30　76　41　50　86　80　78　100
最终结果:7　11　13　29　30　39　41'　41　50　76　78　80　86　100
从该例中可以看出,希尔排序是不稳定的。
希尔排序算法描述如下:

```
/ * 一趟希尔插入排序,增量为 dk * /
void ShellSort(SqList &L, int dk) {
    for (i=dk+1; i<=L. length; i++)
```

```
        if (LT(L. r[i]. key, L. r[i−dk]. key)) {
            L. r[0]=L. r[i];
            for (j=i−dk; j>0 && LT(L. r[0]. key, L. r[j]. key); j−=dk)
                L. r[j+dk]=L. r[j];
            L. r[j+dk]=L. r[0];
        }
    }
/∗按增量序列 dlta[0···t−1]对顺序表 L 作希尔排序∗/
void   ShellSort (SqList &L, int dlta[], int t)  {
    for (k=0; k<t; ++k)
        ShellSort(L, dlta[k]);
}
```

算法 9.3

希尔排序的分析:当增量 $h=1$ 时,ShellSort 算法与 InsertSort 基本一致。希尔最初提出取 $d_1=\lfloor\frac{n}{2}\rfloor$, $d_{i+1}=\lfloor\frac{d_i}{2}\rfloor$, $d_t=1$, $t=\lfloor\log_2 n\rfloor$。后来又有人提出其它选择增量序列的方法。如 $d_{i+1}=\lfloor(d_{i-1})/3\rfloor$, $d_t=1$, $t=\lfloor\log_3(n-1)\rfloor$;或者,$d_{i+1}=\lfloor(d_{i-1})/2\rfloor$, $d_t=1$, $t=\lfloor\log_2(n-1)\rfloor$。无论怎么选取增量序列,都应使增量序列中的值没有除 1 之外的公因子,并且最后一个增量值必须等于 1。

9.4　交换类排序

交换类排序的特点在于"交换"二字。

9.4.1　冒泡排序

冒泡排序(或者称为起泡排序)的基本思想是:对 n 个记录的表,第一趟冒泡得到一个关键字最大的记录 $r[n]$;然后,对 $n-1$ 个记录的表,第二趟冒泡再得到一个关键字最大的记录 $r[n-1]$;如此重复,直到 n 个记录按关键字有序的表。

具体每一趟的冒泡描述如下:

第一趟:第 1 个与第 2 个比较,大则交换;第 2 个与第 3 个比较,大则交换,……,结果,关键字最大的记录交换到最后一个位置上。

第二趟:对前 $n-1$ 个记录进行同样的操作,关键字次大的记录交换到第 $n-1$ 个位置上。

依次类推,则完成排序。

【例 9-5】　对序列 (25,56,49,78,11,65,41,36) 进行冒泡排序。

为形象起见,我们把排序的过程竖排表达。

25	25	25	25	11	11	11
56	49	49	11	25	25	25
49	56	11	49	41	36	36
78	11	56	41	36	41	

11	65	41	36	49	
65	41	36	56		
41	36	65			
36	78				
初始关键字后	第一趟排序后	第二趟排序后	第三趟排序后	第四趟排序后	第六趟排序后

当我们按上述形式表达冒泡排序后,直观上的感觉是:小的浮起、大的沉底,这正是该排序方法称为冒泡排序的原因。

排序 n 个记录的数据序列最多需要 $n-1$ 趟冒泡排序,如果中间某趟排序过程中未发生交换,则说明序列已经有序,排序过程可以结束。

一趟冒泡排序的过程形式化地描述如下:设 $1<j\leqslant n$, $r[1]$, $r[2]$, $\cdots$, $r[j]$ 为待排序列,通过两两比较、交换,重新安排存放顺序,使得 $r[j]$ 是序列中关键字最大的记录。

①$i=1$;   /*设置从第一个记录开始进行两两比较*/

②若 $i\geqslant j$;   /*一趟冒泡结束*/

③$r[i]$. key 与 $r[i+1]$. key 比较,若 $r[i]$. key$\leqslant r[i+1]$. key,不交换,转⑤

④若 $r[i]$. key$>r[i+1]$. key 时,将 $r[i]$ 与 $r[i+1]$ 交换:$r[0]=r[i]$,$r[i]=r[i+1]$,$r[i+1]=r[0]$;

⑤$i=i+1$,转②;/*调整对下两个记录进行两两比较*/

冒泡排序算法描述如下:

```
void BubbleSort(SqList  &L)  {
    for (i=n, change=TRUE; i>1 && change; --i)  {
        change=FALSE;
        for (j=1; j<i; ++j)
            if (r[j+1]. key<r[j]. key) {
                r[0]=L[j];   L[j]=L[j+1];   L[j+1]= r[0];
                change=TRUE;
            }
    }
} / * BubbleSort * /
```

算法 9.4

对冒泡排序的时空复杂性作如下分析:

空间效率:仅用了一个辅助单元。

时间效率:总共要进行 $n-1$ 趟冒泡,对 j 个记录的表进行一趟冒泡需要 $j-1$ 次关键字比较。

最好情况下:待排序列已有序,不需移动。

$$总比较次数 = \sum_{j=2}^{n}(j-1) = \frac{1}{2}n(n-1)$$

最坏情况下：每次比较后均要进行 3 次移动。

$$移动次数 = \sum_{j=2}^{n}3(j-1) = \frac{3}{2}n(n-1)$$

正序：时间复杂度为 $O(n)$。

逆序：时间复杂度为 $O(n^2)$。

冒泡排序适合于数据较少的情况。通常的冒泡是正向和单向的，实际上也可以是反向的，甚至双向的。

9.4.2　快速排序

快速排序(Quick Sort)又称划分交换排序，它是对冒泡排序的改进，它是基于分治的思想：通过一趟排序将待排序列分成两部分，使其中一部分记录的关键字均比另一部分小，再分别对这两部分排序，以达到整个序列有序。

具体的方法描述如下：在当前无序区 $R[1]$ 到 $R[h]$ 到中任取一个记录作为比较的"基准"(通常取第一个记录的值为基准值，记为 pivot)，用此基准将当前无序区划分为左右两个较小的无序子区：$R[1]$ 到 $R[i-1]$ 和 $R[i+1]$ 到 $R[h]$，且左边的无序子区中记录的关键字均小于或等于基准 pivot 的关键字，右边的无序子区中记录的关键字均大于或等于基准 pivot 的关键字，而基准 pivot 则位于最终排序的位置 i 上，这个过程我们称为一次划分。

为方便实现该算法，附设两个指针 low 和 high，初值分别指向第一个记录和最后一个记录。首先从 high 所指位置起向前搜索，找到第一个小于基准值的记录与基准记录交换，然后从 low 所指位置起向后搜索，找到第一个大于基准值的记录与基准记录交换，重复这两步直至 low＝high 为止。当 $R[1]$ 到 $R[i-1]$ 和 $R[i+1]$ 到 $R[h]$ 均非空时，分别对它们进行上述的划分过程，直至所有无序子区中记录均已排好序为止。

【例 9-6】　对序列 $(49,38,65,97,76,13,27,49)$ 作一次划分。

初始关键字：	[49]	38	65	97	76	13	27	49
	low						high	
high 向左扫描：	[49]	38	65	97	76	13	27	49
	low						high	
第一次交换后：	27	38	65	97	76	13	[49]	49
	low						high	
low 向右扫描：	27	38	65	97	76	13	[49]	49
	low						high	
第二次交换后：	27	38	[49]	97	76	13	65	49
		low				high		
high 向左扫描：	27	38	[49]	97	76	13	65	49
		low			high			
第三次交换后：	27	38	13	97	76	[49]	65	49
		low			high			
low 向右扫描：	27	38	13	97	76	[49]	65	49

				low		high		
第四次交换后:27	38	13	[49]	76	97	65	49
				low		high		
high 向左扫描:27	38	13	[49]	76	97	65	49
				low	high			
一次划分完成:27	38	13	[49]	76	97	65	49
				Low/high				

一次划分的方法可形式化地描述如下:

设 $1 \leqslant p < q \leqslant n$, $r[p]$, $r[p+1]$, $\cdots$, $r[q]$ 为待排序列。

①low=p;high=q;r[0]=r[low];

②若 low=high,

　　　r[low]=r[0]；　　　　　 /＊填入支点记录,一次划分结束＊/

否则,low<high　　 /＊搜索需要交换的记录,并交换之＊/

③若 low<high 且 r[high]. key ≥ r[0]. key

　　　high=high-1;转③

　　　r[low]=r[high];

④若 low<high 且 r[low]. key < r[0]. key

　　　low=low+1;转④

　　　r[high]=r[low];转②

进一步,我们得到一次划分的算法。

```
int partition(SqList &L, int low, int high) {
    L. r[0]=L. r[low];
    pivotkey=L. r[low]. key;
    while (low < high) {
        While (low < high && L. r[high]. key >= pivotkey)  high--;
        L. r[low]=L. r[high];
        while (low < high && L. r[low]. key <= pivotkey)  low++;
        L. r[high]=L. r[low];
    }
    L. r[low]=L. r[0];
    return low;
}
```

算法 9.5

快速排序的算法如下:

```
void QSort(SqList &L, int low, int high) {
    if (low < high) {
        pivotloc= partition (L, low ,high);
        QSort(L, low, pivotloc-1);
```

```
        QSort(L, pivotloc+1, high);
    }
}
void QuickSort(SqList &L) {
    QSort(L, 1, L. length);
}
```

算法 9.6

下面我们对快速排序的时空复杂性进行分析。

在最好情况下，每次划分所取的基准都是当前无序区的"中值"记录，划分的结果是基准的左、右两个无序子区的长度大致相等地。设 $C(n)$ 表示对长度为 n 的序列进行快速排序所需的比较次数，显然，它应该等于对长度为 n 的无序区进行划分所需的比较次数 $n-1$，加上递归地对划分所得的左、右两个无序子区（长度 $\leqslant n/2$）进行快速排序所需的比较总次数。

最坏情况是每次划分选取的基准都是当前无序区中关键字最小（或最大）的记录，划分的基准左边的无序子区为空（或右边的无序子区为空），而划分所得的另一个非空的无序子区中记录数目，仅仅比划分前的无序区中记录个数减少一个。因此，快速排序必须做 $n-1$ 趟，每一趟中需进行 $n-i$ 次比较，故总的比数次数达到最大值：

$$C_{\max} = \sum (n-i) = n(n-1)/2 = O(n^2)$$

如果每次取当前无序区的第 1 个记录为基准，那么当序列的记录已按递增序（或递减序）排列时，每次划分所取的基准就是当前无序区中关键字最小（或最大）的记录，则快速排序所需的比较次数反而最多。

因为快速排序的记录移动次数不大于比较的次数，所以，快速排序的最坏时间复杂度应为 $O(n^2)$，最好时间复杂度为 $O(\log_2 n)$。为了改善最坏情况下的时间性能，可采用三者取中的规则，即在每一趟划分开始前，首先比较 $R[l]$. key，$R[h]$. key 和 $R[(1+h)/2]$. key，令三者中取中值的记录和 $R[l]$ 交换之。

快速排序的平均时间复杂度也是 $O(n\log_2 n)$，它是目前基于比较的内部排序方法中速度最快的，快速排序亦因此而得名。

快速排序需要一个栈来实现递归。若每次划分均能将序列均匀地分割为两部分，则栈的最大深度为 $[\log_2 n]+1$，所需栈空间为 $O(\log_2 n)$。最坏情况下，递归深度为 n，所需栈空间为 $O(n)$。快速排序是不稳定的。

9.5　选择类排序

选择排序(Selection Sort)是一种简单排序法，一个记录最多只需进行一次交换就可以直接到达它的最终排序位置。

9.5.1　简单选择排序

简单选择排序的基本思想是：首先从 $1 \sim n$ 个元素中选出关键字最小的记录交换到第一个位置上。然后再从 $2 \sim n$ 个元素中选出次小的记录交换到第二个位置上，依次类推。

设待排序列为 $(R_1, R_2, \cdots, R_n)$，简单选择排序可形式地描述如下：

(1) 置 i 为 1。

（2）当 $i < n$ 时,重复下列步骤:

① 从$(R_i, \cdots, R_n)$中选出一个关键字最小的记录 R_{min},若 R_{min} 不是 R_i,即 $min \neq i$,则交换 R_i 和 R_{min} 的位置;否则,不进行交换。

② i 的值加 1。

第 1 遍扫描时,在 n 个记录中为了选出最小关键字的记录,需要进行 $n-1$ 次比较,第 2 遍扫描时,在余下的 $n-1$ 记录中,再选出具有最小关键字的记录需要比较 $n-2$ 次,…第 $n-1$ 遍扫描时,在最后的 2 个记录中,比较 1 次选出最小关键字的记录。

【例 9-7】 对序列$(8,3,9,1,6)$进行简单选择排序。

```
初态：    8      3      9      1      6
第一趟：  8      3      9      1      6
          i     j/k
          8      3      9      1      6
          i      k      j
          8      3      9      1      6
          i                   j/k
          8      3      9      1      6
          i                    k      j      /* i、k 元素不同,交换 */
第二趟：  1      3      9      8      6
                i/k     j
          1      3      9      8      6
                i/k            j
          1      3      9      8      6
                i/k                   j      /* i、k 元素相同,不交换 */
第三趟：  1      3      9      8      6
                       i     j/k
          1      3      9      8      6
                       i            j/k      /* i、k 元素不同,交换 */
第四趟：  1      3      6      8      9
                            i/k     j        /* i、k 元素相同,不交换 */
```

简单选择排序算法描述如下:

```
void  SelectSort(SqList &L)  {
    for (i=1;i < L. length;i++) {
        j=SelectMinKey(L, i);
        if (i! =j)  { L. r[0] = L. r[i];L. r[i] = L. r[j];L. r[j] = L. r[0];}
    }
}


int SelectMinKey(SqList L, int i) {
    for ( t=i, j=i+1; j<=L. length; j++)
```

```
        if (L. r[t]. key > L. r[j]. key)    t=j;
    return t;
}
```

算法 9.7

简单选择排序共进行 $n-1$ 趟排序，第 i 趟排序的比较次数为 $n-i$，因而其时间复杂度为 $O(n^2)$，适用于待排序元素较少的情况。

9.5.2　树形选择排序

树形选择排序是简单选择排序的改进，它的基本思想是：若能利用前 $n-1$ 次比较所得的信息，则可减少以后各趟选择排序中所用的比较次数。它利用了锦标赛中关系的可传递性：若甲胜乙，乙胜丙，则甲必能胜丙。

按照锦标赛的思想：将 n 个参赛的选手看成完全二叉树的叶结点，则该完全二叉树有 $2n-2$ 或 $2n-1$ 个结点。首先，两两进行比赛(在树中是兄弟的进行，否则轮空，直接进入下一轮)，胜出的再兄弟间两两进行比较，直到产生第一名；接下来，将作为第一名的结点看成最差的，并从该结点开始，沿该结点到根路径上，依次进行各分枝结点子女间的比较，胜出的是第二名。因为和他比赛的均是刚刚输给第一名的选手。如此，继续进行下去，直到所有选手的名次排定。

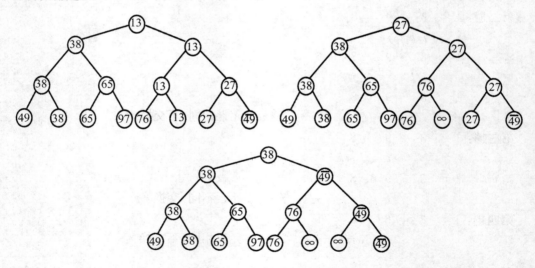

图 9.2　树形选择排序

换句话来说，从叶结点开始兄弟间两两比赛，胜者上升到父结点；胜者兄弟间再两两比赛，直到根结点，产生第一名。

将第一名的结点置为最差的，与其兄弟比赛，胜者上升到父结点，胜者兄弟间再比赛，直到根结点，产生第二名。比较次数为 4，即 $\log_2 n$ 次。

其后各结点的名次均是这样产生的。

对于 n 个参赛选手来说，即对 n 个记录进行树形选择排序，总的关键字比较次数至多为 $(n-1)\log_2(n+n-1)$，故时间复杂度为 $O(n\log_2 n)$。

该方法占用空间较多，除需输出排序结果的 n 个单元外，尚需 $n-1$ 个辅助单元。

9.5.3　堆排序

堆排序(Heap Sort)是在树形选择排序的基础上发展起来的,它比树形选择排序的效率要高,尤其是它只需要一个记录的辅助空间。

在堆排序中,把待排序的序列逻辑上看做是一棵完全二叉树,并用到堆的概念,下面我们首先来讨论堆的概念。

一棵有 n 个结点的完全二叉树可以用一个长度为 n 的向量(一维数组)来表示;反过来,一个有 n 个记录的序列,在概念上可以看做是一棵有 n 个结点(即记录)的完全二叉树。

堆是满足特定约束条件的顺序存储的完全二叉树。这个特定约束条件是:任何一个非叶子结点的关键字都大于等于(或小于等于)子女的关键字的值。

当把顺序存储的序列$(R_1, R_2, \cdots, R_n)$看做为完全二叉树时,由完全二叉树的性质可知:记录 $R_i(1 < i \leqslant n)$ 的双亲是记录 $R_{i/2}$;R_i 的左孩子是记录 $R_{2i}(2i \leqslant n)$,但若 $2i > n$,则 R_i 的左孩子不存在;R_i 的右孩子是记录 $R_{2i+1}(2i+1 \leqslant n)$,但若 $2i+1 > n$,则 R_i 的右孩子不存在。

什么是堆呢?

设元素序列$(R_1, R_2, \cdots, R_n)$的关键字序列为$\{k_1, k_2, k_3, \cdots, k_n\}$,当且仅当满足下列条件时,称之为堆。

$$k_i \leqslant k_{2i} \qquad 小根堆$$
$$k_i \leqslant k_{2i+1}$$

或者

$$k_i \geqslant k_{2i} \qquad 大根堆$$
$$k_i \geqslant k_{2i+1}$$

如图 9.3 所示即为一个大根堆和一个小根堆。

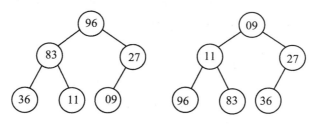

图 9.3　大根堆与小根堆

堆排序的基本思想是:首先把待排序的顺序表示(一维数组)的记录$(R_1, R_2, \cdots, R_n)$在概念上看作一棵完全二叉树,并将它转换成一个堆。这时,根结点具有最大值,删去根结点,然后将剩下的结点重新调整为一个堆。反复进行下去,直到只剩下一个结点为止,最后得到一个升序序列。

堆排序的关键步骤是如何把一棵完全二叉树调整为一个堆。

初始状态时,结点是随机排列的,需要经过多次调整才能把它转换成一个堆,这个堆叫做初始堆。

建成堆之后,交换根结点和堆的最后一个结点的位置,相当于删去了根结点。同时,剩下的结点(除原堆中的根结点)又构成一棵完全二叉树。这时,根结点的左、右子树显然仍都是一个堆,它们的根结点具有最大值(除上面删去的原堆中的根结点)。把这样一棵左、右子树均是堆的完全二叉树调整为新堆,是很容易实现的。

综上所述,实现堆排序需解决两个问题:

(1) 如何由一个无序序列建成一个堆?

(2) 输出堆顶元素后,如何将剩余元素调整成一个新的堆?

下面我们先讨论第二个问题。

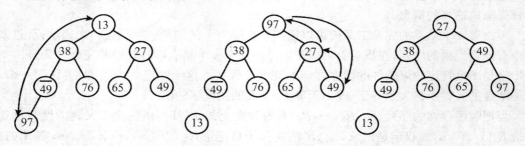

图 9.4　输出堆顶元素并调整建新堆的过程

由于堆的根结点应该是具有最大值的结点,且已知左、右子树是堆。因此,新堆的根结点应该是这棵二叉树的根结点,根结点的左孩子,根结点的右孩子(若存在的话)中最大的那个结点。于是,先找出根结点的左、右孩子,比较它们的大小。将其中较大的孩子再与根结点比较大小。如果这个孩子大于根结点,则将这个孩子上移到根结点的位置,而根结点下沉到这个孩子的位置,即交换它们的位置。下沉到孩子位置上结点往往要继续下沉到它的最终位置。

调整建大根堆的筛选算法描述如下。

```
typedef  SqList  HeapType;  /* 堆采用顺序表存储表示 */
/* H.r[s..m]中记录的关键字除 H.r[s].key 外均满足堆的定义 */
void HeapAdjust( HeapType &H, int s, int m)  {
    rc=H.r[s];
    for (j=2*s; j<=m; j*=2)  {
        if ( j<m && LT(H.r[j].key, H.r[j+1].key))  ++j;
        if (! LT(rc.key, H.r[j].key))  break;
        H.r[s]=H.r[j]; s=j;
    }
    H.r[s]=rc;
}
```

算法 9.8

接下来我们讨论第一个问题。

我们把自堆顶至叶子的调整过程称为"筛选"。从一个无序序列建堆的过程就是一个反复"筛选"的过程,"筛选"只需从最后一个非终端结点,即从第[n/2]个元素开始。

综合初始建堆及自堆顶的反复筛选,就得到了堆排序的算法如下:

```
/* 对顺序表 H 进行堆排序 */
void HeapSort( HeapType &H)  {
    for ( i=H.length/2; i>0; --i)
```

```
    HeapAdjust(H，i，H. length)；
for (i＝H. length；i>1；－ －i)  {
    rc＝H. r[1]；H. r[1]＝H. r[i]；H. r[i]＝rc；
    HeapAdjust(H，1，i－1)；
  }
}
```

算法 9.9

　　堆排序的时间复杂度在最坏的情况下也达到了 $O(n\log n)$，同时它只要一个辅助存储空间，用途很广。

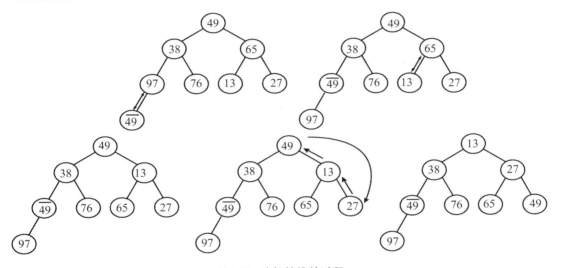

图 9.5　建初始堆的过程

9.6　归　并　排　序

　　所谓归并是指将若干个已排序的有序表合并成一个新的有序表，简单的归并是将两个有序的表合并成一个有序的表。归并排序(Merge Sort)是利用"归并"技术来进行排序的方法，它本质上是一种分治法。

　　简单的 2-路归并排序的基本思想是：把具有 n 个记录的表看成是 n 个有序的子表，每个子表的长度为 1，然后两两归并，得到 $[n/2]$ 个长度为 2 或为 1 的有序子表；再两两归并，如此重复，直到得到一个长度为 n 的有序表为止。

　　对归并排序的过程，我们来看下例。

【例 9-8】　对序列(23,52,67,6,18,10)进行 2-路归并排序。

初始序列：	[23]	[52]	[67]	[06]	[18]	[10]
一趟归并后：	[23	52]	[06	67]	[10	18]
二趟归并后：	[06	23	52	67]	[10	18]
三趟归并后：	[06	10	18	23	52	67]

2-路归并可以形式化地描述如下：

设 $r[u\cdots v-1]$ 和 $r[v\cdots t]$ 是一个一维数组中前后相邻的两个有序序列。

(1) $i=u; j=v; k=u;$

/*置两个子表的起始下标及辅助数组 rf 的起始下标*/

(2) 若 $i>=v$ 或 $j>=t$,转(4)

/*其中一个子表已归并完,比较选取结束*/

(3) 如果 $r[i].\text{key} < r[j].\text{key}, rf[k]=r[i]; i++; k++;$ 转(2)

否则,$rf[k]=r[j]; j++; k++;$ 转(2)

/*选取 $r[i]$ 和 $r[j]$ 关键字较小的存入辅助数组 rf*/

(4) 如果 $i<v$,将 $r[i\cdots v-1]$ 存入 $rf[k\cdots t]$ /*前一子表非空*/

如果 $j<=t$,将 $r[j\cdots v]$ 存入 $rf[k\cdots t]$ /*后一子表非空*/

/*将尚未处理完的子表中元素存入 rf*/

2-路归并的算法描述如下：

```
/*将有序的 SR[u..v-1]和 SR[v..t]归并为有序的 TR[u..t]*/
void Merge(ElemType SR[ ], ElemType TR[ ], int u, int v, int t) {
    for(i=u, j=v, k=u; i<v && j<=t; k++)  {
        if (LQ(SR[i].key, SR[j].key))
            TR[k]=SR[i++];
        else
            TR[k]=SR[j++];
    }
    if (i<v) TR[k..t]=SR[i..v-1];
    if (j<=t) TR[k..t]=SR[j..t];
}
```

算法 9.10

可以看出实现归并需要和两个归并段等长的辅助空间。

在归并这个核心操作的基础上,实现归并排序就只需要先自上而下地划分待排序序列,然后再自下而上地逐级归并即可。

```
/*将 SR[s..t]归并排序为 TR[s..t]*/
void MSort(ElemType SR[ ], ElemType TR, int s, int t)  {
    if (s==t) TR[s]=SR[s];
    else  {
        m=(s+t)/2;
        MSort(SR, TR2, s, m-1);
        MSort(SR, TR2, m, t);
        Merge(TR2, TR, s, m, t);
    }
}
```

```
/*对顺序表 L 作归并排序*/
```

```
void MergeSort(SqList L)  ｛
    MSort(L. r，L. r，1，L. length)；
｝
```

算法 9.11

实现归并排序需要和待排序列等长的辅助空间，它的时间复杂度为 $O(nlogn)$，它是一种稳定的排序算法，我们也可以设计非递归的归并排序算法。

9.7　基　数　排　序

前面介绍的四大类排序方法都是根据关键字的大小来进行排序，它们都有的两个最基本的操作是关键字间的比较和记录的移动。下面我们介绍的方法是按组成关键字的各个位的值来实现排序的，这种方法称为基数排序（Radix Sort），它是借助多关键字的思想对单逻辑关键字进行排序的方法。

9.7.1　多关键字的排序

要理解多关键字排序，我们首先来看扑克牌的例子。52 张扑克牌，按花色和面值分成两个字段，大小关系为：

花色：♣ < ◆ < ♥ < ♠

面值：$2 < 3 < \cdots < 10 < J < Q < K < A$

在这两个字段中，"花色"地位高于"面值"。对扑克牌按花色和面值进行升序排序得到如下牌面序列：

♣2 < ♣3 < $\cdots$ < ♣A < ♦2 < ♦3 < $\cdots$ < ♦A < ♥2 < ♥3 < $\cdots$ < ♥A < ♠2 < ♠3 < $\cdots$ < ♠A

两张牌，若花色不同，不论面值怎样，花色低的那张牌小于花色高的，只有在同花色情况下，大小关系才由面值的大小确定。扑克牌的这种排序就是一种多关键字排序，其排序方法通常有两种：最高位优先法和最低位优先法。

所谓最高位优先法（MSD 法：Most Significant Digit first），就是按照从最高位关键字到最次位关键字的顺序逐次排序。

MSD 法的基本方法是：先按 k_1 排序分组，同一组中记录，关键字 k_1 相等，再对各组按 k_2 排序分成子组，之后，对后面的关键字继续这样的排序分组，直到按最次位关键字 k_d 对各子组排序后，再将各组连接起来，便得到一个有序序列。

扑克牌先按花色、再按面值排序的方法即是 MSD 法。先对花色排序，将其分为 4 个组，即梅花组、方块组、红心组、黑心组。再对每个组分别按面值进行排序，最后，将 4 个组连接起来即可。

所谓最低位优先法（LSD 法：Least Significant Digit first），就是按从最次位到最高位关键字的顺序逐次排序。

LSD 法的基本方法是：先按 k_d 开始排序，再按 k_{d-1} 进行排序，依次重复，直到按 k_1 排序后便得到一个有序序列。

扑克牌先按面值、再花色排序中的方法即是 LSD 法。先按 13 个面值给出 13 个编号组（2 号，3 号，$\cdots$，A 号），将牌按面值依次放入对应的编号组，分成 13 堆。再按花色给出 4 个编号组（梅花、方块、红心、黑心），将 2 号组中牌取出分别放入对应花色组，再将 3 号组中牌取出分别放入对应花色组,……,这样,4 个花色组中均按面值有序,然后,将 4 个花色组依次连接起来即可。

　　按 MSD 法进行排序是先将序列分割成若干个子序列,然后对各个子序列分别用前述四大类的排序方法进行排序。按 LSD 法进行排序,不必分成子序列,对每个关键字都是整个序列参与排序,它可以通过若干次"分配"和"收集"来实现排序。

9.7.2　链式基数排序

　　基数排序是将单关键字拆分为若干项,每项作为一个"关键字",对单关键字的排序按多关键字排序方法进行,通过"分配"和"收集"两种操作来排序的方法。

　　设关键字的个数为 d,关键字可能出现的符号个数称为"基",记作 Radix。基数排序从最低位关键字起,按关键字的不同值将序列中的记录"分配"到 Radix 个队列中,然后再"收集"之。如此重复 d 次即可。

　　如 100 以内的整数,我们分别取个分位和十分位上的数字为关键字,拆分后,每个关键字都在相同的范围内($0 \sim 9$),即基为 10。又如小字的字符串,我们取每一位上的字符为关键字,则每个关键字的取值范围为:$'a' \sim 'z'$,其基为 26。

　　【例 9-9】　对顺序存储的序列$(02,77,70,54,64,21,55,11,38,21)$按基数排序法排序。

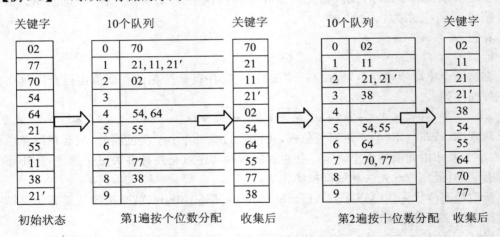

图 9.6　基数排序的过程

　　从上述过程可以看出,基数排序需要 Radix 个辅助队列,这在 Radix 比较大时开支相当可观。尤其是关键字的某一位有可能均为同一个数字,这时所有的记录都同时装入同一个队列中。如果每个队列的大小和数据集大小相同,则需要一个 10 倍于数据集大小的附加空间。此外,排序时需要进行反复的分配和收集记录。所以,采用顺序存储是不方便的。如果用链表做数据的存储空间,则可以省去这些辅助空间。

　　所谓链式基数排序就是用 Radix 个链队列作为分配队列进行基数排序的方法。

　　【例 9-10】　对序列$(278,109,063,930,589,184,505,269,008,083)$按链式基数排序的方法进行排序。

　　我们把待排序数据直接存放在链表之中,如图 9.7 所示,图示了链式基数排序的过程。先按个位将链表中的结点分配到 10 个队列之中,收集到链表中后,再按十位将链表中的结点分配到 10 个队列之中,再一次收集到链表中后,按百位将链表中的结点分配到 10 个队列之中，最后收集到链表中后，即得到有序序列。

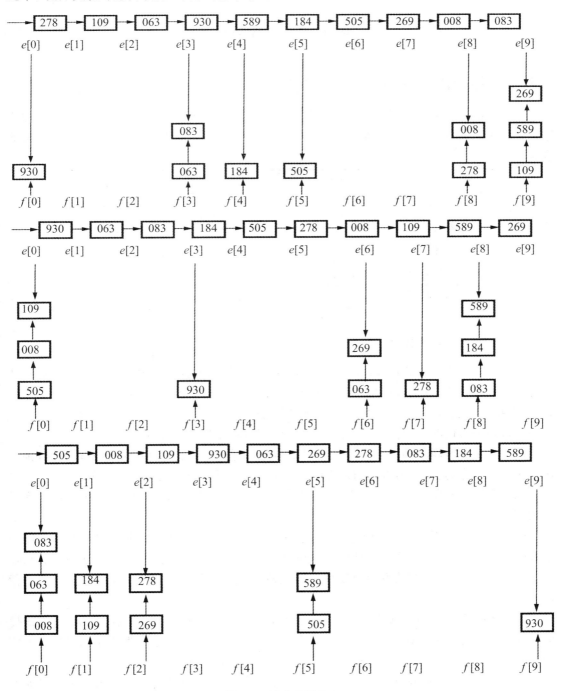

图 9.7　链式基数排序

　　对基数排序进行复杂度分析如下：基数排序所需的计算时间不仅与数据集的大小 n 有关，而且还与关键字的位数、关键字的基有关。设关键字的基为 r，建立 r 个空队列所需的时间为 $O(r)$。把 n 个记录分配到各个队列中并重新收集起来所需的时间为 $O(n)$，因此一遍排序所需的时间为 $O(n+r)$。若每个关键字有 d 位，则总共要进行 d 遍排序，所以基数排序的

时间复杂度为 $O(d(n+r))$。

9.8　知识点总结

9.8.1　各种内部排序方法的比较

一个好的排序算法所需要的比较次数和存储空间都应该较少，但从本章讨论的各种排序算法中可以看到，不存在"十全十美"的排序算法，各种方法各有优缺点，可适用于不同的场合。

排序方法	平均时间	最坏情况	辅助存储
简单排序	$O(n^2)$	$O(n^2)$	$O(1)$
快速排序	$O(n\log n)$	$O(n^2)$	$O(\log n)$
堆排序	$O(n\log n)$	$O(n\log n)$	$O(1)$
归并排序	$O(n\log n)$	$O(n\log n)$	$O(n)$
基数排序	$O(d(n+rd))$	$O(d(n+rd))$	$O(rd)$

9.8.2　排序方法的选择

由于排序运算在计算机应用问题中经常碰到，应重点理解各种排序算法的基本思想，熟悉过程及实现算法，以及对算法的分析方法，从而面对实际问题时能选择合适的算法。一般地，选取排序方法时需要考虑的因素有：待排序的记录数目 n；记录本身信息量的大小；关键字的结构及分布情况；对排序稳定性的要求；语言工具；辅助空间的大小等。

（1）若 n 较小，可采用直接插入排序或直接选择排序。若记录本身信息量较大时，则选用直接选择排序为宜，因为直接插入排序所需记录移动操作较直接选择排序多。

（2）若数据集合的初始状态已是按关键字基本有序，则选用直接插入排序或者冒泡排序为宜。

（3）若 n 较大，则应采用时间复杂度为 $O(n\log n)$ 的排序方法。快速排序是内部排序中最好的方法，当待排序的关键字是随机分布时，快速排序的平均时间最少；堆排序所需的辅助空间少于快速排序，并且不会出现序可能出现的最坏情况，但这两种排序方法都是不稳定的。

若要求排序稳定则可选用归并排序。但单个记录起进行两两归并的排序算法不值得提倡。通常可以将它和直接排序结合在一起用。先利用直接插入排序求得子序列，然后，再两两归并之。因为直接插入排序是稳定的，所以，改进后的归并排序是稳定的。

（4）在基于比较的排序方法中，每次比较两个关键字的大小之后，仅仅出现两种可能的转移，因此，可以利用一棵二叉树来描述比较判定过程。当数据集的 N 个关键字随机分布时，任何借助于比较的排序算法，在最坏情况下至少要 $\log_2(n!)$ 的时间。

基数排序只适用于像字符串和整数这类有明显的结构特征的关键字，当关键字的取值范围属于某个无穷集合时，无法使用基数排序，这时只有借助于比较方法来排序。由此可知，若 N 较大，记录的关键字位数较少且可以分解时采用基数排序较好。

（5）除基数排序外，都是在一维数组上实现的，当记录本身信息量较大时，为了避免浪费大量时间移动记录，可以用链表作为存储结构。如插入排序和归并排序都易于在链表上实现。但快速排序和堆排序，在链表上难于实现，这时可以提取关键字建立索引表，然后，对索引表进行排序。

建议按照以下的顺序考虑标准：执行时间、存储空间、编程工作。

9.8.3 外部排序

外部排序基本上由两个相对独立的阶段组成。首先，按可用内存大小，将外存上含 n 个记录的文件分成若干长度为 L 的子文件或段（segment），依次读入内存并利用有效的内部排序方法对它们进行排序，并将排序后得到的有序子文件重新写到外存，通常称这些有序子文件为归并段或顺串；然后，对这些归并段进行逐趟归并，使归并段（有序的子文件）逐渐由小至大，直至得到整个有序文件为止。

第一阶段的工作已经讨论过，下面简单地讨论一下第二阶段即归并的过程。将两个有序段归并成一个有序段的过程，若在内存进行，则很简单，merge 过程便可实现此归并。但在外部排序中实现两两归并时，不仅要调用 merge 过程，而且要进行外存的读/写，这是由于我们不可能将两个有序段及归并结果段同时存放在内存中的缘故。提高外排的效率应主要着眼于减少外存信息读写的次数 d。同一文件而言，进行外排时所需读/写外存的次数和归并的趟数 s 成正比。在一般情况下，对 m 个初始归并段进行 $k-$ 路平衡归并时，归并的趟数 $s=\lceil \log_k m \rceil$ 若增加 k 或减少 m 便能减少 s。

9.9 单 元 自 测

一、单项选择题

1. 在所有排序方法中，关键字比较的次数与记录的初始排列次序无关的是_____。
   A. 希尔排序   B. 冒泡排序   C. 插入排序   D. 选择排序

2. 有 200 个无序的元素，希望用最快的速度挑选出前 10 个最大的元素，最好的方法是_____。
   A. 冒泡排序   B. 快速排序   C. 堆排序   D. 基数排序

3. 序列(47,78,57,39,41,85)，利用堆排序的方法建立的初始推为_____。
   A. 78,47,57,39,41,85   B. 85,78,57,39,41,47
   C. 85,78,57,47,41,39   D. 85,57,78,41,47,39

4. 从未排序的序列中依次取出一个元素与已排序序列中的元素依次进行比较，然后将其放在排序序列的合适位置，该排序方法称为_____。
   A. 插入排序   B. 选择排序   C. 希尔排序   D. 二路归并

5. 序列(48,79,52,38,40,84)，利用快速排序的方法，以第一个记录为基准得到的一次划分结果为_____。
   A. 38,40, 48, 52,79,84   B. 40,38, 48,79, 52,84
   C. 40,38, 48, 52,79,84   D. 40,38, 48,84, 52,79

6. 序列(26,48,16,35,78,82,22,40,37,72)，其中含有 5 个长度为 2 的有序表，按归并排序的方法对该序列进行一趟归并后的结果为_____。

　　A. 16,26,35,48,22,40,78,82,37,72

　　B. 16,26,35,48,78,82,22,37,40,72

　　C. 16,26,48,35,78,82,22,37,40,72

　　D. 16,26,35,48,78,22,37,40,72,82

7. 对一组关键字(16,5,18,20,10,18),若按关键字非递减排序,第一趟排序结果为(16,5,18,20,10,18),采用的排序算法是_____。

　　A. 简单选择排序　　B. 快速排序　　　　C. 希尔排序　　　　D. 二路归并排序

8. 用某种排序方法对线性表(25,86,21,46,14,27,68,35,20)进行排序时,元素序列的变化情况如下：① 25,86,22,47,14,27,68,35,20　②20,14,22,25,46,27,68,35,86　③ 14,20,21,25,35,27,46,68,86　④ 14,20,22,25,27,35,46,68,86,则所采用的排序方法是_____。

　　A. 选择排序　　　　B. 希尔排序　　　　C. 归并排序　　　　D. 快速排序

9. 下列几种排序方法中,平均查找长度最小的是_____。

　　A. 插入排序　　　　B. 选择排序　　　　C. 快速排序　　　　D. 归并排序

10. 以下序列不是堆的是_____

　　A. 105,85,98,77,80,61,82,40,22,13,66

　　B. 105,98,85,82,80,77,66,61,40,22,13

　　C. 13,22,40,61,66,77,80,82,85,98,105

　　D. 105,85,40,77,80,61,66,98,82,13,22

11. 下列几种排序方法中,要求内存量最大的是_____。

　　A. 插入排序　　　　B. 选择排序　　　　C. 快速排序　　　　D. 归并排序

12. 快速排序方法最不利于发挥其长处的情况_____。

　　A. 要排序的数据量太大　　　　　　　B. 要排序的数据中含有多个相同值

　　C. 要排序的数据已基本有序　　　　　D. 要排序的数据个数为奇数

13. n 个元素进行冒泡排序的过程中,最好情况下的时间复杂度为_____。

　　A. $O(1)$　　　　　B. $O(\log_2 n)$　　　　C. $O(n2)$　　　　D. $O(n)$

14. n 个元素进行快速排序的过程中,包括开始将基准元素移到临时变量的那一次,第一次划分最多需要移动元素的次数是_____。

　　A. $n/2$　　　　　B. $n-1$　　　　　C. n　　　　　D. $n+1$

15. 下列四种排序方法中,不稳定的方法是_____。

　　A. 直接插入排序　　B. 冒泡排序　　　　C. 归并排序　　　　D. 简单选择排序

16. 对序列(12,13,11,18,60,15,7,18,25,100),用筛选法建堆,开始结点是_____。

　　A. 100　　　　　　B. 60　　　　　　C. 12　　　　　　D. 15

二、填空题

1. 对 n 个元素的序列进行冒泡排序,最少的比较次数是_____,此时元素的排列情况为_____,在_____情况下比较次数最多,其比较次数为_____。

2. 对 n 个数据进行简单选择排序,所需进行的关键字间的比较次数为_____,时间复杂度为_____。

3. 在归并排序中,若待排序记录的个数为 20,则共需要进行_____趟归并,在第三趟归并中,是把长度为_____的有序表归并为长度为_____的有序表。

4. 在对序列(53,39,91,23,15,70,60,45)进行直接插入排序时,当把第 7 个记录 60 插入到有序表时,为寻找插入位置需比较_____次。

5. 在堆排序,快速排序和归并排序中,若只从存储空间考虑,则应首选_____方法,次选_____方法,最后选_____方法;若只从排序结果的稳定性考虑,则应选取_____方法;若只从平均情况下排序最快考虑,则应选取_____方法;若只从最坏情况下排序最快并且要节省内存考虑,则应选取_____方法。

6. 在希尔排序、快速排序、归并排序和基数排序中,排序不稳定的是_____。

7. 对序列(52,80,63,46,90)进行一趟快速排序后得到的结果为_____。

参 考 文 献

[1] 严蔚敏,吴伟民. 数据结构[M]. 北京:清华大学出版社,2002.

[2] 胡学钢. 数据结构导论复习与考试指导[M]. 北京:高等教育出版社,1999.

[3] 李春葆. 数据结构考研指导[M]. 北京:清华大学出版社,2003.

[4] 叶核亚. 数据结构:Java 版. [M]. 北京:电子工业出版,2009.

[5] 许卓群,等. 数据结构与算法[M]. 北京:高等教育出版社,2004.

[6] 王红梅,等. 数据结构(C++版)学习辅导与学习指导[M]. 北京:清华大学出版社,2005.

[7] 王红梅,等. 数据结构:C++版[M]. 北京:清华大学出版社,2005.